国家出版基金项目
NATIONAL PUBLICATION FOUNDATION

"十三五"国家重点出版物出版规划项目·重大出版工程
高超声速出版工程

高超声速飞行器
内外流主动流动控制

罗振兵 夏智勋 王林 周岩 著

科学出版社

北京

内 容 简 介

本书介绍了新型合成射流技术和高超声速飞行器内外流主动流动控制技术研究成果,包括合成射流理论与新型合成射流激励器、高超声速飞行器进气道主动流动控制、燃烧室掺混增强主动控制、高超声速飞行器气动力控制、快响应直接力控制等内容。

本书可作为航空航天相关专业科研人员和工程技术人员的参考书,也可作为从事流动控制技术和高超声速飞行器研究的教师和研究生的参考书。

图书在版编目(CIP)数据

高超声速飞行器内外流主动流动控制／罗振兵等著.
—北京：科学出版社,2019.12
高超声速出版工程 "十三五"国家重点出版物出版规划项目·重大出版工程 国家出版基金项目
ISBN 978-7-03-062733-9

Ⅰ.①高… Ⅱ.①罗… Ⅲ.①高超音速飞行器—研究
Ⅳ.①V47

中国版本图书馆 CIP 数据核字(2019)第 235820 号

责任编辑：徐杨峰／责任校对：谭宏宇
责任印制：黄晓鸣／封面设计：殷 靓

科学出版社 出版
北京东黄城根北街 16 号
邮政编码：100717
http://www.sciencep.com

南京展望文化发展有限公司排版
广东虎彩云印刷有限公司印刷
科学出版社发行 各地新华书店经销

*

2019 年 12 月第 一 版 开本：B5(720×1000)
2025 年 1 月第三次印刷 印张：23
字数：398 000
定价：**128.00 元**
(如有印装质量问题,我社负责调换)

高超声速出版工程·高超声速空气动力学系列

编写委员会

主　编

沈　清

副主编

艾邦成　陈伟芳　闵昌万

编　委

（按姓名汉语拼音排序）

艾邦成　曹　伟　陈坚强　陈伟芳　方　明

符　松　柳　军　罗金玲　罗振兵　闵昌万

沈　清　杨基明　叶友达　余永亮　周　禹

丛书序

飞得更快一直是人类飞行发展的主旋律。

1903 年 12 月 17 日,莱特兄弟发明的飞机腾空而起,虽然飞得摇摇晃晃,犹如蹒跚学步的婴儿,但拉开了人类翱翔天空的华丽大幕;1949 年 2 月 24 日,Bumper-WAC 从美国新墨西哥州白沙发射场发射升空,上面级飞行速度超越马赫数 5,实现人类历史上第一次高超声速飞行。从学会飞行,到跨入高超声速,人类用了不到五十年,蹒跚学步的婴儿似乎长成了大人,但实际上,迄今人类还没有实现真正意义的商业高超声速飞行,我们还不得不忍受洲际旅行需要十多个小时甚至更长飞行时间的煎熬。试想一下,如果我们将来可以在两小时内抵达全球任意城市的时候,这个世界将会变成什么样? 这并不是遥不可及的梦!

今天,人类进入高超声速领域已经快 70 年了,无数科研人员为之奋斗了终生。从空气动力学、控制、材料、防隔热到动力、测控、系统集成等众多与高超声速飞行相关的学术和工程领域内,一代又一代科研和工程技术人员传承创新,为人类的进步努力奋斗,共同致力于推动人类飞得更快这一目标。量变导致质变,仿佛是天亮前的那一瞬,又好像是蝶即将破茧而出,几代人的奋斗把高超声速推到了嬗变前的临界点上,相信高超声速飞行的商业应用已为期不远!

高超声速飞行的应用和普及必将颠覆人类现在的生活方式,极大地拓展人类文明,并有力地促进人类社会、经济、科技和文化的发展。这一伟大的事业,需要更多的同行者和参与者!

书是人类进步的阶梯。

实现可靠的长时间高超声速飞行堪称人类在求知探索的路上最为艰苦卓绝的一次前行,将披荆斩棘走过的路夯实、巩固成阶梯,以便于后来者跟进、攀登,意义深远。

以一套丛书,将高超声速基础研究和工程技术方面取得的阶段性成果和宝贵经验固化下来,建立基础研究与高超声速技术应用的桥梁,为广大研究人员和工程技术人员提供一套科学、系统、全面的高超声速技术参考书,可以起到为人类文明探索、前进构建阶梯的作用。

2016 年,科学出版社就精心策划并着手启动了"高超声速出版工程"这一非常符合时宜的事业。我们围绕"高超声速"这一主题,邀请国内优势高校和主要科研院所,组织国内各领域知名专家,结合基础研究的学术成果和工程研究实践,系统梳理和总结,共同编写了"高超声速出版工程"丛书,突出高超声速特色,体现学科交叉融合,确保了丛书的系统性、前瞻性、原创性、专业性、学术性、实用性和创新性。

丛书记载和传承了我国半个多世纪尤其是近十几年高超声速技术发展的科技成果,凝结了航天航空领域众多专家学者的智慧,既可为相关专业人员提供学习和参考,又可作为工具指导书。期望本套丛书能够为高超声速领域的人才培养、工程研制和基础研究提供有益的指导和帮助,更期望本套丛书能够吸引更多的新生力量关注高超声速技术的发展,并投身于这一领域,为我国高超声速事业的蓬勃发展做出力所能及的贡献。

是为序!

2017 年 10 月

前　言

　　高超声速飞行器技术是 21 世纪航空航天技术领域新的制高点,是人类航空航天史上继发明飞机、突破声障飞行之后的第三个划时代里程碑,同时也将开辟人类进入太空的新方式。21 世纪初,随着 X-43A、X-51A 等飞行器的试飞成功,新一轮航空航天热空前高涨,世界各大国都不同程度地制定并实施了高超声速飞行器研制计划。但是,作为人类对"极端"环境和"极端"动力的新挑战,高超声速飞行面临降热、减阻、控制等一系列难题。这些难题同高超声速飞行器高速复杂流动与控制密切相关,美国更是将激波与边界层控制问题作为高超声速飞行器基础研究的重点。作者对团队近 10 年的高超声速飞行器典型内外流主动流动控制研究工作进行总结并成书,希望起到抛砖引玉的作用,促进我国相关领域的发展。

　　本书共 6 章:第 1 章由罗振兵、夏智勋、王林、周岩完成,主要介绍高超声速飞行器高速流动相关关键问题及高速流动主动控制现状趋势;第 2 章由罗振兵、王林完成,重点阐述发展的合成射流理论和合成双射流激励器、等离子体高能合成射流激励器、自持式合成射流激励器等新型合成射流激励器;第 3 章由王林、周岩完成,针对高超声速飞行器进气道主动流动控制,研究自持式合成双射流进气道流动分离控制和等离子体高能合成射流进气道激波调制;第 4 章由罗振兵、夏智勋完成,针对高超声速飞行器超燃冲压发动机燃烧室掺混增强主动控制,研究自持式合成双射流和等离子体高能合成射流对超声速混合层控制特性,以及自持式合成双射流凹腔流场控制特性;第 5 章由罗振兵、夏智勋、周岩完成,针对高超声速飞行器头部和翼等典型部位激波引起的气动力/热问题,研究等离子体高能合成射流和自持式合成射流对钝头体头部和翼前缘压缩拐角的激波控制特性和规律;第 6 章由王林、罗振兵完成,主要介绍发展的等离子体高能合成射流激励器直接力控制方法相关理论、测量方法和数值模拟结果。全书的修改和统稿工作由罗振兵、夏智勋完成。

本书的研究工作得到了国家自然科学基金、全国优秀博士论文作者专项、国家高技术研究发展计划(863 计划)、国家重点基础研究发展计划(973 计划)、国家重大科技工程、军委科技委国防科技创新特区(163 计划)等项目的支持。张宇、王俊伟、杨升科、杨瑞、王鹏、刘强等研究生也为本书中的研究成果和本书的出版付出了大量心血和智慧。本书出版得到了国家出版基金和国防科技大学"双重"建设的支持。在此一并表示衷心的感谢!

高超声速飞行器技术研究方兴未艾,高超声速流动十分复杂,高超声速主动流动控制技术还远未全面成熟,本书内容只是高超声速领域沧海一粟,再加上作者学术水平有限,书中难免存在不足与疏漏,恳请读者批评指正。

作　者

2019 年 3 月 26 日

高超声速出版工程

目 录

第3章 高超声速飞行器进气道主动流动控制

89

第4章　超燃冲压发动机燃烧室掺混增强主动控制

第5章　高超声速飞行器气动力控制

第6章　高超声速飞行器快响应直接力控制

第1章

绪　论

1.1　高超声速飞行器高速流动关键问题

1.1.1　动力系统关键问题

1. 进气道

在兼顾飞行器其他总体技术要求的情形下,实现发动机的高效进气与压缩,是高超声速飞行器动力系统的难点之一[1]。进气道是完成发动机进气与压缩的关键部件,主要作用是对来流进行扩压减速,为发动机燃烧室提供高品质的压缩空气流,其性能高低直接影响着发动机的综合性能,进气道的设计一般应满足以下几个方面的性能要求:① 进气扩压过程总压损失小;② 进气道出口气流流场品质满足燃烧室要求;③ 进气道的速度、攻角特性好,稳定裕度高;④ 进气道外阻小;⑤ 结构简单、维护方便等。前三个方面是进气道高效进气与压缩的要求,后两个方面则是飞行器气动性能与结构方面的要求。按照飞行速度划分[2,3],高超声速飞行器动力系统的进气道可以分为高超声速进气道与超声速进气道,由于超声速进气道在飞机上已经广泛使用,且发展相对成熟,本书仅对高超声速进气道的难点问题进行阐述。

高超声速进气道从构型上可以分为二维进气道、三维侧压进气道、轴对称进气道和内转向进气道等,这几种进气道形式各有优缺点,一般根据飞行器的具体形式选择合理的进气道形式。高超声速进气道的基本构型为一个收缩通道后接一个等直或微扩通道,其基本工作原理是利用这一收缩通道将高超声速来流压缩减速至较低马赫数。高超声速进气道的典型流场结构如图 1.1 所示,高超声速来流首先受到进气道前体压缩面的预压缩,然后受到隔离段激波串的进一步压缩,最后以超声速进入燃烧室。可见高超声速进气道的工作过程就是一个将

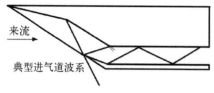

来流

典型进气道波系

图1.1 高超声速进气道的典型流场结构

高超声速来流进行压缩减速的过程,如何实现高效进气与压缩,是高超声速进气道设计的关键问题。

高超声速进气道的设计中,主要存在以下几个难点问题。

(1)波系配置难。进气道预压缩段与进气道入口段存在较为复杂的激波与膨胀波系,激波与边界层发生干扰之后,还会在流场中产生更为复杂的波系结构,因此对波系进行合理配置存在较大困难。在进气道设计中,必须准确把握进气道的流场结构,才能合理地配置进气道内部的波系结构,降低激波和激波/边界层干扰引起的总压损失[4]。

(2)边界层控制难。对于高超声速飞行器,进气道入口处边界层较厚,在流场内斜激波的作用下极易发生边界层分离,除了合理配置激波波系之外,对边界层进行流动控制也能够降低分离程度。然而,由于高超声速流动能量高、边界层厚等,常规的被动边界层控制方法(如边界层吹除、抽吸等)需要解决高温气体排放的问题;合成射流等主动流动控制方法则由于需要的能量很高,目前尚不成熟[5-9]。

(3)进排气调节难。在宽速度范围或机动飞行时,进气道的波系会出现较大变化,设计状态的波系配置方案很难保证在严重偏离设计状态时还能够维持高效工作模式,甚至会出现无法起动的情形,导致综合性能大幅降低。因此,需要对进气道的进排气进行调节。不过,这一进排气调节难度较大[10]。首先,设计飞行状态与非设计飞行状态的流场结构变化较大,进排气调节的设计需要大量分析进气道内部的流场结构才能有效进行;其次,对于超燃冲压发动机,其推阻平衡的维持比较脆弱,推力裕量较小,进气道的进排气调节必须综合考虑对发动机的影响因素进行设计,即进气道与燃烧室工况匹配难;再次,高超声速气流总温高,进排气调节面临调节部件防热的问题,也是进排气调节中的难点。

除了以上的一些难点问题,对于涡轮基组合循环(turbine-based combined cycle,TBCC)发动机、火箭基组合循环(rocket-based combined cycle,RBCC)发动机等组合循环发动机和爆震发动机,进气道的设计还存在一些特殊的难题。例如,对于预混激波诱导燃烧的爆震发动机,需要在进气道即进行燃料喷射,燃料射流与进气道流动相互作用,必然对进气道的压缩过程产生较大影响,需要细致研究[11,12];对于TBCC发动机,进入涡喷发动机的旁路在高超声速飞行阶段需要关闭,这也对进气道设计提出了挑战。

2. 燃烧室

超燃冲压发动机需要经过一个由压缩、加热、膨胀、排气组成的热力循环过程才能将燃料燃烧的热能转化为有用功。然而在高超声速范围,激波压缩与超声速燃烧过程的熵增是非常严重的,使得系统可用功迅速下降,同时高超声速飞行时,发动机外阻过大,以至于很难实现净推力(即发动机总推力与阻力之差)。如何实现化学能→热能→动能的高效转换,提高热力循环效率,实现净推力是超燃冲压发动机的核心问题,而其中的瓶颈是实现高效率、低阻力的混合与燃烧。超声速燃烧属于扩散燃烧,是混合控制的燃烧过程,所以快速均匀混合是实现高效燃烧的前提与基础。但是,超燃冲压发动机燃烧室入口空气来流速度达到1 000 m/s左右,燃料在燃烧室内的滞留时间只有毫秒量级,而且超声速混合层的稳定性较强(在同样的密度比条件下其扩展率仅有不可压剪切层的1/3),要在如此短的时间内完成燃料与来流的混合,难度很大。尤其对于液体碳氢燃料,还要考虑液滴破碎、雾化和蒸发过程,增加了快速、均匀混合的难度。同样,燃料滞留时间短也给稳定燃烧制造了困难,首先是在高速气流中稳定火焰难,其次是在稳定火焰同时还要实现燃烧过程低损失。同样,燃料的快速、均匀混合也是爆震发动机的难点。首先,脉冲爆震发动机工作的非稳态要求在每一次循环前喷射和混合反应物的时间相对较短;其次,燃料混合的不均匀可能导致不能起爆,或者爆震波弱化。

1.1.2　气动力/热关键问题

美国高超声速技术研究"三起三落"的重要启示是:基础研究极其重要,只有突破基础和关键技术才能实现高超声速飞行器技术快速发展。为此,美国国家航空航天局(National Aeronautics and Space Administration, NASA)在2006年发布了 *Fundamental Aeronautics Hypersonic Project Reference Document*,制定了详细的发展高超声速技术的基础研究重点与路线图。NASA和美国空军研究实验室联合大学及工业伙伴创建了3个国家高超声速科学中心,重点开展基础科学研究,以提高对高超声速飞行的理解,尤其关注吸气式推进、材料与结构、边界层控制三个关键基础研究领域。NASA高超声速学研究机构首席研究员詹姆斯·皮特曼认为,这三个领域是高超声速飞行和使用吸气式发动机低成本进入空间的最大障碍。

高超声速飞行器要实现远程强突防打击目的,需要在大气层内长时间保持高超声速飞行,苛刻的高升阻比要求和严酷的气动热环境使得高超声速飞行器设计面临着严峻的挑战。高超声速飞行器设计成败与作战效能能否达到预期效果很大程度上取决于高升阻比设计技术的突破情况,然而由于飞行器质量、结构、外形和稳定性等多因素制约,现有高升阻比设计技术存在一定的极限,单纯从外形设计角度寻求升阻比优化途径必然导致飞行器其他效能的损失和对热防护系统过分苛刻的要求。寻求高超声速飞行器降热减阻新技术,已经成为高超声速飞行器发展的必然需求,具体表现为以下方面。

(1) 高超声速飞行器热结构环境设计边界过于苛刻,迫切需要发展局部热环境控制(降热)技术。

未来高升阻比高超声速飞行器外形将向着"扁平化"的方向发展,例如"乘波体"构型。面对这种"扁平化""薄"外形发展趋势,"薄"成为热结构所面临的最严峻考验。首先,飞行器端头、翼前缘等关键部位热结构减薄能够有效降低飞行器波阻,进而提升飞行器升阻比;其次,热结构减薄能够显著减轻飞行器质量,进而降低高超声速巡航所需的升力条件。然而,高超声速飞行器要在大气层内长时间飞行,与传统弹道式战略弹头的短时高热环境再入条件不同,高超声速飞行器的热环境以长时间、高熵、中/低热流为主要特征,热结构承受的总加热量更大,长时间耐高温、抗烧蚀性能要求更为苛刻,如果不采用新技术改善热环境而单方面采用极限设计方式不断减薄防热层,那么不但能够发掘的潜力有限,而且会严重影响飞行安全性。例如,美国 HTV-2 高超声速飞行器飞行试验连续失败,与其冒进式的热防护系统极限设计理念不无关系,尤其是 HTV-2 第二次飞行试验失败后,美军官方也公开承认试验失败与飞行器热防护系统非正常烧蚀关系密切[13]。

因此,高超声速飞行器航程要进一步提高,其高升阻比外形设计与热结构承载能力之间的矛盾将更加尖锐,这个矛盾的根源在于大气层内高超声速飞行严酷的气动热环境与防热层"薄"的需求之间的不可调和。如何化解这个矛盾是高超声速飞行器未来发展必须要面对的问题。从单方面追求飞行器"薄"的防热结构转向通过热环境控制(降热)技术来降低热环境的恶劣程度,是目前解决这一问题的重要途径。例如,对于高超声速滑翔飞行器,在其以高超声速实现弹道变轨拉起过程中,飞行器头激波与翼前缘激波在侧翼附近发生激波干扰现象,翼前缘激波干扰区的热环境(热流)是非干扰区的 1.5~2 倍,如图 1.2 所示。防热层极易在变轨拉起这一小段时间达到耐温极限,进而达到防热材料烧蚀温度"阈值"而发生烧蚀。防热材料局部一旦开始烧蚀,即便飞行器进入滑翔段,翼前缘热载荷下降,烧蚀仍将继续进行,从而严重破坏防热层,给飞行安全带来极大威胁,而飞行器防热层必须按照局部最大热流和最高温度极限进行设计,这必然要求防热层具有更高的耐高温性能和更厚的厚度。反之,如果能够通过探索一种新的局部区域(小区域)降热技术,改善高超声速滑翔飞行器变轨拉起段(小时间段)激波干扰带来的局部区域严酷热环境,则可以极大程度降低飞行器翼前缘热结构设计的难度和防热层的厚度,获得全局性热防护的效果,实现总体高升阻比设计对其所提出的更加"薄"的需求。

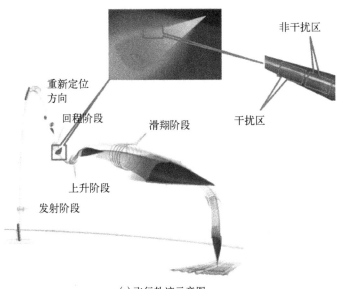

(a) 飞行轨迹示意图

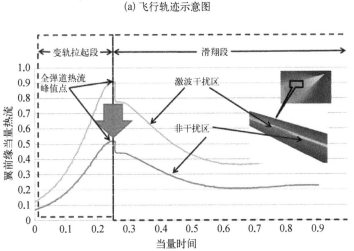

(b) 翼前缘当量热流随时间变化

图 1.2　典型滑翔飞行器拉起段翼前缘激波干扰热环境(热流)

（2）基于外形优化的高升阻比高超声速飞行器设计存在极限，迫切需要发展新型的减阻技术。

决定高超声速飞行器航程的关键因素主要包括发动机燃油量（有动力）或滑翔初始速度（无动力）、升阻比这两个方面，要进一步提高航程不可避免地面临如下两个关键问题：

a）发动机燃油量的增加或助推运载器交班点速度需求的提高，将导致武器系统总重增加，整体机动发射及生存能力降低；

b）通过气动外形优化寻求高升阻比设计方案，导致飞行器外形向"扁平化"发展，造成飞行器内部装填空间变小，可带燃油量小、单机设备小型化压力大、通用性差、研制成本高，全飞行器制造、装配工艺性差，整体刚度难以保证等一系列问题。

因此，基于外形优化的高超声速飞行器升阻比设计存在极限，在不对动力系统或助推器和飞行器外形提出更高要求的情况下，探索有效降低阻力的技术方案及其实现途径，是满足高超声速飞行器高升阻比最为可行的技术途径之一。首先，对于巡航段而言，降低阻力对于飞行器航程的增益是十分显著的，研究表明，对于洲际射程的高超声速滑翔飞行器降低 10% 的阻力将换来 1 000 km 左右的射程增量；其次，对于作战应用的高超声速武器下压段而言，有效降低飞行器阻力将使得在保证落地打击速度的前提下，下压段速度需求更低，为弹道末端机动提供更大的速度余量，进而有效提高飞行器机动性。因此，在传统基于外形优化高升阻比设计技术已经接近极限的情况下，高超声速飞行器航程提升对于减阻新技术的引入需求是非常明确和迫切的。

高超声速飞行器在大气层内飞行，其阻力主要由摩擦阻力和压差阻力组成。对于超声速飞行器，波阻是压差阻力的主要来源。激波是飞行器在大气中超声速飞行固有的特征，是一种非定常流动现象，其产生的波阻对飞行性能影响很大，激波越强，波阻越大。随着飞行马赫数的增加，阻力增大，波阻占飞行器阻力的比例增大，尤其是对于在稠密大气层飞行的高超声速飞行器，波阻占阻力的一半以上。如果能够探索一种激波控制技术，减弱激波强度甚至消除激波，则将很大程度降低波阻，大幅度降低高超声速飞行器的飞行阻力，实现高超声速飞行器航程的大幅度提高。

降热减阻技术有望有效化解高升阻比设计与热防护系统承受能力之间的矛盾，是高超声速飞行器技术发展的核心问题。远程高超声速巡航导弹、高超声速滑翔飞行器、高超声速飞机等在总体设计过程中都面临着降热减阻的关键基础问题。但现有的降热减阻技术,或者需要改变高超声速飞行器型面设计,或者需要增加额外的结构装置,或者需要消耗巨大的能量,无法满足高超声速飞行器飞行稳定性控制和高容积率的设计需求。因此,探索新型高效的高超声速飞行器降热减阻技术,对于化解高升阻比外形需求和热防护系统承载能力给现阶段高超声速飞行器设计带来的压力,提高我国高超声速飞行器技术水平具有重要意义。

1.1.3　直接力控制关键问题

气动力学控制是高超声速飞行器的主要挑战之一,高效的流动控制方式能够有效增强飞行器的机动性,提高有效载荷能力,扩大控制范围,降低飞行器制造成本[14]。美国国防高级研究计划局(Defense Advanced Research Projects Agency,DARPA)的高超声速飞行器 HTV-2 首次试验飞行 9 min 后就因飞行器控制系统无法修正偏航而坠落;第二次飞行试验增加质量修正的移动部件,但最终同样因飞行控制问题而在飞行 12 min 后坠落。高超声速飞行器的第二个主要挑战就是快速机动性,例如,一个 4 m 长飞行器以马赫数 20 在高空飞行,假设飞行器机动响应时间为 100 ms,则飞行器在响应时间内已经飞行 150 个机身长度,故快速机动响应对于高超声速飞行器至关重要。

以吸气式发动机为动力的临近空间高超声速飞行器的飞行高度为 20~40 km,甚至更高。为满足飞行器高机动能力、高突防概率和临近空间安全飞行的要求,临近空间高超声速飞行器依靠传统空气舵进行气动力控制具有以下不足:① 空气舵的响应时间较长,空气舵接收指令信号后开始形成舵偏,从而在形成的控制力作用下产生飞行攻角,进而产生飞行升力,形成飞行器作用过载[15],从飞行器开始发出指令到形成所需过载的 63%,一般需要较长的时间(过载响应时间),在低空需要 300 ms 左右,在临近空间(20~40 km)需要 700~800 ms,难以满足高超声速飞行器快速机动性的要求。② 在高空和临近空间低密度大气环境下,空气舵的控制效率很低。由于空气动力正比于动压,即正比于空气的密度和速度,大气密度随飞行高度增加近似呈指数规律快速下降,在 10 km 高度附近的大气密度约为地面的 33%,20 km 高度的大气密度则降至地面的 7%,30 km 高度的大气密度将降至地面的 1.5%,因此在临近空间大气密度很低的情况下,空气舵的控制效率非常低,无法形成有效可用过载。③ 空气舵会对飞行器气动外形和防热设计造成影响,空气舵的使用会增加飞行器气动外形设计的复杂性,同时还会增加舵面局部热流密度,造成舵面烧蚀,破坏飞行器的气动外形。另外,空气舵还会产生超声速大攻角舵效耦合和超声速大动压舵面颤振等与空气舵相关的问题。

采用侧向喷流的飞行器直接力控制系统是克服空气舵应用于临近空间高超声速飞行器气动力控制缺陷的一种有效补充。相比于常规气动舵面的控制方法,侧向喷流控制的优点在于:首先采用侧向喷流控制能够显著提高飞行器的快速响应能力,在飞行动压很小的低速和高空也能发挥很好的控制作用[16],适用于全速域和全空域,并且可以兼顾飞行器的轨道控制和姿态控制;其次采用侧向喷流控制能减小飞行器的气动控制面积,从而减小阻力,以及减轻飞行器质量,解决飞行器舵面烧蚀和颤振等问题。目前直接力控制技术已经实现了成功应用,例如美国 PAC-Ⅲ 系统中的 ERINT 拦截弹就是在弹体质心前安装 180 个微型固体发动机,其呈环形分布,共有 10 环,每环有 18 个微型固体发动机,微型固体发动机反作用射流响应时间为 6~10 ms,ERINT 拦截弹制导精度可达到 3 m。俄罗斯 S-400 防御系统中的 9M96E、9M96E2 则是在导弹质心附近安装有"侧向推力发动机系统",该系统由 24 个径向分布的微型固体发动机组成,其呈环状安装在战斗部后面,作为末段轨控发动机组。

可见,采用直接力控制是高超声速飞行器比较可行的控制方式,但是现有直接力的产生方式对飞行器反作用力控制系统(reaction control system,RCS)的应用具有一定的限制。目前广泛使用的两种直接力产生方式如下。

(1)由飞行器表面配置的射流喷嘴喷射气液燃料产生侧喷力,动力源选用燃气发生器、小型固体火箭发动机或者直接由主发动机侧向引流。这种实现方式的缺点在于直接力的工作范围受到推力器燃料消耗的限制,推力大小不可调,并且推力器燃料消耗尽之后不能继续使用;若采用储气罐装置,则气液燃料罐的体积巨大,携带不方便,且推力器工作时燃料消耗会引起飞行器质心的漂移。

(2)在飞行器尾部安装摇摆发动机或采用矢量性发动机,即以摆动喷管的形式进行直接力控制。这种方式也存在两个缺点:一是需要先将喷管口摆到指定的角度才能执行控制作用,指令执行的时间延迟较长,响应慢,精度较低;二是摆动发动机和矢量性装置使得系统的复杂程度增加,可靠性降低,且系统质量增加。

飞行器大空域、宽速域的飞行包络及其对质量和体积的严格约束都限制了普通喷流装置作为直接力产生方式在高超声速飞行器上的应用。除了 RCS 控制技术之外,也开展有质量矩控制技术、智能记忆合金控制技术等新概念控制技术和控制方法的研究,但目前都还处于概念论证阶段。开展新型直接力产生技术和产生装置的研究,对于提高高超声速飞行器机动性,实现全方位攻击具有重要意义。

1.2　高速主动流动控制技术现状与趋势

1.2.1　主动流动控制激励器分类

主动流动控制激励器在本质上是一种能量转换装置,通过将输入的电能、化学能等转化为激励器所具有的动能或热能,实现对外部流场的操控。激励器的形式多种多样,根据不同的工作机制,主动流动控制激励器可以分为流体式、机械式和等离子体式等多种不同形式,如图 1.3 所示。

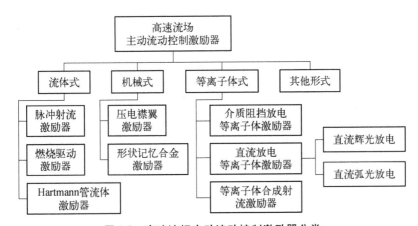

图 1.3　高速流场主动流动控制激励器分类

流体式是最为普遍的一种主动流动控制激励器。其典型代表是合成射流激励器(又称零质量射流激励器),在低速流动控制中应用前景广泛[17-19],其优点是无需额外气源和移动部件、结构简单紧凑、质量轻、成本低,但由于射流速度低而不适用于高速流动控制。适用于高速流动控制的流体式激励器主要是具有较强控制能力的高能量密度的激励器。

以自适应材料(例如压电材料、形状记忆合金和电活性材料)为基础的机械式主动流动控制激励器的研究开始于 20 世纪 80 年代中期[20],机械式激励器具有推重比大和工作噪声小的优点,但同时也存在工作频率低、外部输入功率大等不足,目前研究应用于高速主动流动控制的机械式激励器主要有压电襟翼激励器[21]和形状记忆合金激励器[22,23]两种。

等离子体激励器是目前研究最多、最引人关注的一种主动流动控制激励器,国内外众多科研机构和人员对其开展了广泛而深入的研究[24-29]。等离子体激励器由纯固态元件组成,无机械活动部件,具有响应快、工作频带宽、质量轻、适应多工况工作的特点。等离子体激励器的应用研究领域主要为低速流场,目前也已开展在高速流动控制中的应用探索,并表现出一定的应用效果[30,31],尤其是弧光放电激励器[32]和依靠火花放电的等离子体合成射流激励器[33]都适用于宽马赫数范围的主动流动控制。

除了上述三种主要的高速流场主动流动控制激励器外,还有基于洛伦兹力[34]、激光能量注入[35]和激波管[36]等其他形式的激励器。

射流是流动控制中能量注入的一种普遍形式,具有射流产生能力的激励器是最常用的一种主动流动控制激励器。射流激励器大都具有一个开有孔(或缝)的激励器腔体,而射流的形成往往都需要在激励器孔口处建立压差,所以依据射流激励器腔体增压方式的不同,激励器又有不同的分类[37]。

根据理想气体状态方程,激励器腔体内压强可以表示为

$$p = \frac{nR_0 T}{V} \qquad (1.1)$$

式中,n 为气体物质的量;$R_0 = 8.314 \text{ kJ/(kg · mol · K)}$,为通用气体常数;$T$ 为腔体气体温度。气体物质的量 n 可由气体质量 m 和气体摩尔质量 M 表示为

$$n = \frac{m}{M} \qquad (1.2)$$

根据式(1.1)和式(1.2),腔体内压强可以进一步表示为

$$p = \frac{mR_0 T}{MV} \qquad (1.3)$$

由式(1.3)可得到腔体压强的变化关系式为

$$\frac{\Delta p}{p} = -\frac{\Delta V}{V} + \frac{\Delta T}{T} + \left(\frac{\Delta m}{m} - \frac{\Delta M}{M} \right) \qquad (1.4)$$

因此,由式(1.4)可知,射流激励器腔体压强有三种增压方式,对应的合成射流激励器则可以分为三种类型及其组合型:① 压缩型,压缩腔体体积 V 达到腔体增压目的,目前所有振动膜式合成射流激励器都为压缩体积型激励器,一般体积压缩型激励器射流速度较低,较少应用于高速流动控制;② 升温型,迅速加热腔体气体温度 T 达到腔体增压目的,等离子体合成射流激励器是其中的典型代表;③ 加质型通过增加腔体气体质量或改变气体介质来达到腔体或管路增压目的,

例如各种脉冲射流激励器和 Hartmann 管流体激励器等;④ 组合型,同时采用以上三种类型中的任几种进行组合以达到腔体增压目的,例如图 1.3 中的燃烧驱动激励器。

所有射流激励器(产生装置)不外乎以上四种类型中的一种。以上基于腔体增压方式的射流激励器分类,为提出和设计新型射流激励器提供了思路,由此,可以发明设计不同类型的射流激励器以满足其在不同领域的应用需求。

主动流动控制技术通过向受控流场中主动注入能量以达到控制流动的目的,具有实际应用价值的主动流动控制技术依赖于可控、高能量效率、高可靠性和"强壮"激励器的发展。对于高速流动,如超声速、高超声速流动,其流场具有高马赫数、低密度、强黏性效应,存在高熵层和高温效应的特点[38],同时边界层较厚,流动参数变化剧烈,流动特征频率高。为实现高速流动的有效控制,就需要快响应、高速、高频、"强壮"的高能合成射流激励器。以下将针对高速流动控制需求,对四类合成射流激励器进行分析。

①型(即压缩型)射流激励器,要达到快响应、高速、高频要求,其关键是振动部件,这就要求振动膜或活塞在具有强度高、响应快、工作频率高的特点的同时,能够提供大的振幅。①型激励器单靠振动能量很难达到高能量要求。目前振动膜压缩型合成射流激励器的工作频率可达千赫兹量级,但其射流速度一般都小于 100 m/s,难以穿透超声速流边界层;活塞压缩型合成射流激励器的射流速度可达到 100 m/s,但仍然不足以对高超声速流动实施有效控制,且工作频率低(百赫兹量级),还需要机械传动装置,难以微小型化,无法满足实际应用要求。因此,①型激励器要产生高能高频射流,必须加辅助能量注入,从而成为④型(即组合型)激励器。

②型(即升温型)合成射流激励器,如等离子体合成射流激励器,无需流体供应系统且无作动机械装置,其射流速度可以达到数百米每秒,具有对超声速甚至高超声速流场控制的潜力。②型激励器,当环境温度较高时,由于吸入腔体高温气体,经气体放电等离体加热升温不显著,腔体内增压不明显,性能显著下降;当环境气体密度较低(如稀薄空气环境)时,由于腔体内气体工质很少,射流能量水平也显著下降。因此,攻克升温型激励器高温、稀薄环境下效率极低等问题是②型激励器未来发展的关键。增加微小型快速气体供应系统将是一种可能的解决方案,其作用是提高高温、稀薄环境下腔体介质质量,获得高能合成射流,此时②型激励器成为④型激励器。

对于③型(即加质型)射流激励器,气源供应系统是必需的,包括高压气体、储箱、管路、阀门等,这使得激励器系统本身复杂化,难以微小型化,且成本大幅度提高,很难适用于对质量和体积要求很高的超声速飞行器。

综合以上类型激励器在高速流动控制中对高能合成射流激励器的发展要求,②型激励器及在②型激励器基础上发展的④型激励器是高能合成射流激励器的未来发展趋势。

1.2.2 流体式激励器

根据有无外部供应气源,流体式激励器可以分为零质量射流激励器和非零质量射流激励器,由于目前零质量射流激励器存在射流速度偏低、工作频带较窄、控制能力较弱等不足,因此适用于高速流场控制的流体式激励器多为有源式、非零质量通量装置。

1. 脉冲射流激励器

脉冲射流是一种较早用于高速流场的主动流动控制方式,广泛应用于激波边界层干扰[39]、射流掺混增强[40]、噪声抑制[41]和凹腔自激振荡控制[42]等。相对于定常射流,在相同质量流率 $\dot{m} = \rho A U_{\mu.0}$ 下,非定常射流可以产生更大的"冲击力"[43],也具有更强的流场控制能力。

定常射流所产生的"冲击力"可以表示为

$$F = \dot{m} U_{\mu.0} = \rho A U_{\mu.0}^2 \tag{1.5}$$

相同质量流率条件下,假设脉冲射流速度按正弦关系变化,即

$$U_{\mu.\text{Unsteady}} = U_{\mu.0} + B\sin(\omega t) \tag{1.6}$$

则所产生瞬时和平均"冲击力"分别为

$$F_\mu(t) = \dot{m} U_{\mu.\text{Unsteady}} = \rho A \left[U_{\mu.0} + B\sin(\omega t) \right]^2 \tag{1.7}$$

$$\overline{F_\mu(t)} = \frac{\omega}{2\pi} \int_0^{2\pi/\omega} \dot{m} U_{\mu.\text{Unsteady}} = \rho A \left(U_{\mu.0}^2 + \frac{B^2}{2} \right) \tag{1.8}$$

为实现相同的控制目的,脉冲射流将具有更好的控制效果,并且可以节省更多的能源。例如,在分离流动控制中,Seifert 证明相对于定常吹气,采用与涡脱落固有频率相同量级的周期性吹气可以节约 90% ~ 99% 的动量需求;而在超声速流动控制中[43],Choi 等[43]的实验结果表明,为实现碰撞射流 8 ~ 10 dB 的减噪

效果,脉冲射流仅需定常射流 40%的流量。

目前脉冲射流的产生大都是通过在定常射流产生管路上安装快响应电磁阀[44]、压电微阀[45]、高速回转阀[46]或如图 1.4 所示的开孔的旋转板[43]等方式实现。图 1.4 中的旋转板内边缘上开有弧形槽,通过高速电机带动旋转,实现对定常射流的脉冲调制。脉冲射流速度可以通过高压气源的压力大小进行调整,脉冲频率可以通过电机转速、定常射流出口数和旋转板弧形槽数进行调整。例如,Choi 等[43]利用最大转速 2 000 r/min 的电机产生频率为 400 Hz 的脉冲射流,并成功将其用于超声速射流碰撞噪声抑制。采用电磁阀或机械阀虽然可以在一定的频带范围内实现脉冲频率调制,但是活动部件的存在,限制了脉冲频率的进一步提高,同时也不易于实现脉冲射流精确的相位控制。

如图 1.5 所示的流体振荡器[47],是一种新型的仅需要高压供应气源的脉冲射流产生装置,激励器利用流体附壁效应(又称为柯恩达效应)[48]产生频率可调的脉冲射流。其工作机制是:由气源提供的双稳态主流在收缩喷管处会由于柯恩达效应沿附壁区域的某一壁面流动,并使得此区域处的回路通道压力升高,从而将流动推向另一附壁区域而导致该处回路通道压力升高,并使得流体出口改变,如此交替往复,形成脉冲射流。该激励器具有工作频率高(千赫兹)、结构尺寸小(毫米量级)和质量流量小($0.05 \sim 0.5$ mg/s)的特点[49],曾广泛应用于低雷诺数条件下的分离流动控制[50]和凹腔共振抑制[51]。Gokoglu 等[52]通过改变回路通道长度和提高气源压比,实现了最大 $Ma = 2.5$ 的脉冲射流,为超声速流动控制提供了可能。

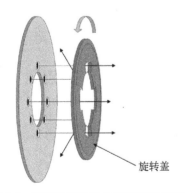

旋转盖

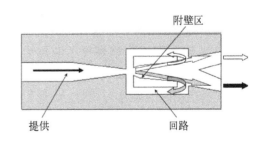

附壁区

提供   回路

图 1.4 旋转孔缝脉冲射流激励器原理图   **图 1.5 流体振荡器结构及工作原理图**

高带宽脉冲微射流激励器[53]是另外一种新的脉冲射流发生装置,如图 1.6 所示。其主要组成部分为:① 射流源;② 圆柱形射流碰撞发生腔体;③ 腔体下

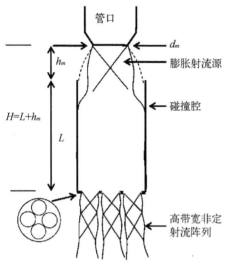

图 1.6　高带宽脉冲微射流
激励器结构图

底面的微型出口阵列。该激励器为纯固态元件,通过高压气源压力大小和激励器结构尺寸的优化,可以形成最大平均速度 $300 \sim 400$ m/s、脉动速度 $70 \sim 100$ m/s 的高速射流,有效工作频率超过 50 kHz[54]。在超声速凹腔流动[55]和碰撞射流噪声抑制[56]方面都具有较好的应用效果。

另外,为了克服被动式涡流发生器适应工况窄、会带来附加阻力等应用缺陷,根据射流产生旋涡流动的原理发明了流体式涡流发生器[57,58]。流体式涡流发生器可以实现激励器的随意开关,并且可以通过俯仰角和侧滑角的调整,进行不同方向的动量注入,实现以主动控制的方式进行流场操控。在超声速流动控制领域,Bueno 等的实验结果表明流体式涡流发生器可以显著减小马赫数 2 超声速气流中,20°压缩楔面所产生的分离激波强度和分离区域面积[59]。

2. 燃烧驱动式流体激励器

随着微加工技术的发展,普通电池在微机电系统驱动中存在的使用寿命短、能量密度低的不足日益凸显,基于高能量密度燃料燃烧驱动的微型热能发电装置正成为一种新型微机电系统驱动方式,微尺度燃烧技术也开始受到较多的关注[60]。Crittenden 等[61]将微尺度燃烧技术用于流动控制激励器的设计,发明了一种燃烧驱动式流体激励器,其结构及工作原理如图 1.7 所示。该激励器由燃料供应管道、点火装置、可以做成各种形状的燃烧室腔体和一个或多个出口孔组成。其工作原理是:可燃混合气体经燃料供应管道进入燃烧室,由点火装置点火燃烧,在腔体内形成高温高压环境,使得燃烧

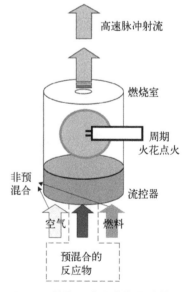

图 1.7　燃烧驱动式流体激励器
工作原理示意图

产物经出口高速喷出形成射流,之后新的可燃气体再次填充燃烧室并排出残余燃烧产物,准备下一次射流形成。激励器燃料可以是氢气、乙炔或丙烷等高能量密度气体,燃料和空气进入燃烧室的模式具有预混合和非预混合两种(图 1.7),其控制调节装置可以是具有精确相位控制能力的微电磁阀或依靠燃烧室压力变化工作的被动式机械阀或流体阀。

激励器工作频率可以通过控制点火装置的点火频率和可燃混合物填充腔体时的质量流率实现连续可调。对于依靠被动式微阀进行燃料流动调节控制的激励器,其最大工作频率受激励器腔体内压力脉冲持续时间(t_pulse)、可燃混合物填充时间(t_refill)及两者间动态滞后的影响,如图 1.8 所示。例如当激励器燃烧室大小为 1 cm^3、采用预混合模式的氢气/空气做燃料时,可以实现超过 150 Hz 的工作频率[61]。当燃料和空气以非预混合模式进入燃烧室时,激励器的工作循环周期还应包括气体在燃烧室中的混合时间(t_mix)。Crittenden 等[62]依实验结果指出由于 t_mix 和 t_refill 的重叠,非预混合模式并不会降低激励器的工作频率。相反,微尺度条件下非预混合模式引起的燃烧室内流动湍流度的增强,还可以加快火焰传播,缩短压力脉冲上升时间,非预混合模式下的激励器射流形成频率可以达到 500 Hz。当 7 个激励器以阵列布置方式工作时,通过优化控制每两相邻激励器的点火时间间隔,可以实现 1.33 kHz 的有效工作频率[61]。

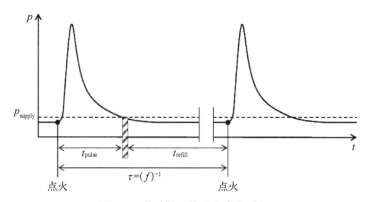

图 1.8 激励器腔体压力变化过程

影响激励器腔体内微尺度燃烧的因素很多,包括燃料掺混比、燃烧室体积、出口大小、腔体表面积和点火源等,Crittenden 等[62]、Rajendar 等[63]和 Srinivasan 等[64]采用实验或数值模拟的方法对这些因素进行了分析。图 1.9 为按化学当量比的氢/空气混合气体在出口直径 1.27 mm、腔体体积 1 cm^3 的圆柱形燃烧室内燃烧时,激励器一个周期内腔体压力和出口附近流场变化纹影图,图中流场纹影对应时间分别为 0.44 ms、0.7 ms、1.2 ms、2 ms、3 ms 和 4.8 ms,流向距离为 32 mm。由图可知在整个射流喷出阶段,射流速度经历了亚声速—超声速—亚声速的变化过程。当 $t=0.7$ ms 时,腔体内出现压力峰值,并且最大压比 p_r(定义为腔体内压强与外界大气压强之比)达到 2.8,通过对出口处流场纹影图放大可以发现在下游 6 mm 处存在有激波结构,即流场中存在超声速流。随后由于腔内压力下降及对周围流体卷吸造成的耗散,射流速度迅速减小,当 $t=3$ ms 时,腔内压力降低到大气压强,射流也已经非常微弱并脱离激励器出口。当 $t=4.8$ ms 时,出口附近出现一股新的、伴有涡对的稳态流动,这表明新的燃料混合物开始充填腔体,准备进入下一个脉冲循环。

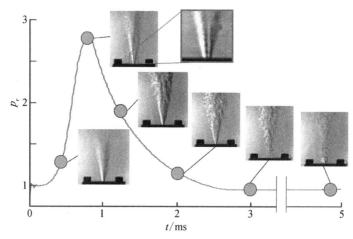

图 1.9   一个周期内激励器腔内压力及出口附近流场纹影变化

燃烧驱动式激励器最大的优点是具有较强的环境适应能力,Crittenden[65]证明在振动环境、下雨、粉尘(灰尘、沙粒)和结冰条件下,激励器均能正常工作。但在应用中目前仅验证了激励器对高亚声速($Ma=0.7$)横向主流的"穿透距离"可以达到 8 mm[61],还缺乏在更高主流速度流场中的应用验证。

另外一种采用燃料燃烧,实现化学能向流体动能转化的激励器是由 Beck 等提出的一种脉冲燃烧激励器[66],其结构如图 1.10 所示,主要组成包括带有供应阀的进气管道、点火装置、燃烧管道和喷嘴出口装置。激励器的工作原理与小型脉冲喷气发动机或脉冲爆震发动机(pulse detonation engine,PDE)类似,都是依靠压力波在燃烧管道内的传播和反射进行燃烧增强的。根据激励器有无喷嘴出口装置、压力波类型的不同及其在燃烧管道内传播过程的不同,激励器可以有 $\lambda/2$、λ、$3\lambda/2$ 或 $\lambda/4$、$3\lambda/4$、$5\lambda/4$ 等不同共振工作模式[67]。

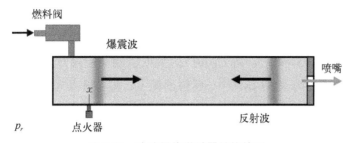

图 1.10 脉冲燃烧激励器结构简图

为了克服 PDE 工作频率较低(≤100 Hz)、爆燃向爆震转捩(deflagration to detonation transition,DDT)距离较长的不足,Cutler[68] 为激励器设计了一种新的机械式燃料供应微阀,可以实现工作频率最高 1 500 Hz 的燃料主动供应,同时在激励器结构设计上,将燃料供应和点火装置从燃烧管道封闭端移至开口端附近,以减少燃料喷入与压力波传播的相互干扰。另外,该装置相对于 PDE 最大的不同之处在于激励器的每次点火并非均由点火装置实现,而是通过喷入的可燃混气与管道内残留的上一循环高温燃烧产物的相互作用实现主动点火,这既省去了 PDE 工作过程中隔离气体的充填,又消除了点火装置工作频率的限制。通过上述的改进,可以在 $\lambda/4$ 模式下实现激励器最大 600 Hz 的脉冲爆震工作频率和 $3\lambda/4$ 模式下 1 400 Hz 的爆燃工作频率[69]。对于具有长度 20 cm、直径 1.9 cm 的燃烧管道的激励器,当以 $\lambda/4$ 共振模式工作时,以 285 Hz 频率进行爆震燃烧的激励器出口射流流场如图 1.11 所示。由图可知,燃烧产物从激励器高速喷出并形成有激波结构,即激励器所形成的射流为超声速流。Nguyen 等[70]采用测力天平对激励器产生的推力和比冲特性进行了研究,结果表明燃烧管道为 20 cm 长的激励器以 $\lambda/4$ 共振模式工作时,可以产生 27 N 的平均推力,对应比冲为 2 970 s。

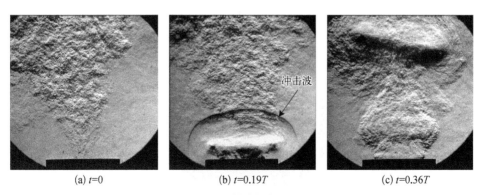

(a) $t=0$ (b) $t=0.19T$ (c) $t=0.36T$

图 1.11 不同时刻激励器出口流场纹影图

3. Hartmann 管流体激励器

自从 Hartmann 于 1919 年发现共振管现象以来,人们即对 Hartmann 管(又称动力共振管,powered resonance tube)的共振机制及应用开展了深入研究[71]。该装置曾广泛应用于喷射雾化[72]、燃料预混[73]、发动机点火[74]及冰箱制冷[75]等工业领域。近年来,随着对高频剪切层流动控制的需求,Hartmann 管以其高的频率响应特性开始被应用于流动控制领域[76]。

Hartmann 管主要由高速喷嘴和圆形谐振腔构成,其工作机制是:当流体从喷嘴中高速喷出时,由于喷嘴截面的收缩,喷嘴前的流体压力呈现出周期性的变化,并与放置在压力不稳定区内的谐振腔共同形成一个谐振系统。超声速流体进入谐振腔,会在腔内产生充气过程,并导致反馈流压力逐渐上升,反冲流体与入射流体相互碰撞,产生频率为 100 Hz ~ 25 kHz、最大声强级达 150 dB 的声波振荡[71]。

Hartmann 管是一个开放式的发声器系统。为了将其更好地应用于流动控制,Raman 等[77,78]通过在喷嘴和谐振腔之间加入一个对流动起定向引流作用的圆柱形开孔套管,使得共振流体以需要的方向进入受控流场,即建立了一种 Hartmann 管流体激励器,如图 1.12 所示。激励器的共振强度可以通过喷嘴压比和喷嘴与谐振腔间距离的改变进行调整;激励频率可以通过谐振腔长度进行调整,并且对于喷嘴和谐振腔直径相同的激励器系统,频率特性满足:

$$f = \frac{c_0}{4(L + 0.3d)} \tag{1.9}$$

式中,c_0 为流体介质中的声速;L 为谐振腔长度;d 为喷嘴和谐振腔直径。Raman 等[79]通过改变谐振腔长度,实现了激励器频率 1.6 ~ 15 kHz 的可调,并且建立了一个多输入、多输出的闭环反馈系统,进行激励器频率的计算机控制调整。Kastner 等[80]通过将工质由空气换为氦气,使得激励器工作频率范围从 1 ~ 15 kHz 提高到 15 ~ 45 kHz。

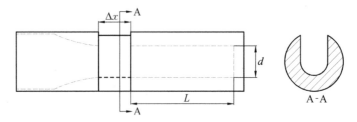

图 1.12　Hartmann 管流体激励器结构示意图

根据式 (1.9), Hartmann 管流体激励器工作频率与谐振腔长度 L 呈反比。当用于噪声抑制时, 更希望激励器工作于频率超过 20 kHz 的超声波范围, 这就需要考虑 L/d 的影响, 即高频工作的激励器同时也需要具有较小的喷嘴直径[81]。当需要激励器应用于低频流场控制时, 也不能无限增加谐振腔长度。Cain 等[82]发现通过采用后台阶突扩型谐振腔可以在不改变腔体长度的条件下, 实现激励器频率的改变。为了增强 Hartmann 管流体激励器的控制能力, Raman[83]设计了一种 Hartmann 管束结构的激励器, 并通过 Hartmann 管个数和位置的改变, 实现激励器性能的优化, 以降低所需工质质量流率。在应用方面, Kastner 等[78,83,84]都验证了 Hartmann 管流体激励器在超声速射流噪声抑制方面的有效性。Dziuba 等[85]则证明当激励器以 6.24 kHz 频率工作时, $Ma=3$ 的超声速主流中激励器布置处的总压可以升高 10%。

1.2.3　机械式激励器

机械式激励器具有多种形式, 其主要工作机制是依靠激励器自身的振动实现对受控流场能量的注入, 或者通过主动实现控制面型面的变化以适应不同的工作状态。由于机械式激励器控制力不强, 目前主要开展了在低速流场主动流动控制中的应用研究。具有高速流场主动流动控制应用前景的激励器主要有压电襟翼激励器和形状记忆合金激励器。

压电襟翼激励器在低速流场主动流动控制中一般采用悬臂梁结构, 一端固定, 依靠另一端的振动产生展向涡或流向涡, 实现流动分离控制[86]或凹腔自激振荡控制[87,88]。在超声速/高超声速流场中, 由于流动总压较高, 在振幅较小情况下振动方式不能产生足够强的扰动, 为此 Jun、Couldrick 等[89–91]设计了一种新的"智能"气动内翼激励器, 并开展了在激波边界层干扰控制中的应用研究。该激励器的工作方式是通过控制固定在惰性基底上压电材料的变形量, 改变压力室出口大小, 调整压力室的吹/吸流量, 实现超声速流场的主动控制。该激励器与流体式激励器的不同之处在于, 通过与气动内翼的一体化设计及在流场中布置位置的选择, 压力室不仅提供高能喷出的射流, 同时还起到激波前后压力信息的传递和分离泡内低速区小动量流体的吸入作用。实验结果表明, 通过激励器的作用可以使激波附近的边界层增厚, 从而使强激波分裂成一系列弱激波, 达到改变激波角度、减小波阻的目的。

形状记忆合金激励器的工作机制是依靠马氏体相变呈现的形状记忆效应, 实现型面自身的变化或对外做功, 进行主动流动控制。形状记忆合金激励器结构简单,甚至可以仅包括合金材料元件自身。目前在高速流场主动流动控制中已经成功开展了飞行器进气道角度主动改变[92]、发动机喷管面积自主调整[93]和发动机噪声控制[94]的应用研究,同时这些研究在自适应/智能机翼和可变体飞行器设计中也具有较好的应用前景。

形状记忆合金激励器应用中主要的缺点是响应时间受传热效率的制约、工作频率较低。为此 Jun[89]设计了一套基于微型热管的换热系统,实现了激励器最高 1 Hz 的有效工作频率,产生最大 250 N 的推力。随着溅射制膜技术的发展,做成薄膜形式的形状记忆合金激励器由于具有大的表面积和强的散热能力,热循环响应频率可以达到 100 Hz[95]。20 世纪 90 年代发现的磁致形状记忆效应[96],更是有望将磁致形状记忆合金激励器的响应频率提高到 300 Hz 以上。这些都为形状记忆合金激励器实现高速流场主动流动控制提供了较好的技术基础。但除了响应频率的制约,激励器工作中存在的能量利用效率偏低、易于发生疲劳断裂和不易于实现精确相位控制的不足仍需要加以解决。

1.2.4 等离子体激励器

气体放电在高速流动控制中的应用研究开始于 50 多年前 Resler "磁空气动力"(magneto-aerodynamic)概念的提出[97],此后研究人员开展了大量的基于电-磁场的超声速/高超声速主动流动控制技术机制和应用研究[98-102]。采用电磁流动控制被认为是有效实现高速流场主动流动控制的重要手段,但它需要产生大体积、高电离度的气体和强的外部磁场环境[102],其巨大的能量需求和实现与飞行器一体化设计的复杂性,成为应用的主要制约因素。自从介质阻挡放电(dielectric barrier discharge,DBD)等离子体激励器发明以来[103],仅仅依靠电场/等离子体的高速流场主动流动控制受到越来越多的关注。目前根据气体放电类型的不同,高速流场主动流动控制等离子体激励器主要有 DBD、直流放电和等离子体合成射流三种类型。

1. DBD 等离子体激励器

DBD 等离子体激励器是目前研究最多的主动流动控制方式之一,其典型特征结构如图 1.13(a)所示,主要包括绝缘介质及其隔离开的两个非对称电极,其中一个电极裸露,另一个电极埋置在绝缘介质中。当在两电极间施加高压、高频交流电源时,会在激励器上方形成一个非对称电场,使电场附近空气电离形成等离子体,并诱导周围流体向埋入电极方向流动,形成一股用于流动控制的壁面射流。等离子体激励器电极材料一般选用导电性较好的铜或铝箔,绝缘介质可以采用玻璃、聚四氟乙烯、聚酰亚胺或氮化硼陶瓷等,输入电源可以是正弦波、方波或锯齿波等交流电,电源频率和电压幅值一般选择 $V_{AC} = 1 \sim 30$ kV、$f = 50 \sim 20\,000$ Hz。

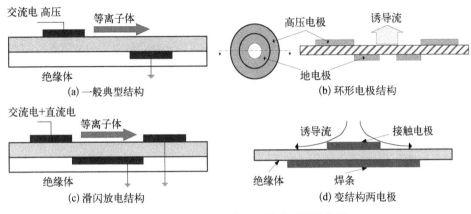

图 1.13　四种 DBD 等离子体激励器结构图

目前,研究者认为等离子体激励器流动控制的物理作用机制主要有三种:外电场与带电离子相互作用产生的电流体动力(electro-hydro dynamics,EHD)效应、快速焦耳加热引起的气体膨胀效应和有外加磁场时洛伦兹力产生的磁流体动力(magneto-hydro dynamic,MHD)效应[104]。DBD 激励器在流动控制应用中最大的不足是诱导速度较低,控制能力不强。Post 等[105]的研究结果表明 DBD 等离子体激励器诱导射流最大速度与 $V^{3.5}$ 成正比,但同时还受到埋入电极面积的限制,能实现的最大速度峰值约为 10 m/s[106,107],因为更高的电压输入并不会增加产生的等离子体动能,而是转化为气体及电极表面热能,同时还会引起辉光放电向电弧放电的转变和阻挡介质的击穿。

一般认为 DBD 等离子体激励器能够实现有效流动控制的主流速度不超过30 m/s,通过激励器布置位置及控制参数选择的优化,有效分离流动控制的主流速度已经得到了明显的提高,达到了 100 m/s[108,109]。

为了提高 DBD 等离子体激励器性能,增加输入能量的利用效率,研究人员设计了多种不同的激励器构型。图 1.13(b) 为 Santhanakrishnan 等[110]设计的一种环形电极 DBD 等离子体激励器,它可以产生具有零质量通量的脉冲或定常流向射流,同时还可以仅作为吸气装置利用。为了产生更多稳定的等离子体并诱导更大的射流速度,研究者设计了各种不同的多电极 DBD 等离子体激励器[111,112],图 1.13(c) 为三电极 DBD 激励器的一种——滑闪放电等离子体激励器[113],它采用由高压交流和高压直流电路耦合的准直流电路进行工作,交流电源用于弱电离等离子体的产生,直流电源则进行滑闪放电的维持和能量注入,该激励器可以产生更大的体积力。

在高速流场主动流动控制方面,Im 等[114]采用图 1.13(d)所示的变结构两电极 DBD 等离子体激励器,成功实现了超声速湍流边界层控制,实验结果表明在 $Ma=4.7$ 的超声速流动中,峰值电压为 6 kV、工作频率为 28 kHz 的 DBD 等离子体激励器可以显著减小湍流边界层厚度。除了改变激励器结构,一种新的纳秒脉冲放电方式也为等离子体激励器应用于高速流场主动流动控制提供了可能。Roupassov 等[115~119]对纳秒脉冲放电特性进行了研究。结果表明纳秒脉冲放电诱导的射流速度几乎为零,但可以对放电区域附近流体快速加热,并产生以近似声速传播的压缩波结构。Nishihara 等[118]采用纳秒脉冲 DBD 激励器实现了对 $Ma=5$ 的弓形激波的控制,使得激波脱体距离增加了 25%。

DBD 激励器在高速流场主动流动控制中的应用目前还处于探索研究阶段,其控制效果及不同流动环境条件下的适应能力仍需进一步验证和提高。

2. 直流放电等离子体激励器

直流放电等离子体激励器可以分为直流辉光放电等离子体激励器和直流弧光放电等离子体激励器[120]两种,二者的区别在于输入功率和放电电流大小的不同。当两电极间辉光放电建立以后,如果继续增加输入电压就会发生辉光向弧光的转变,辉光放电的电流大小一般为 1~100 mA 量级,而弧光放电电流会显著增大(约 1 A)。直流放电等离子体激励器典型结构如图 1.14 所示,主要由布置于绝缘板上的耐高温烧蚀电极组成。其相对于 DBD 等离子体激励器的不同之处在于两电极布置于绝缘板的同侧,之间没有绝缘介质阻挡。

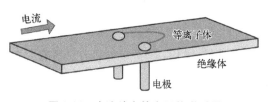

图 1.14 直流放电等离子体激励器

激励器电极可以做成多种不同形状,并且可以根据应用需要改变电极对数和布置方式。相对于脉冲或交流放电,直流放电等离子体电源较为简单,工作产生的电磁干扰较小且易于操作。

目前认为直流放电等离子体激励器在高速流动控制中的作用机制是快速气体加热效应引起的局部密度及声速变化[120]。为了分析直流放电等离子体加热与其他加热方式的不同,Menart 等[121]对比研究了等离子体加热与普通电阻丝加热对 $Ma=5$ 的超声速流动的影响,结果表明二者均可以在阴极上方产生 50%

的压力变化,但等离子体的加热速度要快一个量级。Shin 等[122] 的纹影结果则表明等离子体激励的响应时间小于 100 s,这种剧烈的快速局部加热会在流场中形成具有近似波速的强的压缩波,可以显著改变超声速流场结构[123-126]。

直流放电等离子体的放电形式和流动控制的效果受电极结构、电极对数和布置方式、环境气压和输入电压的影响。Kimmel 等[127] 的研究结果表明,圆形阴极和针状阳极组成的辉光放电等离子体,就不会像方形电极一样引起阴极上方的压力扰动,它对超声速平板流动的作用类似于横向射流或凸包,具有涡流发生器的效果,Samimy 和王健等[128] 也观察到了这种现象。等离子体的控制效果随电极个数的增加而增强[120],而沿展向布置的电极结构比沿流向布置具有更高的控制效率[129]。Shin 等[122] 发现超声速来流条件下的辉光放电具有弥散和收缩两种模式,当直流辉光在低压环境下以较小电流条件工作时,会形成弥散放电,而当电流大于 150 mA、气压超过 33.3 kPa 时,放电转变为收缩模式。由于弥散放电可以形成更大的加热区域,因此也具有更好的控制效果。

直流放电流动控制的主要机制为气体加热效应,输入功率千瓦量级、放电区域气体温度 3 000 ~ 5 000 K 的电弧放电应该具有更强的激励效果。Leonov 等[129] 的实验表明电弧放电处会形成弱激波,但由等离子体放电产生的压力升高并不比辉光放电明显,因此 Shin 等[122,130] 认为基于直流放电等离子体的流动控制除了气体加热效应,静电力同时也具有重要作用。弥散放电模式下的等离子体控制效果会随着输入功率的增加而增强。当过渡到弧光放电时,过大的功率输入会引起超声速边界层的分离。为克服弧光放电所需功率较大的不足,Samimy 发展了一种新的弧光放电激励器,通过对等离子体激励器的优化,可以实现激励器 0~200 kHz 的工作频率,单个激励器的能量消耗仅为 12 W[131,132]。随着流动马赫数的增加,流场总温和焓值增加,依靠气体加热的直流放电等离子体激励器工作效率将会下降,目前已经获得的研究结果表明直流放电能够引起流场特性改变的最大主流速度为 $Ma = 7$[133]。

直流放电等离子体较强的加热效应,可以产生较高的等离子体密度。当施加合适的外部磁场时,通过磁流体动力的约束作用,可以降低放电功率需求[134],同时提高等离子体控制效果[135],但这种控制方式不单是等离子体气动激励控制,而是更复杂的磁流体控制。

3. 等离子体合成射流激励器

等离子体合成射流激励器具有无需在流场内引入额外质量(即零质量通量)的工作特性,但也存在着射流速度偏低、控制力不强的缺陷,同时激励器性能还受到系统结构共振频率的影响,当激励器工作频率偏离共振频率时便会引起射流产生能力下降。等离子体激励器虽然具有较宽的工作频率范围,但诱导射流速度同样偏低,主要依靠对局部流场的焦耳加热实现高速流场流动控制。结合两种激励器的优势,Grossman 等[136] 提出了一种依靠火花放电产生高能射流的等离子体合成射流激励器(又称为火花放电等离子体激励器或脉冲等离子体射流激励器)。它是在小腔体内进行气体放电,利用受控流场内自身的流体"合成"流场控制用的高速射流,其工作周期可以分为如图 1.15 所示的三个过程:① 能量沉积阶段。通过外接高压电源给激励器充电,当两电极间电势差达到激励器腔体内空气击穿电压时,形成气体放电使得腔体内空气发生电离,实现电能向热能的转化。② 射流喷出阶段。气体放电加热导致腔体内温度和压力急剧升高,高温高压气体通过激励器出口高速喷出,形成射流。③ 吸气复原阶段。射流喷出及腔体冷却使得腔体内温度和压力下降,外部气体重新充填腔体,为下一个循环做准备。等离子体合成射流激励器仅需消耗电能,无机械活动部件,可通过出口大小和方向的改变调整激励器向外部流场的动量注入。等离子体合成射流激励器工作机制是基于气体放电的焦耳加热作用,使得放电小腔体内的气体快速受热膨胀,形成高速射流,根据激励器腔体增压方式的分类,其属于升温型主动流动控制激励器。

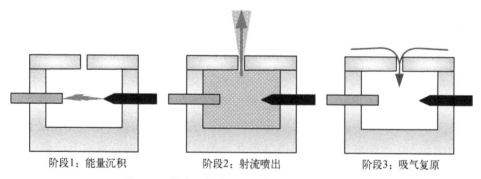

阶段1:能量沉积　　　　　阶段2:射流喷出　　　　　阶段3:吸气复原

图 1.15　等离子体合成射流激励器工作过程图

DBD 等离子体激励器和直流放电等离子体激励器均属于表面放电等离子体气动激励方式,都是依靠激励器表面产生的等离子体与受控流场直接相互作用,通过电流体动力效应的动量注入或快速局部焦耳加热效应产生的压缩波扰动实现对流场的控制。等离子体合成射流激励器的放电是在一个开有出口孔缝的小腔体内,所产生的等离子体并不与受控流场直接接触,而是通过加热腔内气体,使其增压膨胀并高速喷出,实现对流场的操控。等离子体合成射流激励器既可以产生速度高达每秒数百米的高能射流,又可以产生近似声速的压缩波[137],对受控流场兼具有大的动量注入效果和强的压缩波扰动能力,在超声速/高超声速流动控制应用中具有更好的应用前景。等离子体合成射流激励器由约翰·霍普金斯大学应用物理实验室于 2003 年首次提出并开展系统研究[136,138-145]。Grossman 等[136,138]建立了等离子体合成射流一维理论分析模型,并开展了基于唯象模型的数值模拟研究。结果表明等离子体合成射流理论速度可以达到 1 500 m/s,腔体内气体温度超过 2 000 K。Cybyk 等[139-141]采用数值模拟方法系统研究等离子体合成射流激励器结构参数和能量沉积大小对射流特性的影响,并且验证激励器可以穿透马赫数 3 的超声速流场边界层,引起横向主流边界层转捩,首次验证了等离子体合成射流激励器作为超声速流场主动流动控制的可行性。为了获得等离子体合成射流精确的流场结构及速度分布,Cybyk 等[142,143]采用 PIV 技术和数字散斑成像(digital speckle tomography)技术研究了射流速度特性和温度特性。实验中由于射流速度梯度较大,示踪粒子播散困难,所测射流最大速度约为100 m/s,虽然未能反映出射流真实速度特性,但获得了完整的射流流场发展过程;数字散斑成像技术测量结果表明距离激励器出口下游 1.85 mm 处,放电结束后 75 s 时射流温度高达 1 600 K。为了更真实地模拟等离子体合成射流及其阵列的流场特性,Taylor 等[144,145]完善了 Grossamn 的唯象模型,开展了阵列布置等离子体合成射流的初步研究,并且采用实验对比了激励器工作过程中放电电能向激励器腔内压强的转变效率,结果表明随着激励器电源电路的不同,能量转换效率也不同(10%~35%)。

由于优越的工作性能,等离子体合成射流激励器很快吸引了众多院校及科研机构的注意。法国国家航天研究中心 Caruana 等[146]设计了两种不同结构的激励器,采用数值模拟的方法研究了能量沉积大小、喷口和腔体结构对射流形成的影响,并实验验证了激励器作为流体式涡流发生器对亚声速边界层分离流动控制和轴向喷流噪声抑制的有效性。为了避免粒子图像速度仪(particle image velocimetry,PIV)技术较大的误差,纹影/阴影技术成为等离子体合成射流流场显示与测量的一种有效手段。得克萨斯州立大学 Narayanaswamy 等[147]采用纹影锁相技术实验研究了电流大小(能量大小)、腔体体积和出口孔径对射流速度的影响,并且实验验证了等离子体合成射流对马赫数 3 超声速横向主流的边界层穿透度达到 6 mm,射流与主流动量通量比约为 0.6。韩国蔚山大学 Shin[148]和法国图卢兹大学的 Belinger[149,150]等也采用纹影技术对等离子体合成射流流场及参数影响规律进行了实验研究。伊利诺伊州立大学 Reedy 等[151]分别采用微

PIV技术和纹影技术研究了不同电容大小对射流速度的影响,实验测得的最大射流速度峰值达到495 m/s。佛罗里达州立大学Emerick等[152]对比研究了标准大气环境和真空环境下的射流流场特性,发现0.6 atm*压强下射流速度比1 atm压强下高约30%。新泽西州立大学Golbabaeiasl等[153]通过等离子体合成射流冲量的测量研究了激励器电能向腔内热能的转化效率,结果表明激励器工作工程中的电-热转化效率低于10%,而且随着激励器电容的增大,效率降低。我国的国防科技大学[137,154-157]、空军工程大学[158-160]、南京航空航天大学[161,162]也对等离子体高能合成射流开展了相应的数值模拟和实验研究。

等离子体合成射流激励器作为一种新的高速流场主动流动控制装置,正成为高速流场主动流动控制研究的热点。在应用研究中,激励器被成功应用于激波边界层干扰中反射激波非定常运动的控制、激波边界层干扰分离区域大小控制和激波强度控制[163-166]。Anderson等[167]还进行了等离子体合成射流激励器用于超声速/高超声速飞行器气动力控制的理论分析,结果表明相对于普通襟翼控制,等离子体合成射流具有响应速度快、控制效率高的优势。

1.2.5 高速流动控制技术发展趋势

1. 高速流动控制趋势

对于高超声速飞行器,需要对激波、边界层转捩、激波/边界层干扰进行控制,以改善飞行器内外流状况。激波/边界层干扰是指激波产生的逆压梯度引发的边界层变形、分离、再附及激波分叉等现象,普遍存在于跨声速、超声速及高超声速飞行器内外流场中。对于飞行器外流场,激波/边界层干扰是飞行器阻力的重要来源,并可能导致边界层非定常分离,引发飞行器气动阻力、表面热流及压力载荷的非定常振荡,产生难以预料的气动力和气动力矩,使对飞行器的控制难以有效实施,并可能引发机体结构疲劳。飞行器内流场中激波/边界层干扰产生的复杂非定常波系,会增大内流总压损失和流场畸变,给发动机带来热流峰值、压力脉动、附加气动收缩比及内通道激波串等问题,甚至会导致发动机停车的严重后果。因此,通过流动控制技术对激波/边界层干扰进行有效控制,能够显著提升高速飞行器的飞行安全性、改善飞行器可操纵性和提高飞行器推进效率。被动控制无需额外的能量消耗,具有控制简单、易于实现、设计制造成本低的特点,但同时也存在通用性差、非设计工况下控制效果不佳、伴随有额外附加损失

---

* 1 atm = 101 325 Pa。

等不足。作为一种新型主动流动控制技术,等离子体流动控制可以根据流场的实际控制需求,选择控制施加与否;依据受控流场流动的变化,调整控制装置工作参数,实现控制优化;便于组成信息化的闭环反馈控制网络,满足高速流场快速、实时的控制需求。

2. 高速流动控制激励器发展趋势

目前可用于超声速/高超声速流场控制激励器还很少,主要包括射流激励器和等离子体流动控制激励器。等离子体流动控制激励器自出现以来已得到快速发展,除了在激励器自身工作特性方面取得丰富成果外,也已成功应用于多种跨声速及超声速典型流场结构的控制,包括超声速边界层控制、激波强度和非定常性控制、射流噪声控制、流动分离控制等。但是,激励器在高超声速流场中的应用还比较少。对于高超声速飞行器,其外部流场的空气相对较为稀薄、静压较低,这对等离子体流动控制激励器应用提出了挑战。一方面,在高空稀薄空气环境中,激励器可以利用的气体工质太少,产生的控制力较弱;另一方面,在低气压环境中,气体的放电类型会由火花电弧放电转变为辉光放电,放电模式由原来的击穿电压较高、输入能量较大、能量沉积较为集中的放电转变为低能量、弥散型的放电,这也将导致激励器控制能力减弱。因此,激励器在高超声速流场中的环境适应性需要提高。

参考文献

[1] Curran E T, Murthy S N B. Scramjet propulsion. American Institute of Aeronautics and Astronautics, 2001.

[2] Falempin F, Goldfeld M. Design and experimental evaluation of a Mach 2-Mach 8 inlet. AIAA Paper, 2001 - 1890, 2001.

[3] Mahoney J J. Inlets for supersonic missiles. AIAA Education Series, 1990.

[4] Bachchan N, Hillier R. Hypersonic inlet flow analysis at off-design conditions. AIAA Paper, 2004 - 5380, 2004.

[5] Duman E F. Two and three-dimensional viscous analysis of high speed inlets and comparison with experimental data. AIAA Paper, 1997 - 3273, 1997.

[6] Duquesne N, Alziary T. Numerical investigation of a three-dimensional turbulent shock/shock interacion. AIAA Paper, 1998 - 0774, 1998.

[7] Fan X Q, Jia D, Li H. Forced boundary-layer transition of axisymmetric inlet in mach 8 gun wind tunnel and its numerical verication. AIAA Paper, 2005 - 3551, 2005.

[8] Hawboldt R J, Sullivan P A, Gottlieb J J. Experimental study of shock wave and hypersonic boundary layer interactions near a convex corner. AIAA Paper, 1993 - 2980, 1993.

[9] Berry S A, Auslender A H. Hypersonic boundary-layer trip development for hyper-X. AIAA

Paper, 2000 – 4012, 2000.

[10] Lai H T, Kim S C, Nagamatsu H T. Calculation of scram-jet inlet with thick boundary-layer ingestion. Journal of Propulsion and Power, 1994, 10(5): 625 – 630.

[11] Fernandez R. RBCC engine technology development-sub-scale inlet experimental results. AIAA Paper, 1997 – 0612, 1997.

[12] Sislian J P, Parent B. Hypervelocity fuel/air mixing in a shcramjet inlet. Journal of Propulsion and Power, 2004, 20(2): 263 – 272.

[13] 李文杰,牛文.DARPA 披露 HTV-2 第二次试飞评估结论.飞航导弹,2012,(9): 30 – 32.

[14] 庄逢甘,黄志澄.未来高技术战争对空气动力学创新发展的需求.空气动力学前沿研究论文集.北京,2003: 73 – 80.

[15] 吉礼超,宋贵宝.防空导弹控制方法的研究现状及展望.战术导弹技术,2009,(3): 54 – 59.

[16] 赵桂林,彭辉,胡亮,等.超音速流动中侧向喷流干扰特性的实验研究.力学学报,2004, (5): 577 – 582.

[17] Glezer A, Amitay M. Synthetic jets. Anuual Review of Fluid Mechanics, 2002, 34: 503 – 529.

[18] 张攀峰,王晋军,冯立好.零质量射流技术及其应用研究进展.中国科学 E 辑: 技术科学, 2008,38: 321 – 345.

[19] 罗振兵,夏智勋.合成射流技术及其在流动控制中应用的进展.力学进展,2005,35(2): 221 – 234.

[20] Crawley E, Luis J. Use of piezoelectric actuators as elements of intelligent structures. AIAA Journal, 1987, 25: 1373 – 1385.

[21] Couldrick J S, Gai S, Milthorpe J, et al. Swept shock wave boundary layer interaction control with "smart" flap actuator. Canberra: Australian International Aerospace Conference, 2001.

[22] Jun H Y, Rediniotis O K, Lagoudas D C. Development of a fuel-powered shape memory alloy actuator system: I. Numerical analysis. Smart Materials and Structures, 2007, 16(1): S81 – S94.

[23] Jun H Y, Rediniotis O K, Lagoudas D C. Development of a fuel-powered shape memory alloy actuator system: II. Fabrication and testing. Smart Materials and Structures, 2007, 16(16): S95 – S107.

[24] Moreau E. Airflow control by non-thermal plasma actuators. Journal of Physics D-Applied Physics, 2007, 40: 605 – 636.

[25] Corke T C, Post M L, Orlov D M. SDBD plasma enhanced aerodynamics: concepts, optimization and applications. Progress in Aerospace Sciences, 2007, 43(7): 193 – 217.

[26] Jayaraman B, Shyy W. Modeling of dielectric barrier discharge-induced fluid dynamics and heat transfer. Progress in Aerospace Sciences, 2008, 44(3): 139 – 191.

[27] Corke T C, Enloe C L, Wilkinson S P. Dielectric barrier discharge plasma actuators for flow control. Anuual Review of Fluid Mechanics, 2010, 42(1): 505 – 529.

[28] 聂万胜,程钰锋,车学科.介质阻挡放电等离子体流动控制研究进展.力学进展,2012, 42(6): 722 – 734.

[29] Wang Jin Jun, Choi Kwing So, Feng Li Hao, et al. Recent developments in DBD plasma flow control. Progress in Aerospace Sciences, 2013, 62(4): 52 − 78.

[30] Shang J S, Surzhikov S T, Kimmel R, et al. Mechanisms of plasma actuators for hypersonic flow control. Progress in Aerospace Sciences, 2005, 41(8): 642 − 668.

[31] Samimy M, Adamovich L, Webb B, et al. Development and characterization of plasma actuators for high-speed jet control. Experiment in Fluids, 2004, 37(4): 577 − 88.

[32] Grossman K R, Cybyk B Z, van Wie D M. Sparkjet actuators for flow control. AIAA Paper, 2003 − 57, 2003

[33] Belinger A, Hardy P, Barricau P, et al. Influence of the energy dissipation rate in the discharge of a plasma synthetic jet actuator. Journal of Physics D-Applied Physics, 2011, 44(36): 365201.

[34] Donovan J F, Kral L D, Cary A W. Numerical simulation of a lorentz force actuator. AIAA Paper, 1997 − 1918, 1997.

[35] Adelgren R G, Yan H, Euiott G S, et al. Localized flow control by laser energy deposition applied to edney Ⅳ shock impingement and intersecting shocks. AIAA Paper, 2003 − 31, 2003.

[36] Ramachandran R, Raman G. Pulsed shock tube actuators for noise reduction in high speed applications. AIAA Paper, 2011 − 1217, 2011.

[37] 罗振兵,夏智勋,王林.高能合成射流激励器设计思想及超声速流矢量控制初探.南京: 第十三届全国分离流、旋涡和流动控制会议,2010: 65 − 70.

[38] 瞿章华,曾明,刘伟,等.高超声速空气动力学.长沙: 国防科技大学出版社,1999.

[39] Selig M S, Smits A J. Effect of periodic blowing on attached and separated supersonic turbulent boundary layers. AIAA Journal, 1991, 29(10): 1651 − 1658.

[40] Ibrahim M, Kunimura R, Nakamura Y. Mixing enhancement of compressible jets by using unsteady microjets as actuators. AIAA Journal, 2002, 40(4): 681 − 688.

[41] Choi J, Wee D, Alvi F. Active noise control of supersonic impinging jets using pulsed microjets. AIAA Paper, 2005 − 0798, 2005.

[42] Zhuang N, Alvi F, Alkislar M, et al. Supersonic cavity flows and their control. AIAA Journal, 2006, 44(9): 2118 − 28.

[43] Choi J, Annaswamy A, Lou H, et al. Active control of supersonic impingement tones using steady and pulsed microjets. Experiment in Fluids, 2006, 41(6): 841 − 855.

[44] Bons J, River R, Sondergaard R. The fluid dynamic of LPT blade separation control using plused jets. Journal of Turbomachinery-Transactions of the ASME, 2002, 124: 77 − 85.

[45] Warsop C, Hucker M, Press A, et al. Pulsed air-jet actuators for flow separation control. Flow Turbulence Combust, 2007, 78(3/4): 255 − 281.

[46] Williams D, Cornelius D, Rowley C. Supersonic Cavity Response to Open-Loop Forcing. Berlin: Springer, 2007.

[47] Raghu S. Feedback-free fluidic oscillator and method. U S Patent, 2001, No: 6253782.

[48] Coanda H. Device for deflecting a stream of elastic fluid projected into an elastic fluid. U S Patent, 1936, No: 2052869.

[49] Gregory J, Sullivan J, Raman G, et al. Characterization of the microfluidic oscillator. AIAA Journal, 2007, 45: 568 - 576.

[50] Cerretelli C, Kirtley K. Boundary layer separation control with fluidic oscillators. Journal of Turbomachinery-Transactions of the ASME, 2009, 131(4): 29 - 38.

[51] Raman G, Raghu S. Cavity resonance suppression using miniature fluidic oscillators. AIAA Journal, 2001, 42(12): 2608 - 2611.

[52] Gokoglu S, Kuczmarski M, Culley D, et al. Numerical studies of a supersonic fluidic diverter actuator for flow control. AIAA Paper, 2010 - 4415, 2010.

[53] Solomon T, Kumar R. Alvi F. High bandwidth micro-actuators for active flow control. AIAA Paper, 2008 - 3042, 2008.

[54] Solomon T, Kumar R, Alvi F. High-bandwidth pulsed microactuators for high-speed flow control. AIAA Journal, 2010, 48(10): 2386 - 2396.

[55] Ali M, Solomon J, Gustavsson J, et al. Control of resonant flow inside a supersonic cavity using high bandwidth pulsed micro-actuators. AIAA Paper, 2010 - 1198, 2010.

[56] Solomon T, Hong S, Wiley A. Control of supersonic resonant flows using high bandwidth micro-actuators. AIAA Paper, 2009 - 3247, 2009.

[57] Selby G, Lin J, Howard F. Control of low-speed turbulent separated flow using jet vortex generators. Experiment in Fluids, 1992, 12(6): 394 - 400.

[58] Khan Z. On vortex generating jets. International Journal of Heat and Fluid Flow, 2000, 21(5): 506 - 511.

[59] Bueno P, Wagner J, Searcy J, et al. Experiments in unsteady forcing of Mach 2 shock wave/boundary layer interactions. AIAA Paper, 2006 - 878, 2006.

[60] Epstein A. Power MEMS and microengines. International Conference on Solid-State Sensors and Actuators, 1997, 2: 753 - 756.

[61] Crittenden T, Glezer A, Funk R, et al. Combustion-driven jet actuators for flow control. AIAA Paper, 2001 - 2768, 2001.

[62] Crittenden T, Warta B, Glezer A. Characterization of combustion powered actuators for flow control. AIAA Paper, 2006 - 2864, 2006.

[63] Rajendar A, Crittenden T, Glezer A, et al. Effect of inlet flow configuration on combustion powered actuators. AIAA Paper, 2010 - 1258, 2010.

[64] Srinivasan S, Girgisy B, Menon S. Large-eddy simulation of a combustion powered actuator. AIAA Paper, 2008 - 4680, 2008.

[65] Crittenden T. Environmental testing of combustion powered actuators for flow control. AIAA Paper, 2007 - 3855, 2007.

[66] Beck B, Cutler A, Drummond J, et al. A resonant pulse detonation actuator for high-speed boundary layer separation control. South Bend: 11th International Symposium on Flow Visualization, 2004.

[67] Cutler A, Beck B, Wilkes J, et al. Development of a pulsed combustion actuator for high-speed flow control. AIAA Paper, 2005 - 1084, 2005.

[68] Cutler A. High-frequency pulsed combustion actuator experiments. AIAA Journal, 2011,

49(9): 1943 – 1950.

[69] Cutler A, Drummond, J. Toward a high-frequency pulsed-detonation actuator. AIAA Paper, 2006 – 0635, 2006.

[70] Nguyen N, Cutler A. Pressure and thrust measurements of a high-frequency pulsed detonation tube. AIAA Paper, 2008 – 4690, 2008.

[71] Raman G, Srinivasan K. The powered resonance tube: from Hartmann's discovery to current active flow control applications. Progress in Aerospace Sciences, 2009, 45(4): 97 – 123.

[72] Grant N. Rapid solidification of metallic particulates. Journal of Materials Research, 1983, 35(1): 20 – 26.

[73] Kumar A, Bushnell D, Hussaini M. A mixing augmentation technique for hyper-velocity scramjets. Journal of Propulsion and Power, 1989, 5(5): 514 – 522.

[74] Conrad E, Pavli A. A resonance tube igniter for hydrogen-oxygen rocket engines. NASA TM X-1460, 1967.

[75] Kadaba P, Bondarenko V, Arkharov A. Thermal characteristics of a Hartmann-sprenger tube. International Journal of Refrigeration, 1990, 13(5): 309 – 316.

[76] Raman G, Kibens V, Cain A, et al. Advanced actuator concepts for active aero-acoustic control. AIAA Paper, 2000 – 1930, 2000.

[77] Raman G, Kibens V. Active flow control using integrated powered resonance tube actuators. AIAA Paper, 2001 – 3024, 2001.

[78] Kastner J, Samimy M. Development and characterization of Hartmann tube fluidic actuators for high-speed flow control. AIAA Journal, 2002, 40(40): 1926 – 1934.

[79] Raman G, Sarpotdar S, Tassy J, et al. An overview of the development of high bandwidth powered resonance tube actuators: experiments and simulations. AIAA Paper, 2004 – 2856, 2004.

[80] Kastner J, Hileman J, Samimy M. Exploring high-speed axisymmetric jet noise control using Hartmann tube fluidic actuators. AIAA Paper, 2004 – 186, 2004.

[81] Chaudhari Kedar, Sarpotdar S, Raman G. Jet noise suppression using ultrasonic powered resonance tubes. AIAA Paper, 2010 – 17, 2010.

[82] Cain A, Kerschen E, Tassy J, et al. Simulation of powered resonance tubes: Helmholtz resonator geometries. AIAA Paper, 2004 – 2690, 2004.

[83] Raman G, Mills A, Kibens V. Development of powered resonance-tube actuators for aircraft flow control applications. Journal of Aircraft, 2004, 41(6): 1306 – 1314.

[84] Samimy M, Kastner J, Debiasi M. Control of high-speed impinging jets using Hartmann tube fluidic actuators. AIAA Paper, 2002 – 2822, 2002.

[85] Dziuba Marc, Rossmann T. Active control of a sonic transverse jet in supersonic cross-flow using a powered resonance tube. AIAA Paper, 2005 – 897, 2005.

[86] Seifert A, Eliahu S, Greenblatt, et al. Use of piezoelectric actuators for airfoil separation control. AIAA Journal, 1998, 36(8): 1535 – 1537.

[87] Kegerise M, Cabell R, Cattafesta L. Real-time feedback control of flow-induced cavity tones, part1: fixed-gain control. Journal of Sound and Vibration, 2007, 307(3): 906 – 923.

[88] Kegerise M, Cabell R, Cattafesta L. Real-time feedback control of flow-induced cavity tones, part2: adaptive control. Journal of Sound and Vibration, 2007, 307(3): 924 – 940.

[89] Jun H Y, Rediniotis O K, Lagoudas D C. Development of a fuel-powered shape memory alloy actuator system: Ⅱ. Fabrication and testing. Smart Materials and Structures, 2007, 16(1): S95 – S107.

[90] Couldrick, J, Gai, S, Milthorpe, J, et al. Active control of swept shock wave/turbulent boundary-layer interactions. Aeronautical Journal, 2004, 108: 93 – 101.

[91] Couldrick, J, Gai, S, Milthorpe, J, et al. Normal shock wave/turbulent boundary-layer interaction control using 'smart' piezoelectric actuators. Aeronautical Journal, 2005, 109: 577 – 583.

[92] Bandyopadhyay K. Smart materials and aerospace structures. SPIE-3903, 1999.

[93] Mabe J, Calkins F, Alkislar M. Variable area jet nozzle using shape memory alloy actuators in an antagonistic design. SPIE-6930, 2008.

[94] Travis. L, Randolph H, Roberto J, et al. Testing of SMA-enabled active chevron prototypes under representative flow conditions. SPIE-6928, 2008.

[95] Geoff M, Leslie M, Don C, et al. Miniature thin-film NiTi hydraulic actuator with MEMS microvalves. SPIE-5762, 2005.

[96] Honghao T, Mohammad H. Dynamics modeling of ferromagnetic shape memory alloys (FSMA) actuators. SPIE-6173, 2006.

[97] Resler R, Sears W. The prospects for magneto-aerodynamics. Journal of Aerospace Science, 1958, 25(4): 235 – 245.

[98] Moreau E. Airflow control by non-thermal plasma actuators. Journal of Physics D- Applied Physics, 2007, 40(3): 605 – 636.

[99] Corke T C, Post M L, Orlov D M. SDBD plasma enhanced aerodynamics: concepts, optimization and applications. Progress in Aerospace Sciences, 2007, 43(7): 193 – 217.

[100] Bletzinger P, Ganguly B, Wie D, et al. Plasma in high speed aerodynamics. Journal of Physics D-Applied Physics, 2005, 38(38): R33-R57.

[101] Shang J, Surzhikov S, Kimmel R, et al. Mechanisms of plasma actuators for hypersonic flow control. Progress in Aerospace Sciences, 2005, 41(8): 642 – 668.

[102] Braun E, Lu F, Wilson D. Experimental research in aerodynamic control with electric and electromagnetic fields. Progress in Aerospace Sciences, 2009, 45(1): 30 – 49.

[103] Roth J, Sherman D, Wilkinson S. Boundary layer flow control with a one atmosphere uniform glow discharge surface plasma. AIAA Paper, 1998 – 0328, 1998.

[104] Roth J. A study of direct-current surface discharge plasma for a Mach 3 supersonic flow control. Austin: The University of Texas at Austin, 2007.

[105] Post M, Corke T. Separation control using plasma actuators: stationary and oscillatory airfoils. AIAA Paper, 2004 – 0841, 2004.

[106] Roth J. Aerodynamic flow acceleration using paraelectric and peristaltic elec-trohydrodynamic effects of a one atmosphere uniform glow discharge plasma. Physiscs of Plasmas, 2003, 10(5): 2117 – 2126.

[107] Leonov S, Yarantsev D. Mechanisms of flow control by near-surface electrical discharge generation. AIAA Paper, 2005 – 780, 2005.

[108] Roupassov D, Zavyalov I, Starikovskaia A. Boundary layer separation plasma control using low-temperature non-equilibrium plasma of gas discharge. AIAA Paper, 2006 – 0737, 2006.

[109] 李应红,吴云,梁华等.提高抑制流动分离能力的等离子体冲击流动控制原理.科学通报,2010,55(31): 3060 – 3068.

[110] Santhanakrishnan A, Jacob J. On plasma synthetic jet actuators. AIAA Paper, 2006 – 0317, 2006.

[111] Roth J. Aerodynamic flow acceleration using paraelectric and peristaltic elec-trohydrodynamic effects of a one atmosphere uniform glow discharge plasma. Physics of Plasmas, 2003, 10(5): 2117 – 2226.

[112] Benard N, Mizuno A, Moreau E. A large-scale multiple dielectric barrier discharge actuator based on an innovative three-electrode design. Journal of Physics D: Applied Physics, 2009, 42(23): 235204.

[113] Louste C, Artana G, Moreau E, et al. Sliding discharge in air at atmospheric pressure: electrical properties. Journal of Electrostatics, 2005, 63(6): 615 – 620.

[114] Im S, Do H, Cappelli M. Dielectric barrier discharge control of a turbulent boundary layer in a supersonic flow. Applied Physics Letters, 2010, 97(4): 041503.

[115] Roupassov D, Nikipelov A, Nudnova M, et al. Flow separation control by plasma actuator with nanosecond pulsed-periodic discharge. AIAA Journal, 2009, 47: 168 – 185.

[116] Unfer T, Boeuf J. Modelling of a nanosecond surface discharge actuator. Journal of Physics D-Applied Physics, 2009, 42(19): 194017.

[117] Starikovskii A, Nikipelov A, Nudnova M, et al. SDBD plasma actuator with nanosecond pulse-periodic discharge. Plasma Sources and Science Technology, 2009, 18(3): 034015.

[118] Nishihara M, Takashima K, Rich J, et al. Mach 5 bow shock control by a nanosecond pulse surface dielectric barrier discharge. Physics of Fluids, 2011, 23(6): 066101.

[119] Yang D Z, Wang W C, Jia L, et al. Production of atmospheric pressure diffuse nanosecond pulsed dielectric barrier discharge using the array needles-plate electrode in air. Applied Physics Letters, 2011, 109(7): 073308.

[120] Raizer Y. Gas Discharge Physics. New York: Springer, 1991.

[121] Menart J, Henderson S, Atzbach C, et al. Study of surface and volumetric heating effects in a Mach 5 flow. AIAA Paper, 2004 – 2262, 2004.

[122] Shin J, Narayanaswamy V, Raja L, et al. Characteristics of a plasma actuator in Mach 3 flow. AIAA Paper, 2007 – 788, 2007.

[123] Merriman S, Ploenjes E, Palm P, et al. Shock wave control by nonequilibrium plasmas in cold supersonic gas flows. AIAA Journal, 2007, 39(8): 1547 – 1552.

[124] Sun Q, Cheng B Q, Yu Y G, et al. A study of variation patterns of shock wave control by different plasma aerodynamic actuations. Plasma Science and Technology, 2010, 12(6): 708 – 714.

[125] Donovan J F, Kral L D, Cary A W. Numerical simulation of a Lorentz force actuator. AIAA

Paper, 1997 – 1918, 1997.

[126] Shneider M N, Macheret S O. Modeling of plasma virtual shape control of ram/scramjet inlet and isolator. Journal of Propulsion and Power, 2006, 22(2): 447 – 454.

[127] Kimmel R, Hayes J, Menart J, et al. Application of plasma discharge arrays to high-speed flow control. AIAA Paper, 2005 – 946, 2005.

[128] 王健,李应红,程邦勤,等.等离子体气动激励控制激波的理论研究.物理学报,2009, 58: 5513 – 5519.

[129] Leonov S, Bityurin V, Savelkin K, et al. The features of electro-discharge plasma control of high-speed gas flows. AIAA Paper, 2002 – 2180, 2002.

[130] Menier E, Leger L, Depussay E, et al. Effect of a DC discharge on the supersonic rarefied air flow over a flat plate. Journal of Physics D-Applied Physics. 2007, 40(3): 695 – 701.

[131] Adamovich I, Choi I, Jiang N, et al. Plasma assisted ignition and high-speed flow control: non-thermal and thermal effects. Plasma Sources Science and Technology, 2009, 18(3): 034018.

[132] Kim J, Nishihara M, Adamovich I, et al. Development of localized arc filament RF plasma actuators for high-speed and high reynolds number flow control. Experiment in Fluids, 2010, 49(2): 497 – 511.

[133] Watanabe Y, Suzuki K. Effect of impulsive plasma discharge in hypersonic boundary layer over flat plate. AIAA – 2011 – 3736, 2011.

[134] Kimmel R, Hayes J, Menart J, et al. Effect of surface plasma discharges on boundary layers at Mach 5. AIAA Paper, 2004 – 509, 2004.

[135] Wang J, Li Y H, Cheng, B Q, et al. Effects of plasma aerodynamic actuation on oblique shock wave in a cold supersonic flow. Journal of Physics D-Applied Physics, 2009, 42(16): 165503.

[136] Grossman K R, Cybyk B Z, VanWie D M. Sparkjet actuators for flow control. AIAA Paper, 2003 – 57, 2003.

[137] L Wang, Z Xia, Z Luo, J Chen. Three-electrode plasma synthetic jet actuator for high-speed flow control. AIAA Journal, 2014, 52(4): 879 – 882.

[138] Haack S J, Taylor T, Emhoff J, et al. Development of an analytical sparkjet model. AIAA Paper, 2010 – 4979, 2010.

[139] Cybyk B, Wilkerson J, Grossman K, et al. Computational assessment of the sparkjet flow control actuator. AIAA Paper, 2003 – 3711, 2003.

[140] Cybyk B, Wilkerson J, Grossman R. Performance characteristics of the sparkjet flow control actuator. AIAA Paper, 2004 – 2131, 2004.

[141] Cybyk B, Grossman K, Wilkerson J. Single-pulse performance of the sparkjet flow control actuator. AIAA Paper, 2005 – 401, 2005.

[142] Cybyk B Z, Simon D H, Land Ⅲ H B, et al. Experimental characterization of a supersonic flow control actuator. AIAA Paper, 2006 – 478, 2006.

[143] Ko H S, Haack S J, Land H B, et al. Analysis of flow distribution from high-speed flow actuator using particle image velocimetry and digital speckle tomography. Flow Measurement

and Instrumentation, 2010, 21(4): 443－453.

[144] Taylor T, Cybyk B Z. High-fidelity modeling of micro-scale flow-control devices with applications to the macro-scale environment. AIAA Paper, 2008－2608, 2008.

[145] Haack S J, Taylor T, Emhoff J, et al. Development of an analytical sparkjet model. AIAA Paper, 2010－4979, 2010.

[146] Caruana D, Barricau P, Hardy P, et al. The "plasma synthetic jet" actuator. Aero-thermodynamic characterization and first flow control applications. AIAA Paper, 2009－1307, 2009.

[147] Narayanaswamy V, Raja L L, Clemens N T. Characterization of a high-frequency pulsed-plasma jet actuator for supersonic flow control. AIAA Journal, 2010, 48(2): 297－305.

[148] Shin J. Characteristics of high speed electro-thermal jet activated by pulsed DC discharge. Chinese Journal of Aeronautics, 2010, 23(5): 518－522.

[149] Belinger A, Hardy P, Barricau P, et al. Influence of the energy dissipation rate in the discharge of a plasma synthetic jet actuator. Journal of Physics D-Applied Physics, 2011, 44(36): 365201.

[150] Belinger A, Hardy P, Gherardi N, et al. Influence of the spark discharge size on a plasma synthetic jet actuator. IEEE Transactions on Plasma Science, 2011, 39(11): 2334－2335.

[151] Reedy T M, Kale N V, Dutton J C, et al. Experimental characterization of a pulsed plasma jet. AIAA Paper, 2012－0904, 2012.

[152] Emerick T M, Ali M Y, Foster C H, et al. Sparkjet actuator characterization in supersonic crossflow. AIAA Paper, 2012－2814.

[153] Golbabaeiasl M, Knighty D, Anderson K, et al. Sparkjet efficiency. AIAA Paper, 2013－0928, 2013.

[154] 王林,夏智勋,罗振兵,等.电火花式等离子体合成射流激励器流场特性数值模拟研究.哈尔滨:中国力学大会2011:暨钱学森诞辰100周年纪念大会,2011.

[155] 王林,夏智勋,刘冰,等.三电极等离子体高能合成射流实验研究.长沙:全国博士生学术论坛(航空宇航科学与技术),2013.

[156] 罗振兵,夏智勋,王林,等.新概念等离子体高能合成射流快响应直接力技术.西安:中国力学大会,2013.

[157] 王林,罗振兵,夏智勋,等.等离子体合成射流能量效率及工作特性研究.物理学报,2013,62(12):125207.

[158] 贾敏,梁华,宋慧敏,等.纳秒脉冲等离子体合成射流的气动激励特性.高电压技术,2011,37(6):1493－1498.

[159] Jin D, Li Y H, Jia M, et al. Experimental characterization of the plasma synthetic jet actuator. Plasma Science and Technology, 2013, 15(10): 1034－1040.

[160] 刘朋冲,李军,贾敏,等.等离子体合成射流激励器的流场特性分析.空军工程大学学报(自然科学版),2011,12(6): 22－25.

[161] 单勇,张靖周,谭晓茗.火花型合成射流激励器流动特性及其激励参数数值研究.航空动力学报,2011,26(3): 551－557.

[162] 朱晨彧,徐惊雷,张天宏,等.火花放电零质量射流激励器射流速度的初步测量.哈尔

滨: 中国力学大会 2011: 暨钱学森诞辰 100 周年纪念大会, 2011.

[163] Narayanaswamy V, Raja L L, Clemens N T. Control of a shock/boundary-layer interaction by using a pulsed-plasma jet actuator. AIAA Journal, 2012, 50(1): 246－249.

[164] Emerick T M, Ali M Y, Foster C H, et al. Sparkjet actuator characterization in supersonic crossflow. AIAA Paper, 2012－2814, 2012.

[165] Ostman R J, Herges T G, Dutton J C et al. Effect on high-speed boundary-layer characteristics from plasma actuators. AIAA Paper, 2013－0527, 2013.

[166] Greene B R, Clemens N T, Micka D. Control of shock boundary layer interaction using pulsed plasma jets. AIAA Paper, 2013－0405, 2013.

[167] Anderson K V, Knight D D. Plasma jet for flight control. AIAA Journal, 2012, 50(9): 1855－1872.

第 2 章

合成射流理论与新型合成射流激励器

2.1 引言

合成射流工作时涉及多学科、多物理均耦合,在较高频率下会出现计算与实验结果不匹配现象。另外,当受控内流场和环境外流场之间存在较大压差时,合成射流激励器振动膜将承受较大压载,压载使振动膜无法起振,激励器将无法正常工作,过大的压载甚至会压穿振动膜,对合成射流激励器造成毁灭性破坏。合成射流环境适应性问题(压载失效)已成为制约其应用于高速流动控制的瓶颈。

(1)高速流场高频控制不匹配现象。合成射流工作时涉及电学、力学、声学等学科,尤其是流体力学中的非定常流和涡运动、弹性力学中的谐振、流固耦合等复杂问题,在较高频率下会出现计算与实验结果不匹配现象。

(2)超声速/高超声速流场合成射流激励器振动膜压载失效问题。超声速/高超声速流场存在激波等复杂非定常流动现象,会导致压强的急剧变化,当受控内流场和环境外流场之间存在较大压差时,合成射流激励器振动膜将承受较大压载,压载使振动膜无法起振,激励器将无法正常工作,过大的压载甚至会压穿振动膜,对合成射流激励器造成毁灭性破坏,合成射流环境适应性问题(压载失效)是制约其应用于跨声速/超声速条件下流动控制的关键瓶颈。

(3)合成射流对超声速/高超声速流场的控制力有限,压电式、电磁式等常规合成射流最大速度一般不足 100 m/s,对于高超声速流动控制力十分有限。2003 年约翰·霍普金斯大学发明的两电极电火花式等离子体合成射流激励器,射流速度超过 100 m/s,展现出了高超声速流动控制的潜力,但其应用于高超声速流动控制仍存在四大问题：一是工作击穿电压高、能量效率低，电源系统重；二是环境适应性差，高温或低压环境性能急剧下降；三是射流冲量低、控制力弱；四是激励频率有限。同时，等离子体合成射流自身的复杂性，使其与高超声速复杂流动相互耦合作用更加复杂，如何将其有效应用于高超声速流动控制仍需探索。

2.2　合成射流理论

2.2.1　基于气体状态方程增压的合成射流理论

因控论是基于物象因-果逻辑，通过综合运用新技术来控制量变的"因"，从而避免质变的"果"的发生或控制质变诱发的"果"的形态，实现防患于未然。因控论具有普适性，因-果关系普遍存在于人类社会和自然界的各个方面，具有普遍性。因控论具有未然性和高效性，因控是通过控制"因"从"源"上来控制或避免"果"的发生，防于未然，对"症"（因果逻辑）下"药"（控制方法），对"因"使"能"，可以达到能量消耗低且易于实现的控制效果。

流动控制是通过对运动流体施加或者改变力、质量、热能、电磁等物理量来改变原来的流动状态，从而使得流动在时间和空间上的分布满足所需要求，其作用和目的包括：延迟/提前转捩、抑制/增强湍流、阻止/促进分离、增升减阻、增强掺混或传热、抑制流动诱导噪声等。主动流动控制是在流动环境中直接注入合适的扰动模式，通过与系统内在模式相耦合达到控制目的，即在流动现象机制（因果逻辑）基础上，通过对"因"使"能"，控制"因"，来避免或者控制"果"的发生，主动流动控制本质上就是一种"因控"技术。

大多数的实际工程流动均含有复杂的非定常运动，旋涡和剪切流是流体运动的基本能量形式（旋涡是流体运动的"肌腱"）和能量基本传递形式，流动控制在很大程度上是对旋涡和剪切流的控制。合成射流就是流体周期性非定常流动剪切而成的旋涡射流，基于合成射流的流动控制，具有与流动强耦合而实现高效"因"控和"源"控的潜力。

合成射流激励器本质上是一种能量转换装置，合成射流激励器需要在其腔体建立压差 $\triangle p$ 来驱动气体形成射流。为此，提出了基于系统论的能量综合利用和气体增压原理的合成射流设计理论。

静止或低速流场环境下，由气体状态方程可得到气体增压方式如下[1-3]：

$$\frac{\Delta p}{p} = -\frac{\Delta V}{V} + \frac{\Delta T}{T} + \left(\frac{\Delta m}{m} - \frac{\Delta M}{M}\right) \tag{2.1}$$

式中,m 为气体质量;M 为摩尔质量。由式(2.1)可知:合成射流激励器腔体压强有三种增压方式,对应可以设计压缩型、升温型、加质型三种类型及其组合型合成射流激励器。

(1)压缩型,压缩腔体体积 V 以达到腔体增压目的,目前所有振动膜式合成射流激励器都为压缩体积型激励器,其关键是振动膜性能。压缩型激励器单靠振动能量很难达到高能量要求。

(2)升温型,加热腔体气体温度 T 以达到腔体增压目的,电火花等离子体合成射流激励器则为升温型激励器。升温型激励器射流速度高,但需要较大周期性加热能量,对电源要求高,且对于初温(即环境温度)较高时性能急剧下降。

(3)加质型,增加腔体气体质量或改变气体介质以达到腔体或管路增压目的,这种类型射流激励器则不再是零质量射流激励器,需要管路和供应系统或依赖环境特征,其能量水平依赖于供应流的能量水平,且不能单独随意安装。

(4)组合型,同时采用以上三种类型中的任几种进行组合以达到腔体增压目的。各种类型喷气发动机本质上是加质和升温组合型合成射流激励器。对于高超声速流动控制,组合型合成射流激励器将是一种趋势。

传统合成射流激励器的设计方法都是基于气体状态方程,通过主动输入能量增压合成射流,将合成射流激励器作为个体而不是放在整个系统中来综合考虑和设计,其设计的工作环境主要针对静止或低速流场环境,因此天生存在环境适应性问题。

2.2.2　基于流场综合利用的合成射流理论

1. 基于能量守恒方程动能增压合成射流

对于高速流动环境,基于能量转化和守恒方程,高速流体的动能可以转化为压力能,增压激励器腔体气体,由伯努利方程可得到激励器腔体气体增压公式[4,5]:

$$\Delta P = \frac{1}{2}(\rho_1 u_1^2 - \rho_2 u_2^2) \approx \frac{1}{2}\rho_1 u_1^2 = \frac{r}{2}Ma_1^2 p_1 \tag{2.2}$$

式中,r 是气体比热比;下标 1 和 2 分别表示高速来流环境和激励器腔体气体状态参数,激励器腔内气体速度很小。式(2.2)即为基于能量守恒方程动能增压合成射流的基本理论。

基于能量守恒方程动能增压合成射流,突破了传统合成射流激励器基于气体状态方程增压的设计理论,并从系统论出发将合成射流激励器的设计融入环境之中,充分利用了受控环境流场来流的能量。基于来流动能增压合成射流理论,发明了新概念动压式合成射流激励器[4],其与传统合成射流激励器的最大区别是增加了动压式进口。动压式合成射流激励器利用高速来流动能增压,其增压性能与高速来流自适应耦合,不但解决了升温型合成射流激励器(如电火花式等离子体合成射流激励器)环境适应性问题,将其工作范围扩展到气体密度较低和温度较高的高速流动环境,例如近空间低密度大气环境和超燃冲压发动机流道高温、高速气体环境,而且具有广域自适应控制能力,这对于宽速域高超声速飞行器流动控制具有重要现实意义。

2. 基于气动热供能和激波增压合成射流

对于高超声速流动环境,飞行器内外流场存在激波现象和气动热现象。激波的最大特征是波前波后气体状态参数显著变化,经过激波后,气体的压强会突然升高,由激波前后压强关系式可得到气体增压公式如下[6]:

$$\Delta p = \frac{2\gamma}{\gamma + 1}(Ma_1^2 \sin^2\beta - 1)p_1 = \frac{2\gamma}{\gamma + 1}(Ma_1^2 - 1)p_1 \quad 正激波 \quad (2.3)$$

式中,β 是激波与波前气流方向的夹角。

由式(2.3)与式(2.2)可知,高超声速条件下式(2.3)的增压效果远优于式(2.2)。实际上,超燃冲压发动机燃烧室压强就是通过进气道多道激波实现增压的。

高超声速飞行器飞行过程中,气动热现象及其带来的热防护问题很严重。通过温差发电技术将气动热转化为电能,一方面可以降低热防护要求,另一方面可以为合成射流激励器工作和控制提供所需电能。

综上,对流动控制系统(合成射流激励器)、受控对象系统(高超声速飞行器)及环境系统进行综合考虑,提出了能量综合利用合成射流的思想,即通过高超声速流气动力增压供气(激波增压原理)和高超声速流气动热转化供能(温差发电与热防护一体化),实现合成射流激励器系统完全自维持工作。高超声速流能量综合利用合成射流如图 2.1 所示。基于能量综合利用合成射流理论,发明了零能耗零质量合成射流激励器[7]。

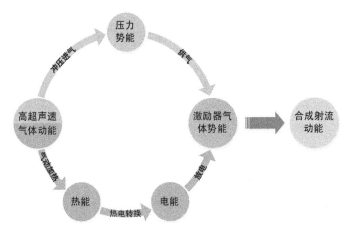

图 2.1　高超声速流能量综合利用合成射流示意图

2.3　合成双射流激励器

鉴于压电陶瓷材料具有高频特性,以压电式合成射流激励器为基础,设计了新一代合成射流激励器,出于解决压电式合成射流激励器对环境不够"强壮"的问题,发明了合成双射流激励器。

2.3.1　基本结构和工作原理

合成双射流激励器实物照片及其工作原理如图 2.2 所示。该新型合成双射流激励器由一个调流滑块、两个出口、两个腔体、一个振动膜构成。其工作原理是:振动膜在驱动作用下来回振动,压缩和膨胀振动膜左右两侧腔体内的流体;当振动膜处于向右侧振动过程时,左侧腔体处于膨胀过程,左侧出口周围流体被吸入激励器左侧腔体,而同时右侧腔体处于压缩过程,右侧腔体内的流体经由出口被挤压排出;当振动膜处于向左侧振动过程时,左侧腔体处于压缩过程,腔体内的流体经由其出口被挤压排出,而同时右侧腔体处于膨胀过程,流体从右侧出口周围被吸入激励器右侧腔体内;在这种吸入/排出交替进行过程中,在激励器左右出口分别有一股非定常射流 1 和射流 2 形成,这两股射流相位差为 180°,射流 1 和射流 2 在向下游迁移过程中相互作用并融合成一股新的合成射流。

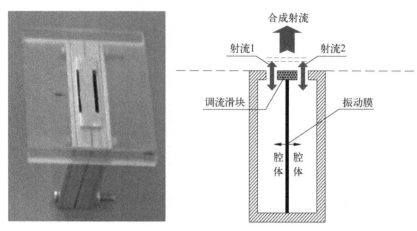

图 2.2   合成双射流激励器实物照片及其工作原理示意图

新型合成双射流激励器的新颖之处在于两个腔体共享一个振动膜,且调流滑块对射流 1 和射流 2 具有调节功能。

新型合成双射流激励器两个腔体共享一个振动膜,有效避免了受控流场和环境流场间压差引起的振动膜压载失效问题,且充分利用了振动膜双向振动的辐射能量,提高了能量利用效率,两腔共用一个振动膜的对称结构使合成双射流激励器易于集成化。由于两个腔体共享一个振动膜,振动膜振动引起的合成双射流激励器两腔体总体积变化量始终为零,即对于不可压缩流体,合成双射流激励器工作在任何时刻,其两出口总的质量流量为零(常规合成射流激励器除了在"吹/吸"交替时刻质量流量为零,其他任何时刻质量流量都不为零,只是在其每个工作周期内总的质量流量为零),因此新型合成双射流激励器是一种真正意义上的零质量射流激励器。

2.3.2   压电振子工作特性

1. 压电振子的结构及工作原理

压电性是居里兄弟于 1880 年发现的。对某些各向异性的晶体材料施加机械应力时,在晶体的某些表面上会出现电荷,这种现象称为压电效应,晶体的这一性质称为压电性。后来,居里兄弟进一步发现,在晶体上施加电压时,晶体会产生几何变形,这种现象称为逆压电效应。具有压电效应的材料称为压电材料。目前已知的压电材料有几十种,压电陶瓷由于其性能优越,应用广泛,目前常用的压电陶瓷主要为 PZT,即 $Pb(Zr-Ti)O_3$。由于压电陶瓷本身硬且脆,所产生的位移很小,因而一般不把压电陶瓷本身作为压电振子直接使用,通常把压电陶瓷与某种弹性体连接在一起构成振动体,将这种振动体称为复合压电振子,简称压电振子。通常将压电陶瓷振动模态分成四类[8]。

本节介绍的压电振子由圆形压电陶瓷片和金属膜片粘贴复合而成,如图 2.3(a)所示,振动模态为径向伸缩振动,其工作原理如图 2.3(b)所示。当在压电陶瓷晶体上施加一定电压后,压电陶瓷晶体就会发生逆压电效应产生变形(如径向伸缩变形),由于压电振子周边固定,因而压电振子会发生向上或向下弯曲变形。因此,当在压电陶瓷晶体上施加一定交流电压后,压电振子就会随电压变化上下振动。

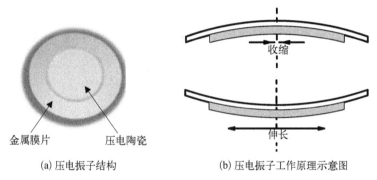

(a) 压电振子结构   (b) 压电振子工作原理示意图

图 2.3　压电振子及工作原理示意图

当输入电压不是很高,即电场不是很强时,应变与外电场呈线性关系[8],即

$$x_{ij} = d_{ij}V_{ac} \tag{2.4}$$

式中,x_{ij}、d_{ij} 分别为压电陶瓷膜的应变和压电常数;V_{ac} 是压电振子的驱动电压。

根据式(2.4),周边固定的圆形压电振子中心点位移量为[9]

$$w(0) = \eta d_{31} V_{ac} \tag{2.5}$$

式中,η 为与压电片及金属膜尺寸、性能相关的无量纲参数。

压电振子的最大特点是频率高、响应速度快,且压电振子体积小、质量轻、易于微型化,因此压电式合成射流激励器同样具有以上特点。

2. 压电振子振动分析

图 2.4 为压电振子振动分析示意图。对于半径为 a 的压电振子,固定在金属膜片上面半径为 a_p 的压电陶瓷在逆压电效应下沿径向产生张力,发生径向伸缩变形,由于金属膜片周边固定,压电振子会发生横向弯曲变形,因此,压

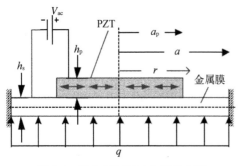

图 2.4　压电振子振动分析示意图

电片的逆压电效应可等效为作用在压电振子上的横向压力载荷[10]。压电振子 $a_p/a \approx 0.7$，为简化分析起见，将压电片逆压电效应等效作用在压电振子上的横向压力载荷等效为均布载荷 q，如图 2.4 所示。压电振子位移分布（振形）实验结果表明，由以上压电振子简化模型分析得到的压电振子振形式（2.9）和实验结果基本吻合，能满足分析设计要求[1]。

压电振子为圆形薄板，符合圆形薄板模型[11]。在柱坐标中，无孔圆形薄板的轴对称振动模式（简谐振动）的挠度为[12]

$$w(r, t) = \left[C_1 J_n(kr) + C_2 I_n(kr) \right] e^{i\varpi t} \tag{2.6}$$

式中，C_1、C_2 为待定常数；$J_n(x)$ 和 $I_n(x)$ 分别为实宗量和虚宗量的 n 阶的第一种贝塞尔函数；r 是圆形薄板上任意一点的矢径；$k^4 = \omega^2 \bar{m}/D$，ω 为振动圆频率，$\bar{m}$ 为薄板每单位面积内的质量，D 为薄板的弯曲刚度，由下式给出：

$$D = \frac{E h_s^{\,3}}{12(1 - \sigma^2)} \tag{2.7}$$

式中，E 是圆形薄板的弹性模量；h_s 是圆形薄板厚度；σ 是圆形薄板材料的泊松比。

对于圆形薄板、圆形压电振子的振动分析有经典理论和诸多研究成果[10-17]，直接引用其结论，轴对称圆形压电振子受均布载荷作用在夹支边界和简支边界条件下的挠度表达式为

$$w_c(r) = w_c(0) \left[1 - \left(\frac{r}{a} \right)^2 \right]^2, \quad w_c(0) = \frac{qa^4}{64D} \tag{2.8}$$

$$w_s(r) = w_s(0) \left[1 - \left(\frac{r}{a} \right)^2 \right] \left[1 - \frac{1 + \sigma}{5 + \sigma} \left(\frac{r}{a} \right)^2 \right], \quad w_s(0) = \frac{5 + \sigma}{1 + \sigma} \frac{qa^4}{64D} \tag{2.9}$$

式中，下标 c 和 s 分别代表压电振子圆片夹支边界条件和简支边界条件；q 为横向均布载荷力。

当 q 是以圆频率为 ω 的周期性简谐力，则挠度也是时间的周期性简谐函数：

$$w(r, t) = w(r) e^{j\varpi t} \tag{2.10}$$

压电振子振动引起的体积速度由下式计算：

$$Q = \int_0^a 2\pi r w(r, t) \, dr = \int_0^a 2\pi r w(r) e^{j\varpi t} \, dr \tag{2.11}$$

将式(2.8)、式(2.9)分别代入式(2.11)，得到夹支边界条件和简支边界条件下压电振子振动引起的体积速度表达式：

$$Q_c = \frac{1}{3} \pi a^2 u_c(0), \quad u_c(0) = w_c(0) e^{j\varpi t} \tag{2.12}$$

$$Q_s = \frac{7 + \sigma}{3(5 + \sigma)} \pi a^2 u_s(0), \quad u_s(0) = w_s(0) e^{j\varpi t} \tag{2.13}$$

由式(2.12)、式(2.13)可以得到相同输入电压下，在简支边界条件和夹支边界条件下压电振子振动引起的体积速度之比，即

$$\frac{Q_s}{Q_c} = \frac{7 + \sigma}{5 + \sigma} \frac{w_s(0)}{w_c(0)} = \frac{7 + \sigma}{5 + \sigma} \tag{2.14}$$

式(2.14)表明在相同输入电压下，同一压电振子在简支边界条件和夹支边界条件下振动引起的体积速度之比很大(约为 6)。

以上压电振子振动分析结果为不同边界条件下合成射流速度相差很大提供了解释，即压电振子简支边界条件/夹支边界条件下振幅比很大是其主要原因，简支边界条件/夹支边界条件下压电振子的振形不同也对合成射流速度值有影响。以上振动分析结果为合成射流激励器压电振子的封装形式提供了指导，也为设计高性能合成射流激励器提供了依据。

圆形薄板周边夹支固定，其一阶固有频率为

$$f_D = \frac{\omega}{2\pi} = \frac{10.24}{2\pi} \sqrt{\frac{D}{\overline{m} a^4}} \tag{2.15}$$

对于压电振子，若只考虑金属膜片(忽略压电陶瓷质量)，则 $\overline{m} = \rho h_s$，ρ、h_s 分别是金属膜片的密度和厚度。式(2.15)进一步表示为

$$f_D = \frac{\omega}{2\pi} = \frac{10.24}{2\pi} \sqrt{\frac{E h_s^2}{12(1 - \sigma^2)\rho a^4}} \tag{2.16}$$

2.3.3　流场特性

1. 合成双射流激励器 PIV 实验研究

1）实验内容及参数

采用 PIV 技术对新型合成双射流激励器合成射流流场开展原理性实验、驱动电压参数影响实验、挡板高度影响实验研究。PIV 技术是 20 世纪 70 年代末发展起来的一种新的流场测量技术，它突破了传统单点测量的限制，可实现瞬态、全流场无接触测量，而且具有较高的测量精度。PIV 技术的基本原理是在流场中投放示踪粒子，用脉冲激光光片照射所测量流场，通过连续两次或多次曝光，获得 PIV 底片，然后采用光学杨氏条纹法、自相关或互相关法处理 PIV 底片，从而获得流场的速度分布。采用 PIV 技术进行流场测量时，示踪粒子的跟随性至关重要，其投放密度、均匀性、粒子的大小直接决定着测量结果的优劣。鉴于香燃烧的烟粒子（特征尺度 10 ~ 100 nm 量级）在合成射流 PIV 实验测量中具有较好效果，且投放方式简单，浓度易于调节，因此，采用香燃烧的烟粒子作为实验示踪粒子。

实验所使用 PIV 系统采样频率最高为 15 Hz，而本实验合成射流激励器的驱动频率为 500 Hz，为获得合成射流随时间变化的周期性流动特性，采用相位技术实现对合成射流各瞬时状态的测量。南京航空航天大学顾蕴松、李念等开发了针对合成射流流场 PIV 测量的相位锁定技术，成功实现了合成射流一个周期的多点测量。相位锁定技术的缺陷是只能实现周期内的多点测量，而不能进行任意相位点测量，而且在改变激励器驱动频率后需要重新设计编制相位锁定程序。本实验合成射流流场 PIV 测量采用移相技术并结合分频来实现不同相位点的测量，移相分频技术可以实现合成射流激励器在任意驱动频率下任意相位点的测量。

在进行合成射流 PIV 实验时，将合成射流激励器置于透明密封玻璃罩内，玻璃罩尺寸（即实验环境流场尺寸）为 400 mm×200 mm×200 mm。播撒示踪粒子，曝光前先开启合成射流激励器工作，待示踪粒子均匀及流场稳定后进行测量。

特别要注意实验结果时序处理一定要考虑延迟时间，时序处理方法采用相位补偿技术。由于合成双射流激励器是一种新型激励器，因此重点研究其出口下游附近流动特征，采用高空间分辨率，电荷耦合器件（charge-coupled device, CCD）采集区域大小约为 25 mm×25 mm；在进行基础实验时，为获得合成双射流激励器流场整体特征，将采集区域扩大到原来的 4 倍，即 CCD 采集区域大小约为 50 mm×50 mm。

实验合成双射流激励器的结构参数如表 2.1 所示。实验内容及对应电压参数和挡板高度如表 2.2 所示。

表 2.1　合成双射流激励器的结构参数

激励器腔体			激励器出口			振动膜（压电振子）	
数量	直径	深度	数量	出口尺寸	出口间距	数量	型号
2	46 mm	7 mm	2	2 mm×20 mm	5 mm	1	①

注：压电振子与腔体的密封采用双 O 型圈预压密封。

表 2.2　合成双射流激励器实验内容及主要参数

实验编号	实验内容	驱动电压参数		挡板高度 b/mm	CCD 采集区域面积 S
		f/Hz	U_A/V		
T1	原理性实验	500	300	0	25 mm×25 mm
T2		500	300	0	50 mm×50 mm
T3	电压参数影响实验	500	160	0	25 mm×25 mm
T4		500	320	0	25 mm×25 mm
T5		100	160	0	25 mm×25 mm
T6		1 000	160	0	25 mm×25 mm
T7	挡板高度影响实验	500	160	3	25 mm×25 mm
T8		500	160	6	25 mm×25 mm
T9		500	160	11	25 mm×25 mm

通过测量合成双射流激励器出口处最大流动速度，并由计算得到 Re_v、Re_{l_0}、St 和冲程 L_0，合成双射流的几个主要参数如表 2.3 所示。

表 2.3　合成双射流的几个主要参数

实验编号	v_{amp}/(m/s)	Re_v	Re_{l_0}	St	L_0/mm
T1	18.5	2 500	12 000	0.17	11.8
T3	10.8	1 500	6 500	0.29	6.9
T4	19.8	2 700	14 000	0.16	12.6
T5	2.4	330	1 000	0.26	7.6
T6	3.9	530	260	1.6	1.2
T7	10.7	1 500	4 000	0.29	6.8
T8	10.4	1 400	3 700	0.3	6.6
T9	10.4	1 400	3 700	0.3	6.6

注：合成双射流激励器为左右对称结构，两出口射流流动参数基本相同。

2) 工作过程及流场特征

(1) 合成双射流激励器工作过程及流场特征。图 2.5 是合成双射流流场下游 6 个典型测量点上射流流向速度在一个工作周期的变化曲线。6 个测量点坐标分别是(1.5, −3.5)、(1.5, 0)、(1.5, 3.5)、(6, 0)、(10, 0)、(20, 0),其中测量点(1.5, −3.5)和(1.5, 3.5)位于合成双射流激励器左右出口中心下游。

图 2.5 显示在一个工作周期内,在合成双射流激励器的两个出口[测量点(1.5, −3.5)和(1.5, 3.5)]分别有一股非定常射流产生,且相位相反,这是由于合成双射流激励器是两个腔体共享一个振动膜且对称设计,因此在合成双射流激励器的两个出口产生相位差为 180° 的两股射流。图 2.5(a) 中在 x 轴线上的四个测量点的流向速度随时间变化曲线显示:在下游近区,合成双射流流动变化复杂,如测量点(1.5, 0)结果所示;在下游较远区,合成双射流下游流动很快趋于稳定,如测量点(10, 0)和(20, 0)结果所示,其流向速度波动幅值分别小于 0.8 m/s 和 0.4 m/s。图 2.5(b) 显示:合成双射流激励器下游合成射流流动特征受两股射流的控制,如测量点(10, 0)结果所示;合成双射流激励器下游合成射流流动特征频率是驱动频率的两倍,如测量点(20, 0)结果所示。

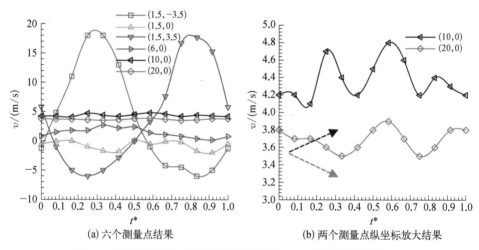

(a) 六个测量点结果　　　　　　　　(b) 两个测量点纵坐标放大结果

图 2.5　不同测量点合成双射流流向速度在一个周期的时间变化曲线

合成双射流激励器每股射流的工作过程与常规激励器合成射流的工作过程相同,可分为四个阶段,即射流加速"吹"出阶段、减速"吹"出阶段、加速"吸"入阶段和减速"吸"入阶段。

　　图 2.6 是合成双射流速度矢量和涡量云图一个周期的演变过程,时间间隔为 $T/12$。

　　当合成双射流激励器左侧出口射流工作于射流加速"吹"出阶段时,右侧射流则工作于射流加速"吸"入阶段,如图 2.6(a)~(c)所示;当左侧出口射流进入射流减速"吹"出阶段时,右侧射流则进入射流减速"吸"入阶段,如图 2.6(d)~(f)所示。

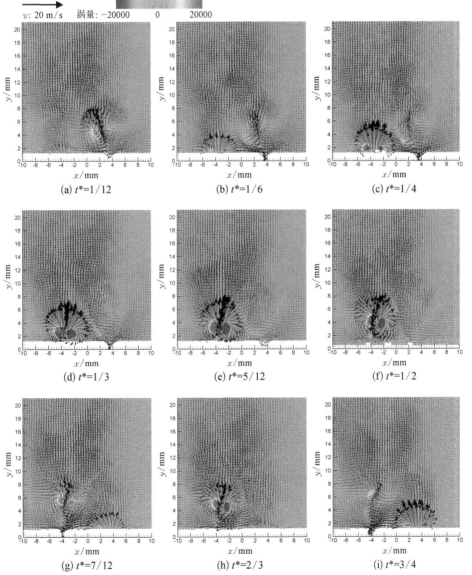

(a) $t^*=1/12$　　　　(b) $t^*=1/6$　　　　(c) $t^*=1/4$

(d) $t^*=1/3$　　　　(e) $t^*=5/12$　　　　(f) $t^*=1/2$

(g) $t^*=7/12$　　　　(h) $t^*=2/3$　　　　(i) $t^*=3/4$

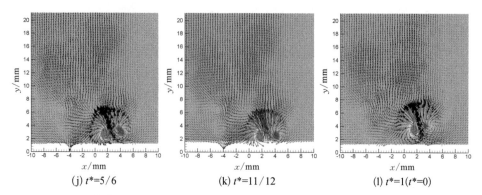

(j) t*=5/6   (k) t*=11/12   (l) t*=1(t*=0)

图 2.6   合成双射流激励器合成射流速度矢量和涡量在一个工作周期的演变

当左侧出口射流进入加速"吸"入阶段时,右侧射流则进入射流加速"吹"出阶段,如图 2.6(g)~(i)所示;当左侧出口射流进入减速"吸"入阶段时,右侧射流则进入射流减速"吹"出阶段,如图 2.6(j)~(l)所示;当激励器进入下一个工作周期时,亦是如此。

合成双射流每股射流在出口附近的流场特征与常规激励器合成射流流场特征基本相似,主要差异是每股射流旋涡对由于受到相邻射流的吸引发生变形,并向相邻射流一侧倾斜。

虽然合成双射流每股射流与常规合成射流具有相似性,但由于合成双射流是两股相位相反射流相互作用的结果,在这两股射流相互作用的下游近区,其整体流场特征要比常规合成射流流场特征复杂得多。合成双射流每股射流在工作于"吸"程期间,在其出口下游附近形成流动鞍点,因此,合成双射流流场在整个激励器工作周期始终有流动鞍点,该流动鞍点或在右侧出口下游附近,如图 2.6(a)~(f)所示,或在左侧出口下游附近,如图 2.6(g)~(l)所示;除此之外,在射流加速阶段,如图 2.6(a)~(b)和图 2.6(g)~(h)所示,两股射流之间还有流动鞍点形成,该流动鞍点是加速吹出射流在相邻出口加速吸入射流的吸引,以及该出口下游强涡对的卷吸下,共同作用将其"扯"成两部分以相反方向运动而形成的流动鞍点。

进一步分析图 2.6,合成双射流下游流动特征主要受到左右旋涡对的控制,因此,合成双射流激励器一个周期的工作过程,可按左右两射流对下游流场的控制主导作用,分成"左控"和"右控"两个阶段,"左控"阶段时间节点为 $t^* = 0.25 \sim 0.75$,如图 2.6(c)~(i)所示,"右控"阶段时间节点为 $t^* = 0.75 \sim 0.25$(下一周期),如图 2.6(i)~(c)所示。

图 2.7 是在 $t^* = 1/4$ 和 $t^* = 3/4$ 时刻合成双射流激励器大范围流场速度矢量和速度等值线云图。从图可见,不管是"左控"阶段还是"右控"阶段,在合成双射流激励器出口下游远区($x > 10$ mm),合成射流流动十分稳定,与定常射流相似。

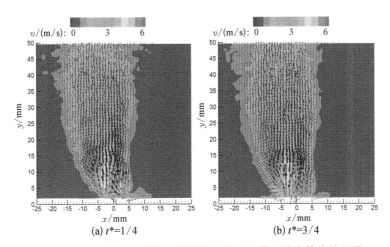

图 2.7　合成双射流激励器大范围流场速度矢量和速度等值线云图

图 2.7 是采集区域扩大到原来 4 倍后的流动显示结果,与图 2.6 比较可见,图 2.7 未能获得激励器出口流动细节,流动特征的重要信息丢失,因此,采用高分辨率 CCD 是获得准确可靠 PIV 测量数据的前提。

(2) 合成双射流与合成射流的比较。图 2.8 是不同时刻合成双射流在 $x = 1.5$ mm 截线上的流向速度分布及合成射流在 $x = 1$ mm 截线上的流向速度分布,图中 DSJ 是合成双射流结果,SJ 是合成射流结果。从图 2.8 可见,合成双射流激励器单个射流在出口下游的流向速度分布曲线与常规合成射流相似,但速度峰变得狭窄,且速度峰值有所增大,速度峰值增大的原因是当一侧出口处于加速"吹"出阶段时,其相邻出口处于加速"吸"入阶段,两射流出口间压强梯度增大,使得加速"吹"出射流进一步加速,因而"吹"出射流的速度峰值有所增大;整个合成双射流在出口下游的流向速度分布曲线则比常规合成射流复杂得多,当左侧射流速度处于峰值时,右侧射流速度处于低谷的最小值,常规合成射流则是对称分布;与常规合成射流在一个周期只有一个速度峰值相比,合成双射流在一个周期有两个速度峰值,这也预示着合成双射流激励器在其下游有较大的流动速度。

图 2.9 是不同时刻合成双射流及合成射流流向速度在 x 轴线上的分布。在

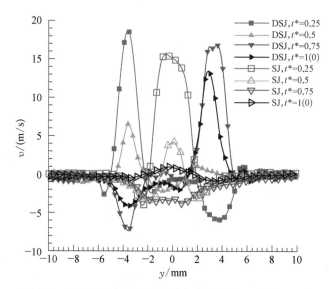

图 2.8 不同时刻合成双射流及合成射流在 $x = 1.5$ mm 或
1 mm 线上的流向速度分布

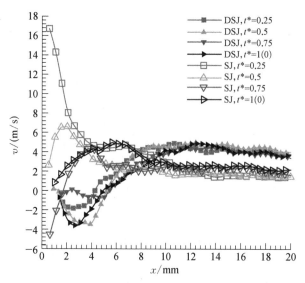

图 2.9 不同时刻合成双射流及合成射流流向速度在 x 轴线上的分布

合成双射流激励器下游,射流速度很快趋于稳定,在下游 $x = 6$ mm 处,合成双射流在不同时刻的变化已不是很大,速度波动幅度小于 1 m/s,而常规合成射流在此处的速度幅值波动仍然较大,速度波动幅度超过 2 m/s;在 $x = 9$ mm 处,合成双射流激励器合成射流速度在所有时刻均超过常规合成射流激励器;当 $x > 12$ mm

时,合成双射流激励器合成射流不同时刻的速度曲线几乎重合,流动速度非常稳定,而常规激励器合成射流速度仍有波动,特别是在 $x>12$ mm 处的下游,合成双射流激励器射流速度比常规合成射流激励器的大得多,其速度值几乎是常规激励器的两倍。

图 2.10 是图 2.9 合成双射流和合成射流平均流场速度矢量和速度等值线云图。图 2.10(a)合成双射流平均流场显示,两股射流合成了一股更宽的射流,射流速度在 $x=10$ mm 和 $x=12$ mm 之间达到最大,该位置与表 2.3 中合成射流冲程 $L_0=11.8$ mm 相同。比较图 2.10(a)和图 2.10(b)可见,常规合成射流激励器平均流场在下游的速度比合成双射流激励器的要小得多。

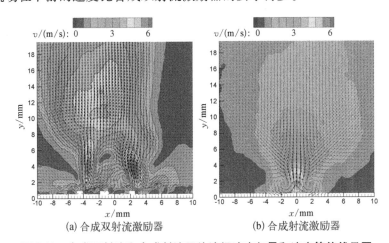

(a) 合成双射流激励器　　　　　　(b) 合成射流激励器

图 2.10　合成双射流和合成射流平均流场速度矢量和速度等值线云图

综合图 2.8~图 2.10 结果及合成(双)射流的工作过程,可以得到以下结论:① 在激励器下游近区,合成双射流激励器由于两股相位差 180°射流相互作用,其流动特征比常规合成射流复杂得多。与常规合成射流在一个周期只有一个速度峰相比,合成双射流在一个周期有两个速度峰;与常规合成射流激励器只在"吸"程期间在其出口下游附近形成一个流动鞍点相比,合成双射流激励器在整个工作周期有四个流动鞍点出现,其中两个是合成双射流激励器两股射流在各自"吸"程期间在其出口下游附近形成的流动鞍点,另外两个是两股射流"吹/吸"加速相互作用形成的流动鞍点。② 在激励器下游较远区域,合成双射流激励器由于两股相位差 180°射流已相互融合,非定常特征明显减弱,其流动特征比常规合成射流稳定得多。③ 合成双射流激励器由于两腔体共享同一振动膜,振动膜双向振动能量得以充分利用,其能量效率得以大幅度提高,因此,在合成双射流激励器与常规合成射流激励器消耗同样电能下,合成双射流能量明显提高。

3) 驱动电压参数的影响

(1) 驱动电压幅值。对不同驱动电压幅值下合成双射流激励器合成射流进行了 PIV 实验测量,实验参数如表 2.2 中 T3 和 T4 所示,其中 T3 和 T4 的驱动电压幅值分别为 160 V 和 320 V,将相同频率、驱动电压幅值 300 V 的 T1 实验结果与 T3、T4 一同比较。

图 2.11 是在同一时刻 $t^* = 5/12$,不同驱动电压幅值下合成双射流速度矢量和速度等值线云图。从图可见,在其他条件不变的情况下,提高驱动电压幅值可以提高合成双射流流动速度。图 2.11 中驱动电压幅值从 160 V 升至 300 V,最后升到 320 V,对应此时刻合成射流最大速度从 10.2 m/s 到 18.3 m/s,再到 19.5 m/s,合成射流速度与驱动电压幅值近似呈线性关系。由压电振子的工作特性可知,在电压不太高的条件下,压电振子振幅与驱动电压幅值呈线性关系。因此,合成射流最大速度与振动膜振幅呈线性关系。

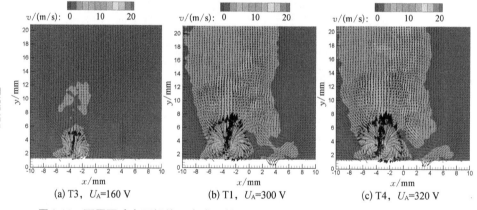

(a) T3, U_A=160 V　　　　(b) T1, U_A=300 V　　　　(c) T4, U_A=320 V

图 2.11　不同驱动电压幅值下合成双射流速度矢量和速度等值线云图($t^* = 5/12$)

(2) 驱动电压频率。对不同驱动电压频率下合成双射流激励器合成射流进行了 PIV 实验测量,实验参数如表 2.2 中 T5 和 T6 所示,其中 T5 和 T6 的驱动电压频率分别为 100 Hz 和 1 000 Hz。

由于合成射流测量值与驱动信号之间存在时间延迟,不同频率下压电振子的时间延迟量不同,而且由于频率的不同,在同样延迟时间下,其相位延迟也不同,因此,在处理不同驱动频率结果时更应格外小心,必须同时考虑延迟时间量和对应的驱动频率(即延迟相位角),相位补偿技术就是一种基于延迟相位角的延迟时间补偿方法,可同时解决以上问题。

　　图 2.12 是在同一无量纲时刻 $t^* = 1/4$，不同驱动电压频率下合成双射流速度矢量和速度等值线云图。图 2.12（b）显示，驱动频率 1 000 Hz 下，在合成双射流激励器的两出口处流动"吹/吸"现象明显，但激励器出口下游未能有效合成射流。表 2.3 中给出实验 T6 的主要流动参数，其中 $St = 1.6$。文献[18]通过数值模拟和理论分析获得了合成射流的形成准则：当 $1/St > 2$，即 $St < 0.5$ 时，二维合成射流才能有效形成。PIV 实验 T6 激励器未能有效合成射流，其 $St = 1.6$，与文献[18]合成射流形成准则吻合，并为该理论分析得到的合成射流形成准则提供实验数据支持。

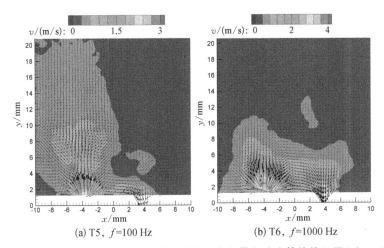

(a) T5，f=100 Hz　　　　　　(b) T6，f=1000 Hz

图 2.12　不同驱动电压频率下合成双射流速度矢量和速度等值线云图($t^* = 1/4$)

　　合成射流激励器的频率特性研究结果表明，激励器高频工作时在其出口的声压级显著减小，合成射流无法形成。

　　图 2.12（a）显示，驱动频率 100 Hz 下，激励器出口处最大速度只有 2 m/s 左右，下游合成射流虽然能够形成，但其流动速度很小。

　　因此，在消耗同样电能下，选择合适的驱动电压参数可获得较高能量的合成射流。

　　4）挡板/凸台的影响

　　合成双射流激励器下游合成射流是由其在两出口产生的相位相反的两股射流相互作用合成而成。如果两出口间距过大，这两股射流将不会发生相互作用，而成为相互独立的两股合成射流；当两出口相距较近时，如图 2.6 所示，由于两股射流"吹/吸"正好相反，两股射流间会发生"自给"现象，即一侧腔体"吸"入流体来源于或部分来源于相邻侧腔体"吹"出的流体，这种现象如果比较突出，则势必减弱下游合成射流的强度,见图 2.6(i)和(j)及对应时刻图 2.5(b)中合成射流流向速度。

因此,在两射流间设置挡板(或凸台)以避免两股射流之间"自给"现象的发生。

本次实验对不同高度挡板对合成双射流激励器合成射流流场的影响进行了研究,实验参数如表 2.2 中 T7、T8 和 T9 所示,挡板高度依次为 3 mm、6 mm、11 mm。挡板采用超薄透明板,板厚小于 0.2 mm。虽然超薄透明板透光性非常好,但仍有反光,在挡板附近曝光过度,因此数据处理时将曝光过度区域去除在外。

图 2.13 是三种挡板高度下合成双射流在一个周期不同时刻的流场速度矢量和速度等值线云图。

表 2.3 给出了合成双射流流动几个主要参数,实验 T7、T8、T9 三个挡板高度下($b=3$ mm、6 mm、11 mm)合成双射流最大速度依次为 10.7 m/s、10.4 m/s、10.4 m/s,冲程 L_0 依次为 6.8 mm、6.6 mm、6.6 mm。

实验结果显示,挡板高度从 3 mm 增加到 6 mm 或 11 mm,合成双射流出口最大速度减小了 0.3 m/s,结合图 2.13 不难分析出其原因:当挡板高度较低时如图 2.13(a)所示,$b=3$ mm$<L_0$,合成双射流激励器的两股相位相反射流在出口附近发生"自给"现象,当一侧出口处于加速"吹"出阶段时,如图 2.13(a)中 $t^*=1/4$ 和 $t^*=3/4$ 时刻,其相邻出口处于加速"吸"入阶段,加速"吸"入射流对"吹"出射流的吸引,使得加速"吹"出射流进一步加速,因而"吹"出射流的速度峰值增大;当挡板高度较高时,如图 2.13(c)所示,$b=11$ mm $>L_0$,由于挡板分隔作用,两股射流之间"自给"现象被有效避免,射流最大速度与较低高度挡板的相比有所减小。

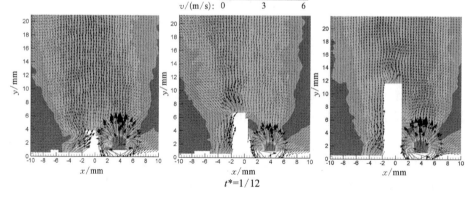

$t^*=1/12$

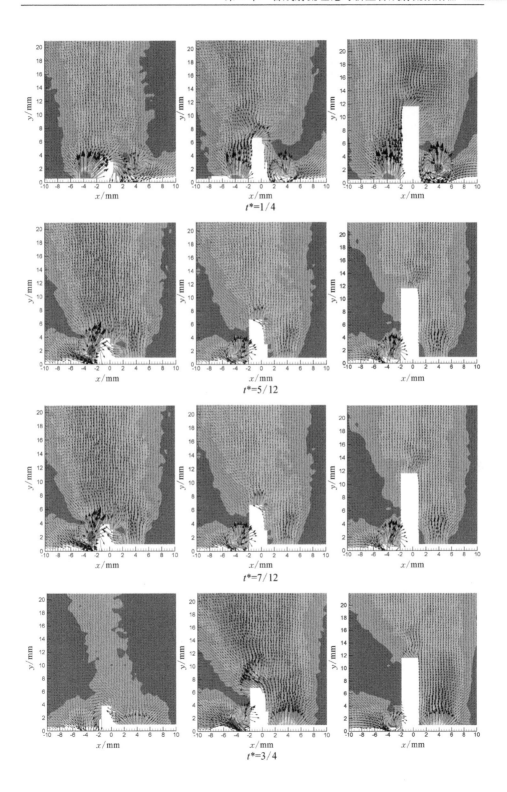

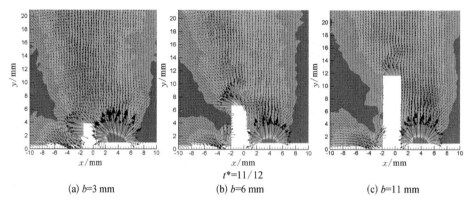

(a) b=3 mm　　　　　(b) b=6 mm　　　　　(c) b=11 mm

$t^*=11/12$

图 2.13　不同挡板高度下合成双射流流场速度矢量和速度等值线云图

从图 2.13 和以上结果来看,合成射流冲程 L_0 是分析挡板高度影响的重要参数。

"自给"准则:当 $b<L_0$,合成双射流之间发生"自给"现象;当 $b>L_0$,合成双射流之间不发生"自给"现象。

以下将通过图 2.13 实验结果对以上"自给"准则进行证明。

当 $b=3$ mm$<L_0=6.6$ mm,满足"自给"现象发生的条件。图 2.13(a)显示,两射流间"自给"非常明显,尤其是 $t^*=3/4$ 时刻,由于"自给"严重,下游合成射流速度明显减小,该时刻下游合成射流速度还不到其他时刻的 1/2。

当 $b=11$ mm$>L_0=6.6$ mm,满足不发生"自给"现象的条件。图 2.13(c)显示,在合成双射流激励器整个工作周期都未发生"自给"现象。

当 $b=6$ mm,略小于冲程 $L_0=6.6$ mm,在发生"自给"现象的临界点附近。图 2.13(b)显示,除了在 $t^*=1/4$ 和 $t^*=3/4$ 时刻略有"自给"现象发生外,其他时刻两射流间未发生"自给"现象。

以上结果初步证明了"自给"准则是成立的,即当挡板高度小于合成射流冲程时 $b<L_0$,合成双射流激励器两股射流之间将发生"自给"现象。

根据以上"自给"准则和合成双射流流动鞍点特征不难推断出:当挡板高度低于射流"吸"程流动鞍点最高高度时,"自给"现象将非常明显,且挡板高度越低,"自给"现象越严重。

因此,合成双射流激励器"自给"准则可用来指导挡板的设计。

由图 2.13 还可以得出,挡板具有另外两个作用:① 对合成射流具有引导作用,由于射流的"附壁"效应,合成射流喷出后便附着在挡板上向下游流动,因此,挡板具有引导两股射流在挡板顶端会合的能力;② 使下游流动更稳定,由于挡板的阻隔作用,因两射流间的"自给"而引起的合成双射流下游流动在时间上的较大波动得到减弱或避免。

2. 合成双射流激励器数值模拟研究

鉴于 PIV 实验测量 CCD 分辨率和测量像素有限,测量时可能不足以准确捕捉到流场的细微复杂流动特征,如旋涡、分离等详细流动特征(由图 2.6 和图 2.7 比较可见,图 2.7 虽然测量区域增大,但未能有效捕捉到合成射流旋涡对等流动现象,合成射流流动特征的重要信息丢失),因此,有必要开展合成双射流激励器的数值模拟研究。

作为一种新型合成射流激励器,合成双射流激励器的工作特性需要进一步研究。开展数值模拟研究,可以弥补实验不足、加快研究进程、降低研究费用。

本节将在合成双射流激励器数值模拟与实验结果对比分析的基础上,开展合成双射流激励器其他特性的数值模拟研究。

1）数值模拟及实验对比分析

本节将采用数值方法(湍流模型采用 RNG k-ε 模型)和激励器计算模型进行合成双射流激励器合成射流流场数值模拟,并与实验结果进行对比分析。

计算物理模型为上节实验合成双射流激励器及其流场环境,计算区域及计算网格如图 2.14 所示。

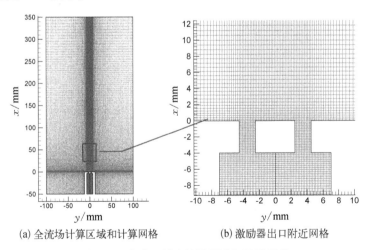

(a) 全流场计算区域和计算网格   (b) 激励器出口附近网格

图 2.14 合成双射流计算区域和计算网格

图 2.15 是不同时刻合成双射流在 x 轴线上流向速度数值模拟结果与实验结果对比。从图可见,在轴线 $x<4$ mm 区域,流向速度为负,实验结果与数值模拟结果相比,数值偏小,其主要原因是合成双射流两射流在出口附近相互作用,

流场非常复杂,由于 PIV 实验分辨率有限,未能完全准确捕捉到复杂流动信息 (由图 2.6 和图 2.7 比较可知),因此测量值偏小。在轴线 $x>4$ mm 的下游区域, 合成双射流不同时刻的数值模拟结果与实验结果都吻合。

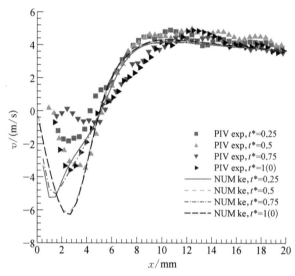

图 2.15 合成双射流在 x 轴线上流向速度数值模拟结果与实验对比

图 2.16 是不同时刻合成双射流在 $x=1.5$ mm 线上的流向速度数值模拟结果 与实验结果对比。从图可见,在不同时刻,数值模拟结果与实验结果都吻合较好

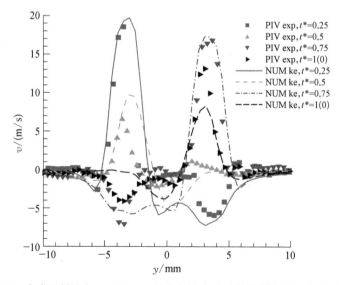

图 2.16 合成双射流在 $x=1.5$ mm 线上的流向速度数值模拟结果与实验对比

（除合成双射流两射流之间的中间区域外），尤其是 $t^* = 0.25$ 和 $t^* = 0.75$ 合成双射流处于速度峰值时刻，出口处速度几乎重合。

图 2.15 和图 2.16 结果进一步验证了数值方法和激励器计算模型的正确性。

数值模拟不受测量条件的限制，因此能获得更多的流场信息。图 2.17 是数值模拟一周期不同时刻合成双射流速度矢量及涡量云图与相同时刻 PIV 实验结果对照。从图可见，速度矢量及涡量数值模拟结果与 PIV 实验结果一致，数值模拟结果还可以显示出激励器腔体内流动和旋涡对的形成过程。从数值模拟的速度矢量图可以看到，在激励器出口喉道，流动剪切十分强烈；数值模拟涡量云图显示，激励器出口喉道壁面附近涡量很大，射流流出出口时，在出口边缘处分离形成涡量集中的旋涡对。

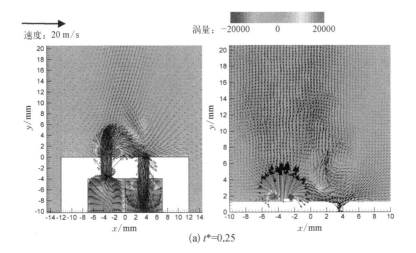

(a) t^*=0.25

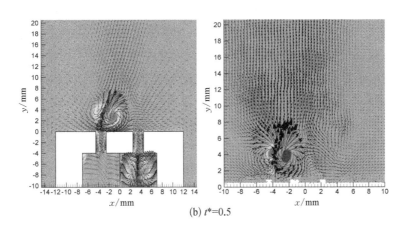

(b) t^*=0.5

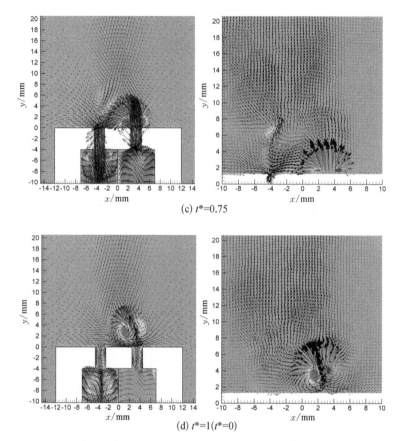

(c) $t^*=0.75$

(d) $t^*=1(t^*=0)$

图 2.17   合成双射流速度矢量及涡量数值模拟结果与实验结果对照

PIV 测量的一个缺陷是不能获得流场压强分布,而合成射流的形成,都需要在激励器出口建立压差 Δp,数值模拟则可以显示流场的压强分布和变化规律。

图 2.18 是数值模拟得到的不同时刻流函数等值线及静压等值线云图。由静压等值线云图可见,在激励器出口喉道,压强梯度非常大,射流的加速就在这里基本完成;在合成双射流激励器两出口之间还存在一低压区,该低压直接引起两射流偏向相邻射流,旋涡对也向相邻射流倾斜,该低压对吹出射流还具有加速作用,这就是 PIV 测量中发现相同条件下合成双射流出口最大速度较常规合成射流激励器出口速度大的主要原因。图 2.18 中不同时刻流函数等值线图清楚显示合成双射流在一个周期出现了四个流动鞍点(与常规合成射流激励器工作于"吸"程期间在出口下游轴线上有一个流动鞍点相比),其中图 2.18(a)和图 2.18(c)中鞍点是合成双射流激励器两出口分别工作于"吸"程期间在其下游附近形成,图 2.18(b)和图 2.18(d)中鞍点是两射流共同作用产生;流函数等值线

还显示,在 $t^* = 0.25$ 和 $t^* = 0.75$ 时刻,合成双射流间"自给"现象非常明显。若要降低合成双射流之间的相互作用,减弱或避免"自给"现象,在两出口间设置挡板就可以破坏两射流间的低压区,就可以达到控制的目的。

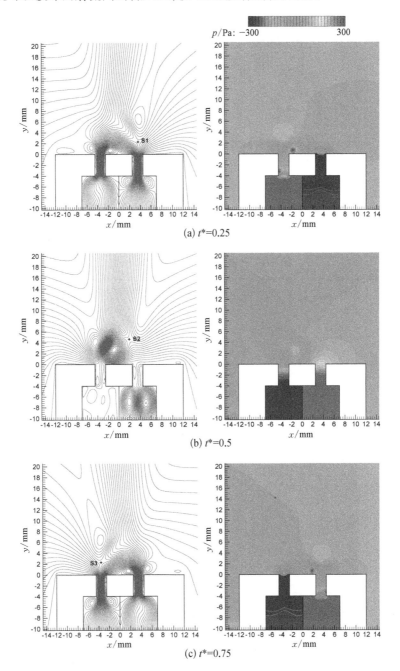

(a) t^*=0.25

(b) t^*=0.5

(c) t^*=0.75

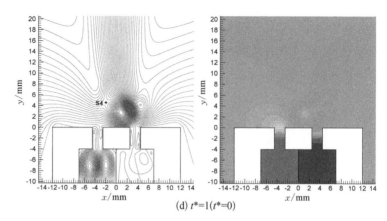

(d) $t^*=1(t^*=0)$

图 2.18 合成双射流流函数等值线及静压等值线云图

2）滑块构型的影响及滑块滑移的功能

对不同构型滑块及滑块不同位置下合成双射流流场进行了数值模拟,计算算例及滑块构型和位置如表 2.4 所示。

表 2.4 计算算例及滑块构型和位置

算例	Case1	Case2	Case3	Case4	Case5	Case6	Case7	Case8
滑块构型	⊓⊔⊓	⊓⊔⊓	⊓⊔⊓	⊓⊔⊓	⊓⊔⊓	⊓⊔⊓	⊓⊔⊓	⊓⊔⊓
滑块位置	居中	居中	居中	居中	居中	右移 0.3 mm	左移 0.3 mm	左移 0.5 mm

图 2.19 是不同构型滑块下合成双射流流场速度等值线云图。

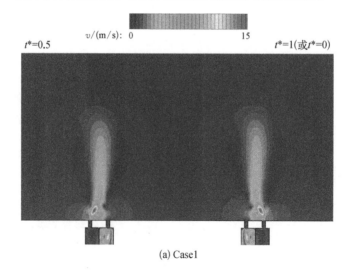

(a) Case1

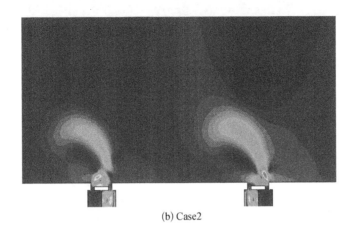

(b) Case2

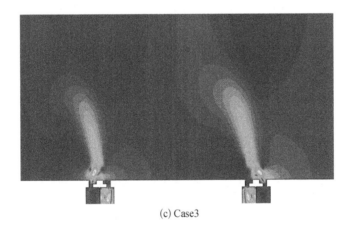

(c) Case3

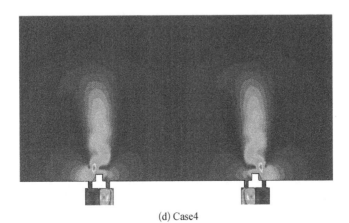

(d) Case4

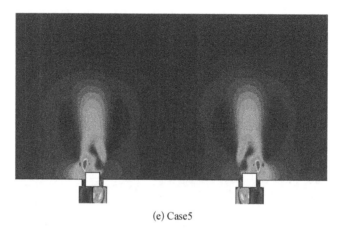

(e) Case5

图 2.19　滑块不同构型下合成双射流速度等值线云图

图 2.19(a)显示,两出口"吹"出射流都向相邻侧出口倾斜,并在下游合成一股方向基本稳定的射流。

图 2.19(b)和图 2.19(c)显示,当合成双射流激励器两出口间滑块高度低于出口外侧壁面时,两出口"吹"出射流都向相邻侧出口倾斜,而下游合成射流有向先进入"吹"程出口侧倾斜的倾向。由合成双射流激励器实验及数值模拟研究可知,合成双射流激励器两出口间存在低压区且两射流发生"自给"现象,因此,当两出口间滑块高度低于出口外侧壁面时,"自给"现象更为明显,先进入"吹"程的左侧射流几乎完全被右侧腔体所吸入,当右侧射流进入"吹"程时,由于之前左侧"吹"出射流的惯性阻挡作用使得右侧出口"吹"出气流未被左侧腔体全部吸入,右侧出口未被吸入的"吹"出气流在低压区的吸引下向左侧倾斜。

图 2.19(d)和图 2.19(e)显示,当合成双射流激励器出口间滑块高度高于出口外侧壁面时(高度小于合成射流冲程),由于滑块台阶的阻挡作用,两射流"自给"现象减弱,从而卷吸引射周围环境更多流体,下游合成射流变得更宽。

因此,通过改变合成双射流激励器两出口间滑块构型可以改变合成双射流流场特征。

图 2.20 是滑块不同位置下合成双射流流场速度等值线云图。

图 2.20(a)显示,当滑块向右侧滑移 0.3 mm,下游合成射流向左侧发生矢量偏转。其原因是:滑块向右侧滑移,左侧出口面积变大,右侧出口面积变小,在体积流率不变的情况下,左侧射流速度变小,右侧射流速度增大,从而合成双射流两射流动量比发生变化,由于两射流发生"自给"现象,速度较小的左侧射流几乎完全被右侧腔体吸入,当右侧射流进入"吹"程时,由于之前左侧"吹"出射

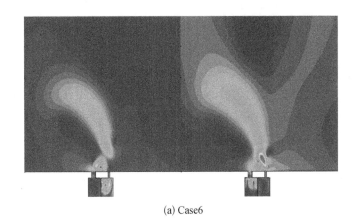

(a) Case6

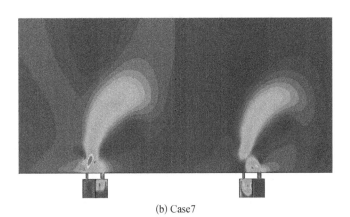

(b) Case7

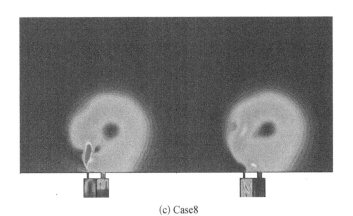

(c) Case8

图 2.20　滑块不同位置下合成双射流速度等值线云图

流的惯性阻挡作用再加上右侧出口"吹"出气流动量水平高,因此,右侧出口"吹"出的大部分气流继续向下游迁移并受低压区的吸引偏向左侧。

图 2.20(b)滑块向左侧滑移 0.3 mm,下游合成射流向右侧发生矢量偏转,与图 2.20(a)相对称。

图 2.20(c)滑块向左滑移 0.5 mm,结果显示,合成双射流在出口下游形成一个环流区。分析图 2.20(c)不同时刻的左右两图可以发现,由于两出口面积比进一步增大,合成双射流激励器两出口射流动量比随之进一步增大,即左侧射流动量比右侧大得多。图 2.20(c)左图显示,左侧"吹"出射流由于动量高,几乎不受右侧射流"吸"程影响,在出口附近几乎无偏斜,而右侧"吹"出射流由于动量低,几乎是贴着壁面被吸入左侧出口侧;图 2.20(c)右图显示,之前左侧出口产生的高动量"吹"出射流对这股右侧低动量"吹"出射流具有引射作用,右侧射流随之流动,同时右侧出口处于"吸"程并对其右侧流体起吸引作用,致使右上侧流体向右侧出口流动,左侧出口下游高动量射流在下游迁移中向右侧低压区偏斜,从而在合成双射流激励器出口下游形成了一个较大的环流区。

因此,通过滑块控制合成双射流两出口的面积比,可以控制两射流的动量比,从而改变合成双射流的流动方向,使得合成双射流自身具有独特的矢量功能和其他独特的流动特征。

合成双射流独特的矢量功能和流动特征,使得合成双射流激励器具有更强大的功能,必将进一步拓展合成射流的应用领域。

2.4 等离子体高能合成射流激励器

为了实现两电极等离子体合成射流激励器结构设计及工作特性的改善,作者团队设计了新型三电极等离子体高能合成射流激励器。

2.4.1 基本结构和工作原理

三电极等离子体高能合成射流激励器结构如图 2.21 所示。该激励器的结构仍包括电极和绝缘介质两个组成部分,但相对于两电极等离子体合成射流激励器的结构,增加了一个触发电极。激励器工作过程由两电极激励器的三个阶段增加为四个阶段,即点火触发阶段、能量沉积阶段、射流喷出阶段和吸气复原阶段。激励器工作系统如图 2.22 所示。

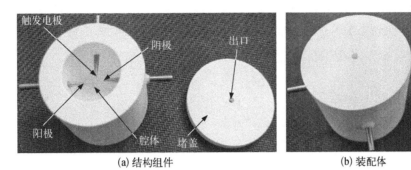

(a) 结构组件　　　　　　　　　　　　(b) 装配体

图 2.21　三电极等离子体高能合成射流激励器实物图

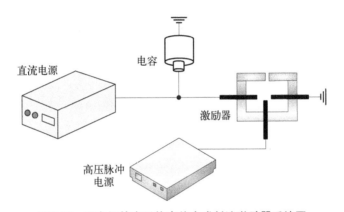

图 2.22　三电极等离子体高能合成射流激励器系统图

　　三电极等离子体高能合成射流激励器工作过程中需要两个电源：直流电源和高压脉冲电源。工作时激励器触发电极接高压脉冲电源，负极接地，正极通过充放电电容与直流电源相连，如图 2.22 所示。通过直流电源的连续充电，电容在激励器阳极和阴极间建立电势差，但该电势差还不足以实现阳极和阴极间气体的击穿。高压脉冲电源输出高压脉冲，该脉冲电压高达数万伏，但电流和功率较小，仅用于在触发电极和阴极间建立火花放电通道，实现点火触发。通过触发电极和阴极间的电子流，触发已经建立起电势差的阳极和阴极间更大功率的电弧放电，实现直流电源较大功率的能量释放，完成激励器的能量沉积。受热加压的激励器腔内气体从射流出口高速喷出，形成等离子体合成射流。之后高速射流的引射及腔体的冷却作用，使得外部气体回填腔体，完成激励器一个工作周期，并准备下一次射流的形成。

　　激励器工作过程中，为保证点火触发发生在触发电极和阴极之间，需要保证触发电极至阴极的距离小于触发电极与阳极的距离。同时由于电容的充电时间极短(特征时间为 RC,R 为电路电阻,C 为电容容量),因此,激励器工作频率主要受射流喷出和回填时间及高压脉冲电源点火频率的控制。

2.4.2 放电特性

1. 电源系统

三电极等离子体高能合成射流电源系统包括直流电源和高压脉冲电源两个部分,如图 2.23 所示。其中直流电源用于稳定电弧放电的产生和大功率能量注入,是激励器工作的供能装置;高压脉冲电源输出的电压非常高,用于击穿气体通道形成火花放电引燃电弧,火花放电持续时间极短(不足 0.1 μs)。这种火花放电引燃直流电弧稳定放电的电源设计,既可以减小电源功率和体积质量,又可以方便快捷地产生高能量的电弧放电。

(a) 直流电源　　　　　　　　(b) 高压脉冲电源

图 2.23　三电极等离子体高能合成射流电源系统

1) 直流电源

直流电源[19]的组成一般包括四个部分:改变输入电压幅值的电源变压器;将交流电压变为单向脉动电压的整流电路;滤除波动信号取出直流的滤波电路;稳定直流输出电压的稳压部分,如图 2.24 所示。按输出直流电压相对于输入电压幅值的增大或减小,直流电源可以分为直流升压电源和直流减压电源。

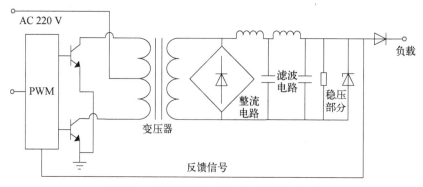

图 2.24　变压器推免式直流开关电源电路

　　直流升压电源的设计有各种不同的电压转换方法,传统的线性电源虽然电路结构简单、工作可靠,但存在着效率低、体积大、工作温度高及调整范围小等缺点。开关式电源的效率可达 85% 以上,变压范围宽、精度高,十分适用于等离子体合成射流容性电源的储能电容器充电。

　　按照控制方式的不同,开关电源可分为调频式开关电源和调宽式开关电源两种。调频式开关电源具有静态功耗小的优点,但不能限流也无法连续工作。调宽式开关电源噪声低,满负载时效率较高,能在连续导电模式下工作,且技术成熟,是目前应用最多的一种开关电源控制方式[20,21],适用于等离子体合成射流高压充电电源。按照拓扑结构的不同,调宽式又包括单端反激式、单端正激式、自激式、降压式、升压式、反转式和推挽式等[22]。对于等离子体合成射流激励器而言,最常用和有效的方法是采用变压器推挽式升压电路(图 2.24)。这种电路通过脉宽调制器将直流信号转化高频方波,通过设置不同的变压器原副边,实现不同的升压比,再通过二极管和晶体管等元件整流滤波,将交流电在输出之前重新转换成直流。这种电源方案不仅因为采用了变压器,能起到隔离电路、降低电磁干扰的作用,同时具有输出纹波小、功率较大等优点。在进行电源设计时,为避免激励器电极放电时产生的反向电压对高压充电电源造成损害,在电源输出端增加耐高压大功率二极管。

　　在电容器充电方式中,恒压充电方式主要优势体现在充电时间上,但充电初始电流过大,容易造成储能电容器损坏。同时,采用恒压充电电源,在重复充放电工作模式下,经过多次充放电周期后,储能电容上的电压远远大于电源输出电压[22],这会导致激励器电极放电能量的不稳定,增加电路负荷,降低激励器工作的可重复性。而采用恒流小电流充电方式,不仅能有效保护储能电容器和充电电源,而且具有更高的充电效率。

　　依据以上技术基础,高压直流电源指标确定如下。

　　(1)电源类型:变压器推挽式开关电源。

　　(2)输入特性:220 V,50 Hz。

　　(3)充电方式:恒流充电,充电电压为 0~5 000 V,充电电流为 0~200 mA。

　　(4)电源输出端设置保护和吸收电路,防止激励器电极放电时产生的反向电压对电源造成损害;同时,设置输出电压反馈电路,确保电容器不过充。

　　2)高压脉冲电源

　　高压脉冲电源由电压调节单元、点火能量单元、点火触发单元三部分组成,如图 2.25 所示。电路中,集成电路模块 TL494、IGBT 功率管和变压器 T1 及相关外围电路组成脉冲调宽式逆变稳压电路,振荡频率设为 5 kHz。通过调节电位器 $R1$ 的取样电压,可改变 TL494 输出方波的占空比,从而改变点火电路储能电容器的输出电压,电压调节范围为 500~1 500 V。高压脉冲电源的作用只是建立导电通道,实现直流电源电弧放电的点火,因此不需要大的点火能量,电容 C 的容量一般选为纳法。

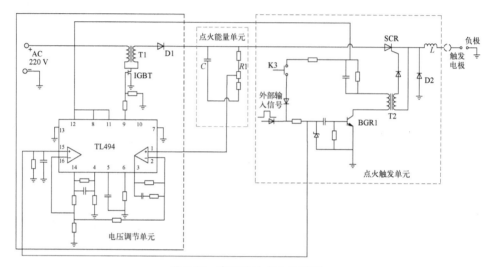

图 2.25　高压脉冲点火电路图

工作时,IGBT 在 TL494 输出方波的推动下,经升压变压器 T1,获得高压脉冲输出,经高压高频二极管 D1 整流后,对储能电容器 C 充电。可控硅整流器(silicon controlled rectifier, SCR)作为高压回路放电开关,与变压器 T2 和三极管 BGR1 等组成点火触发单元。当外接触发信号为高电平(或手动触发开关 K3 闭合)时,BGR1 导通,经 T2 输出高电平脉冲,触发 SCR,使得点火储能电容器上所储电能经触发电极放电,形成点火火花放电,其点火电压可以高达 20 kV,点火频率可以通过外触发信号调整。为减小点火电流控制点火能量,电路中加入电感 L,起限流保护的作用。

2. 三电极等离子体合成射流激励器典型放电过程

三电极等离子体合成射流激励器放电图像如图 2.26 所示,其中图 2.26(a) 为相机帧频 100 kHz 获得的放电电容 1.6 μF 时激励器不同放电阶段图像,图 2.26(b) 为 Golbabaeiasl 等[23] 采集到的三电极激励器放电电弧结构图像。由图 2.26(a)可知,三电极激励器的放电过程经历有触发、放电增强、放电衰减和电弧熄灭四个阶段。高压脉冲电源首先在激励器负极和触发电极间建立强度较弱的放电通道,起到引燃电弧的作用。随后由储能电容两端高压建立并维持大功率的电弧放电,实现激励器腔内能量注入,此时腔体内放电呈亮白色。随着电容内能量的释放,放电强度减弱,放电也逐渐变为黄白色。进入放电结束阶段,放电强度进一步减弱,腔体内已没有明显的电弧结构存在,电弧熄灭,一次放电过程结束。

(a) 三电极激励器放电发展过程

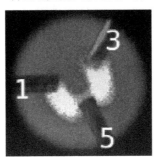

(b) 三电极激励器电弧结构[23]

图 2.26　三电极等离子体合成射流激励器放电图像

1. 阳极;3. 阴极;5. 触发电极

图 2.26(b)获得了清晰的三电极激励器电弧结构图像,其结果表明三电极激励器放电过程中,将会在阳极-触发电极-阴极间建立两段主放电电弧,相对于两电极激励器,可以增大电弧间距,实现激励器腔内气体的充分加热,提高电弧能量利用效率,改善激励器工作性能。

图 2.27 为三电极等离子体合成射流激励器工作过程中放电电压-电流随时间的变化过程,其中 V_c 为电容端电压,V_e 为激励器正极端电压,I_e 为放电电流。激励器工作条件为:阴极-阳极间距 4 mm,放电电容 1.6 μF。由图可知,激励器工作击穿电压约为 3.4 kV,放电峰值电流约为 3.65 kA,放电时间约为 35 μs。根据放电特性分类,三电极激励器放电仍为火花电弧放电,放电时间与图 2.26(a)的放电图像变化也基本相符。由于电容与激励器正极间连接导线的电阻作用,

V_e和V_c振荡幅值不同,其差距即为连接导线的分压。当从图 2.27 中可以发现,V_e和V_c在变化过程中具有几乎一致的相位,由此可以推断,电容和电极间的连接导线在放电过程中主要表现为阻性,电感作用较弱,仅改变了V_e和V_c振荡幅值而没有引起明显的相位差异。V_e才是激励器放电过程中真实电压变化的反映,放电电弧能量可通过对V_e和I_e进行积分获得。

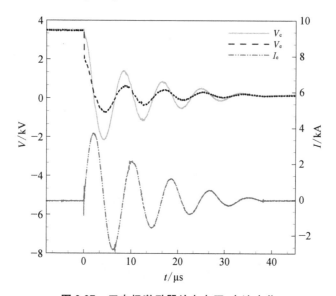

图 2.27 三电极激励器放电电压-电流变化

3. 放电电压-电流及能量转换分析

图 2.28 为不同激励器阴极-阳极间距条件下放电电压和电流随时间的变化结果对比,其中各工况条件下的电容大小维持为 1.6 μF。由图 2.28(a)可知,随着电极间距的增加,放电击穿电压增大,四种不同电极间距条件下的激励器工作电压分别约为 1.55 kV、2.6 kV、3.4 kV 和 4.0 kV。需要指出的是,三电极激励器具有一定的工作电压范围,在此电压范围内均可以实现各工况条件下激励器的正常工作,但为保证点火触发和主电弧放电的同步,则需要工作电压满足一定的要求,在此将实现点火触发和主放电电弧同步的激励器工作电压定义为激励器最大工作电压,图 2.28(a)中各击穿电压即为激励器最大工作电压。图 2.28(a)的结果表明,不同电极间距条件下激励器放电电压特性除击穿电压及伴随的振荡幅值不同外,放电时间和振荡频率基本一致。由图 2.28(a)中击穿电压随电极间距变化关系,可以推算三电极激励器工作击穿电压约为 0.8 kV/mm。均匀场强中,气体击穿电压可以表示为

$$V_d = 3d + 1.35 \tag{2.14}$$

式中，V_d 和 d 的单位分别为 kV 和 mm。

对于直径 1 mm 的两电极激励器，由于电极电场的非均匀性，3 mm 电极间距的击穿电压约为 7.2 kV。根据图 2.28(a) 可知，同为 3 mm 电极间距，三电极激励器工作击穿电压仅约为两电极激励器 1/3。因此，三电极激励器具有降低激励器工作击穿电压的优势，同时具有减小电源体积和质量，实现激励器系统小型化设计的潜能。

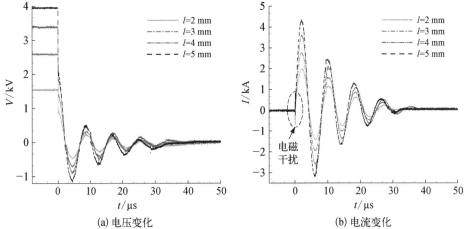

(a) 电压变化　　　　　　　　　　(b) 电流变化

图 2.28　三电极激励器不同电极间距放电特性对比

图 2.28(b) 表明放电电流具有随电极间距的增加而增大的变化趋势，这是由于在电容大小固定条件下，工作击穿电压的升高伴随着放电电流的增大，四种电极间距条件下的放电峰值电流分别约为 2.0 kA、2.8 kA、3.6 kA 和 4.3 kA。由于放电过程中的电磁干扰作用，放电开始阶段电流变化受到一定的影响，表现出高频波动性。相对于两电极激励器放电电流变化，三电极激励器放电过程中的电磁干扰作用明显减弱。

击穿电压及放电电流的增大，将同时增大电路中电容能量和放电电弧能量。图 2.29 为不同电极间距条件下三电极激励器能量大小及转换特性对比。由图 2.29(a) 可知，随着电极间距的增加，电容能量 Q_0 和电弧能量 Q 均增大，分别从电极间距 2 mm 的 2.1 J 和 1.9 J 增加至 5 mm 电极间距条件下的 12.5 J 和 10.1 J。电极间距增加为原先的 2.5 倍，使得电容能量和电弧能量均增加了 4~5 倍。电容能量向电弧能量的转化效率则随电极间距的增加而略有减小，如图 2.29(b)

所示,从 $l=2$ mm 的约 92% 降低至 $l=5$ mm 的约 81%。能量转换效率的降低主要是由于大电容产生的大的放电回路电流,导致电容、导线和激励器系统中阻性元件的能量消耗增大,减小了电容能量向电弧能量的转换。但相对于两电极激励器约 25% 的电弧能量转换效率,三电极激励器设计仍显著提高了电弧能量的转换效率,降低了外部损耗,有助于激励器等离子体射流特性的改善。

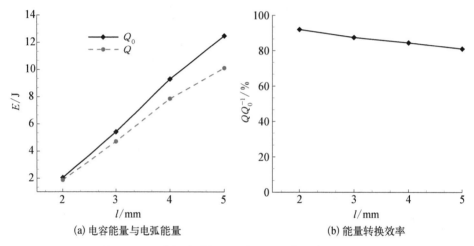

(a) 电容能量与电弧能量   (b) 能量转换效率

图 2.29　三电极激励器不同电极间距条件下能量特性

电容大小是另一个影响激励器放电特性与能量特性的重要因素,不同电容条件下激励器放电电压-电流变化对比如图 2.30 所示。由图 2.30(a)可知,电容的增大对激励器工作击穿电压和电压振荡幅值的影响不大,但可以明显增加放电持续时间和放电振荡周期。0.16 μF 和 3 μF 条件下的放电持续时间和放电振荡周期分别约为 15 μs、2.8 μs 和 35 μs、11.2 μs。放电持续时间的增加,可以实现激励器腔体更长时间的加热,有助于提高激励器的工作性能。放电振荡周期的增加,主要是由于放电电容的增大,导致激励器放电等效 RLC 电路的放电特征时间 τ($\tau = RC$)增大,使得放电衰减变缓,周期增大。图 2.30(b)表明大的放电电容可以产生大的放电电流,电容从 0.16 μF 增加到 3 μF,放电峰值电流从 1.4 kA 增加到 4.9 kA,这也与中大电容产生更大放电电流的关系一致。

电容的增加可以产生更大的放电电流,在工作击穿电压不变的条件下,也可以同时增大电容能量和电弧能量,具体能量大小和转换特性随电容的变化情况如图 2.31 所示。根据 $Q_0 = CV_e^2/2$,电容能量随电容大小的增加呈正比增大,如

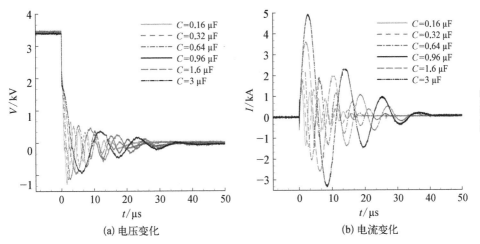

(a) 电压变化

(b) 电流变化

图 2.30　三电极激励器不同电容大小放电特性对比

图 2.31(a)所示。电弧能量则随着电容的增大,增速逐渐变缓,表现在图 2.31(a)中即为 Q_0 和 Q 间的差别越来越大,表现在能量转换效率上则如图 2.31(b)所示,随着电容的增加,电容向电弧的能量转换效率逐渐减小,由 0.16 μF 时的 96%降至 3 μF 时的 80%。

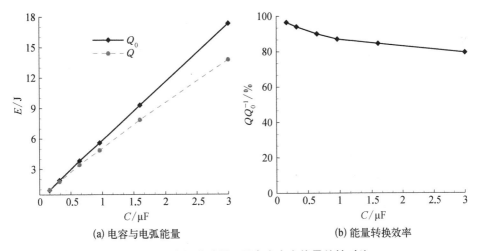

(a) 电容与电弧能量

(b) 能量转换效率

图 2.31　三电极激励器不同电容大小能量特性对比

综合不同电极间距和不同电容大小条件下激励器放电电压-电流和能量转换特性可以发现,虽然电极间距和电容的增大会导致电弧能量效率的降低,但文中各实验工况的能量转换效率仍维持在较高水平(≥80%),相对于两电极激励

器均有较大提高。三电极激励器能量转换效率的提高是由其特殊的结构设计产生的。根据欧姆定律,电弧能量还可以表示为

$$Q = \int_0^{t_f} u(t)i(t)\,\mathrm{d}t = \int_0^{t_f} i(t)^2 r(t)\,\mathrm{d}t \tag{2.15}$$

式中,$r(t)$ 为电弧电阻。电弧电阻与电极间电场强度 E_E 的关系为

$$r \propto \frac{1}{E_E} = \frac{l}{V_e} \tag{2.16}$$

相对于两电极激励器,三电极激励器可以在相同击穿电压条件下实现更大间距电极的击穿,或者在相同电极间距条件下需要较小的工作击穿电压,两种条件均可以增大电弧电阻,从而增大电弧能量 Q,减小外电路能量消耗,提高电弧能量转换效率。

2.4.3 流场特性

一次放电建立的三电极等离子体高能合成射流完整工作周期过程如图 2.32 所示,图中还给出了对应流场时刻为 $t = 0.16$ ms 时的典型流场结构。实验工况为激励器腔体体积 $V_c = 1\,750$ mm^3(腔体直径和高度分别为 15 mm 和 10 mm),阳极-阴极间距 $l = 4$ mm,激励器出口直径 $d = 3$ mm。由图可见三电极等离子体射流具有与两电极射流相同的流场结构,主要包括前驱激波、等离子体射流和流场发展前期阶段的复杂反射波系。不同于两电极射流流场,三电极等离子体射流流场中的反射波强度较弱,而且耗散速度更快。相对于反射波,前驱激波结构更为明显,强度更大。

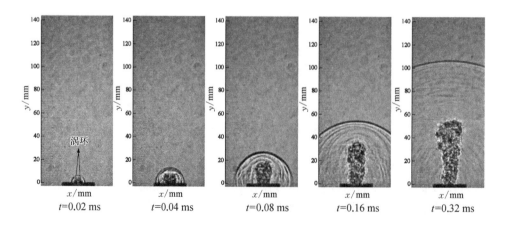

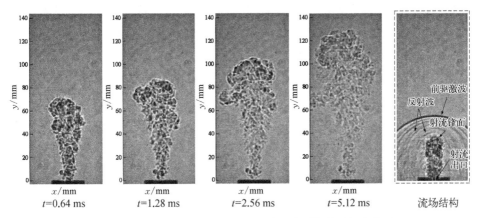

图 2.32　三电极等离子体合成射流完整工作周期内流场变化过程

　　当 $t=0.02$ ms 时,激励器出口处形成有一道明显的前驱激波和呈涡环结构的等离子体射流,这表明三电极等离子体合成射流激励器同样具有快速的流场响应能力。当 $t=0.04$ ms 时,射流的涡环结构消失,开始呈典型的"蘑菇状"等离子体射流结构。由图可知 $t=0.02$ 和 0.04 ms 时的前驱激波与射流锋面间距很小,这表明两者具有较小的速度差。随着流场结构的发展,在前驱激波和射流向下游运动的过程中,二者距离开始增大,前驱激波强度增强,射流以湍流结构向下游传播。当 $t=0.32$ ms 时,射流流场内反射波已经变得非常微弱,仅有一道远离激励器出口的前驱激波,而射流锋面和前驱激波距离进一步扩大。当 $t=0.64$ ms 时,前驱激波已经脱离观察区域,但此时的三电极等离子体射流并没有像两电极射流一样重新出现涡环结构,而是仍以连续湍流射流向下游传播,并且由于与周围静止气体的卷吸作用,射流强度逐渐耗散,下游宽度明显增大,而且射流向下游的运动速度逐渐减低。当 $t=5.12$ ms 时,射流已经变得非常微弱,此时射流的影响区域已经超过 120 mm($40d$)。

　　等离子体合成射流的吸气复原阶段无法通过阴影图像判定,但根据不同时刻激励器出口处射流密度的变化,可以推断当 1.28 ms$<t<$2.56 ms 时,射流的喷出阶段已经基本结束,同时考虑到腔体的吸气复原过程,该工况下的等离子体合成射流激励器饱和工作频率约为几百赫兹。

　　图 2.33 为三电极等离子体合成射流流场发展过程中,前驱激波和射流锋面至激励器出口距离随时间的变化。由图可知,该工况下的三电极等离子体射流前驱激波至激励器出口距离随时间的变化仍按线性增长,射流锋面至激励器出口距离仍以减缓的趋势增长。根据图 2.33 计算的前驱激波和射流速度如图

2.34 所示。由图可知,前驱激波仍以约 350 m/s 的当地声速稳定传播,射流速度则随着时间的增加逐渐减小。对比两电极射流前驱激波及射流速度变化可以发现,三电极激励器前驱激波和射流速度变化振荡幅度减小,射流速度几乎按单调递减的趋势变化。这主要是由于三电极等离子体射流流场中波系结构较为简单,反射波的加速作用相对较弱,不会引起射流发展过程中前驱激波和射流速度的明显变化。

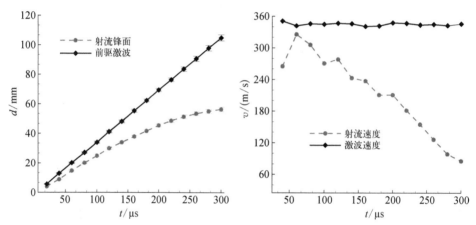

图 2.33   三电极等离子体合成射流锋面及前驱激波距离随时间的变化

图 2.34   三电极等离子体射流锋面及前驱激波速度随时间的变化

对于相同的激励器腔体体积,两电极和三电极激励器电容能量分别为 10.1 J 和 9.3 J 条件下,形成的等离子体射流速度峰值分别约为 210 m/s 和 330 m/s。因此在电源能量向等离子体射流动能的转换过程中,三电极激励器也具有更高的效率,可以以相同的能量消耗,产生具有更大动量和流场控制能力的等离子体射流。

2.5   自持式合成射流技术

2.5.1   动压式合成射流激励器

2010 年,为解决等离子体合成射流激励器环境适应性问题和工作频率问题,项目组发明了一种可以利用高速来流动能增压进气的动压式等离子体合成射流激励器,如图 2.35 所示。动压式等离子体合成射流激励器充分利用高速流动动压对激励器腔体进行增压,使激励器腔体大气快速稠密化,解决低密度气体环境下合成射流激励器无法工作的问题。动压进气方式充填激励器腔体所需时间大大缩短,腔体冷却时间也大大缩短,大幅度提高了工作频率。高速来流快速充填腔体可使每次射流排出腔体后残存于腔体内的等离子体浓度快速稀释,使激励器腔体内的放电呈脉冲形式而不是连续形式,也可有效提高激励器的工作频率。计算结果表明,动压式等离子体合成射流激励器如果能够充分利用高超声速来流动压,则其增压效果将十分明显,在高度 30 km、马赫数 5 的流动条件下,静压只有 1 200 Pa,动压高达 21 000 Pa,动压增压可高达 17.5 倍静压。但由于激励器结构尺寸较小,动压进口很小,其受流动边界层厚度的影响明显,动压增压效果很难达到较高水平,尤其是受飞行姿态影响显著。动压进气方式带来了新的技术问题:一是动压进口的设计问题,为了达到高的动压增压水平,需减小附面层和来流波系的影响,动压进口设计变得十分复杂;二是冲压气流流动条件下放电及控制更复杂,不同于现有等离子体合成射流激励器腔体内静止环境大气压条件下的气体放电,冲压气流条件下等离子体放电变得更加复杂,其放电特性和工作机制需要深入研究。

动压式高能合成射流激励器与等离子体合成射流激励器的最大区别是增加了动压进口(图 2.35)。动压式合成射流激励器利用高速来流动能增压,增压效果显著(图 2.36),其增压性能与高速来流自适应耦合,解决了等离子体合成射流激励器环境适应性问题,把等离子体合成射流激励器工作范围扩展到气体密度较低和温度较高的高速流动环境,如近空间低密度大气环境和超燃冲压发动机流道高温高速气体环境;相对于普通激励器的负压自然吸气方式,动压进气方

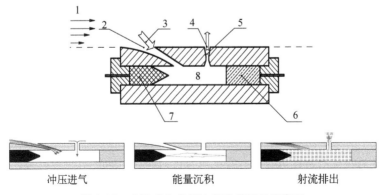

图 2.35　动压式合成射流激励器原理示意图

1. 高速来流;2. 动压进口;3. 冲压气流;4. 合成射流;5. 出口;6. 阳极;7. 阴极;8. 腔体

式充填激励器腔体所需时间大大缩短,可显著提高激励器工作"饱和"频率和响应速度。因此,具有同时解决等离子体合成射流应用于高超声速流动控制三大问题的潜力,这对于宽速域高超声速飞行器流动控制具有重要现实意义。

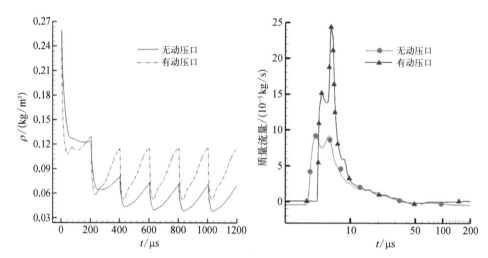

图 2.36　传统及动压式合成射流激励器腔体密度、射流质量流量

2.5.2　激波增压合成射流

目前合成射流/双射流流场控制方式仅仅应用于亚声速进气道和边界层分离控制,在超声速/高超声速进气道中的应用还尚未研究,传统的合成射流/双射流激励器产生的射流能量相对于主流能量较低,控制效果不明显。

为解决上述技术问题,在解决膜片压载失效问题的合成双射流激励器基础上,提出自维持合成双射流激励器,顾名思义,其充分利用超声速/高超声速进气道流场特性,将进气口布置于高压分离区,出气口安放于低压区,由两口之间压差驱动流动形成自维持射流,合成双射流激励器膜片的振动可以增加射流的能量,同时调制射流的频率和涡量特征,实现对进气道流场控制。具体技术方案为:采用自维持合成双射流激励器,本书所述自维持合成双射流激励器上开设有两个入口、两个出口,将所述两个入口置于流场高压区,将两个出口置于流场低压区。

自维持合成双射流激励器主要结构包括第一腔体板、第二腔体板、出口板、安装板和振动膜。如图 2.37 所示,第一腔体板、第二腔体板和出口板共同围成内部空腔,安装板将内部空腔分割成第一空腔和第二空腔。安装板上开设一个

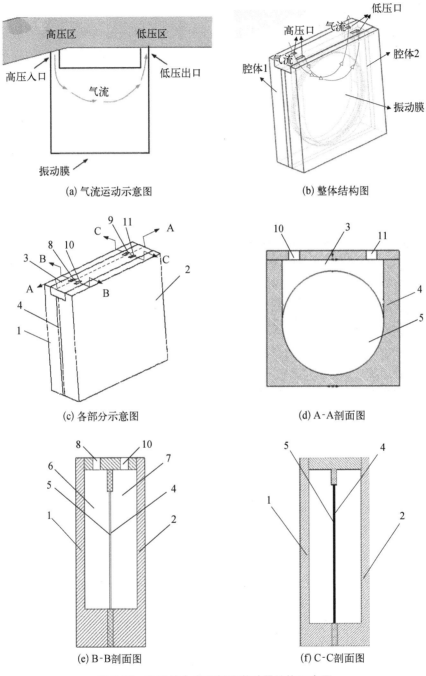

(a) 气流运动示意图　　　　　　(b) 整体结构图

(c) 各部分示意图　　　　　　(d) A-A 剖面图

(e) B-B 剖面图　　　　　　(f) C-C 剖面图

图 2.37　自维持合成双射流激励器结构示意图

1. 第一腔体板；2. 第二腔体板；3. 出口板；4. 安装板；5. 振动膜；6. 第一空腔；
7. 第二空腔；8. 第一入口；9. 第一出口；10. 第二入口；11. 第二出口

通口用于安装振动膜。第一空腔对应的出口板上开设有第一入口和第一出口，第二空腔对应的出口板上开设有第二入口和第二出口。振动膜设置在安装板的通口处，用于隔开所述第一空腔和第二空腔。其中振动膜与安装板的连接处设有垫圈，振动膜为圆形压电陶瓷膜片。

这种激励器具有以下特点。

（1）激励器膜片不受压载影响。自维持合成双射流激励器独特的构型，能够有效地解决振动膜片压载失效问题。在超声速飞行时，进气道的前体压缩楔板对高速来流减速增压，研究表明，来流马赫数达到 3.5 时激励器的腔体内压力是来流压力的 14 倍。因此，强压载将使得合成射流激励器膜片无法正常工作，甚至将破坏激励器的结构。自维持合成双射流激励器保留了合成双射流激励器的优点，采用一膜双腔结构，两腔内压力大小相当，激励器膜片两侧承受相同压载，这保证了自维持合成双射流激励器能够在超声速流场环境中正常工作。

（2）自持循环设计结合激励器膜片振动能有效提高射流能量。自维持合成双射流激励器能够利用压力差驱动形成自持循环射流，自维持合成双射流激励器进气口吸入附面层低能量气体，可以稳定分离区，出口向附面层注入能量较高的射流，可以延缓流动分离，有利于减小总压损失。出气口向超声速/高超声速流场喷射射流，会诱导弱激波，弱激波可以减弱下游激波的强度，有利于减阻降热和气动力控制。振动膜的振动可以增加射流的能量，同时调制射流的频率和涡量特征，实现对进气道流场控制。

（3）激励器构型设计对进气道构型破坏小、体积小、质量轻且控制效果明显。现有技术中的合成射流/合成双射流激励器是单腔内单出口产生射流，激励器开口过长会导致进气道结构在一定程度上遭到破坏，并且无法产生自持循环射流，相关研究表明，仅靠激励器膜片振动产生射流对超声速来流控制效果不明显。自维持合成双射流在进气道表面开若干孔，尽可能减小对进气道结构的破坏。此外，自维持合成双射流激励器还具有体积小、质量轻等特点，最大可以使超声速进气道自起动马赫数降低 0.5，并且能够显著提高进气道的总压恢复系数及流量系数。

（4）激励器形成自维持合成双射流控制效果佳、能量利用率高。自维持合成双射流激励器为一膜双腔四口结构，一膜双腔结构可以形成两个并列的自持循环吸吹射流，并且可以充分利用振动膜的振动能量，能量利用效率是普通合成射流激励器的两倍，工作频率也是合成射流的两倍。

（5）激励器的适用范围广。在超声速/高超声速流场中，广泛存在激波、流动分离等非定常流动现象，这些现象都会使得部分流场压强产生急剧的变化。

自维持合成双射流激励器主要利用超声速/高超声速流场中的压力梯度特性,将进气口放置于高压区,出气口放置于低压区,通过压差驱动形成自维持射流对流场进行控制,所以该激励器可广泛适用于超声速/高超声速流场控制。综上所述,自维持合成双射流激励器充分利用超声速/高超声速流场自身能量,实现对超声速/高超声速流场有效的控制,具有能耗低、结构简单、轻小型化、电参数控制、适用范围广的优点。

2.5.3　零能耗零质量合成射流

　　基于高超声速流能量利用的零能耗零质量合成射流装置,包括气源单元、电源单元和合成射流激励器,如图 2.38 所示。气源单元包括迎风凹腔、集气罐和电磁阀,互相之间通过供气管道连通,设置在高能合成射流装置飞行器的头部。合成射流激励器包括激励器壳体,激励器壳体内设有呈放射状依次布置的主放电电极、点火正极和点火负极。壳体上还设有气源入口和至少一个射流出口,主放电电极、点火正极和点火负极分别与电源单元相连,气源入口与电磁阀之间通过供气管道连通。电源单元包括热电转换模块、输入电路、高压电源、高压直流电路和高压脉冲电路。其热电转换模块的输出端通过输入电路与高压电源相

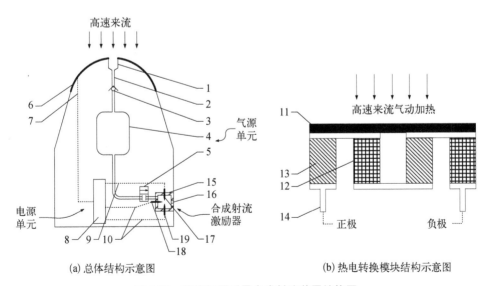

图 2.38　零能耗零质量合成射流装置结构图

　　1. 迎风凹腔;2. 供气管道;3. 单向阀;4. 集气罐;5. 电磁阀;6. 热电转换模块;7. 输入电路;8. 高压电源;9. 高压直流电路;10. 高压脉冲电路;11. 热电发电单元;12. P 型热电转换材料单元;13. N 型热电转换材料单元;14. 导电片;15. 激励器壳体;16. 射流出口;17. 主放电电极;18. 点火正极;19. 点火负极。

连,高压电源通过高压直流电路与主放电电极相连,同时高压电源通过高压脉冲电路分别与点火正极、点火负极相连。

激励器壳体内主放电电极、点火正极之间的夹角为90°,点火正极和点火负极之间的夹角为90°,点火正极和点火负极之间的间距小于主放电电极、点火正极之间的间距。

电源单元的热电转换模块包括多个热电发电单元。热电发电单元包括 P 型热电转换材料单元、N 型热电转换材料单元和导电片,其中 P 型热电转换材料单元、N 型热电转换材料单元均相对高能合成射流装置所在飞行器的热源垂直布置,P 型热电转换材料单元和 N 型热电转换材料单元之间通过导电片相连,且多个热电发电单元之间通过导电片串联、并联或者串联和并联混合的方式连接组合构成热电转换模块。

气源单元的迎风凹腔的唇部为尖形或圆形。激励器壳体为采用玻璃陶瓷或氮化硼陶瓷制作的筒状结构。主放电电极、点火正极和点火负极为采用钨或钨合金制作的圆柱形结构,且主放电电极、点火正极和点火负极的端部呈楔形。射流出口的形状为狭缝形、直通圆管形、收缩圆管形、扩张圆管形或拉瓦尔喷管形。

基于高超声速流能量利用的零能耗零质量合成射流装置具有以下优点。

(1) 充分利用迎风凹腔收集外部高速来流气体(即高超声速流),在集气罐内将高速来流动能转化为罐内气体的势能,为合成射流激励器稳定供气增压,解决了稀薄气体环境下激励器进气量骤减的难题,使得激励器具有更好的环境适应性;与负压自然吸气方式相比,本发明可以大大缩短激励器腔体冷却和吸气复原的时间,从而大幅度提高激励器的工作频率和响应速度。

(2) 零能耗零质量合成射流装置的电源单元包括热电转换模块、输入电路、高压电源、高压直流电路和高压脉冲电路,热电转换模块的输出端通过输入电路与高压电源相连,高压电源通过高压直流电路与主放电电极相连,且高压电源通过高压脉冲电路分别与点火正极、点火负极相连,无需外部高压储能电源,有效利用高速飞行器工作过程中气动加热产生的丰富热能,有利于实现电源的小型化、轻量化。

(3) 零能耗零质量合成射流装置的气源单元和电源单元都是基于飞行器上高超声速流及热量的综合利用,无需额外能源和气源,通过能量综合利用将高速来流转化为高能合成射流,通过高超声速流气动力增压供气和气动热转化功能实现能量的综合利用,从而有效解决上述供气与供电难题,利用三电极的等离子体合成射流激励器产生高能合成射流,可用于高速飞行器内外流场的主动流动控制,是一种全新的"零能耗、零质量"的合成射流技术。

（4）位于飞行器头部的迎风凹腔能够降低头部的气动加热,减小飞行器的热损伤;热电转换模块对于飞行器气动热集中处也具有一定散热作用,能够将有害热量转变为有益能源,提高能量利用效率。

2.6　小结

本章针对压电式合成射流激励器高速流场振动膜压载失效问题,发明了新一代合成双射流激励器,该激励器采用单膜双腔双出口构型,振动膜两侧同时处于流场中;为了实现等离子体合成射流激励器结构与工作特性的改善,提出了新型三电极等离子体高能合成射流激励器;进一步地,为了解决等离子体合成射流激励器环境适应性问题和工作频率问题,发明了可以利用高速来流动能增压进气的动压式合成射流激励器;针对合成射流高超声速流场控制力不足问题,提出了基于激波增压的自持式合成双射流激励器;提出了基于高超声速流能量利用的零能耗零质量合成射流,解决了等离子体合成射流电池笨重问题。研究表明,上述新型合成射流技术,有效解决了当前合成射流激励器在实际工程中的应用难题,为飞行器主动流动控制提供了新的思路。

参考文献

［1］罗振兵.合成射流/合成双射流机理及其在射流矢量控制和微泵中的应用.长沙:国防科学技术大学,2006.

［2］罗振兵,夏智勋,刘冰,等.合成射流激励器新进展及发展趋势.郑州:中国力学大会,2009:24-26.

［3］Luo Z B, Xia Z X, Wang L, et al. Novel high energy synthetic jet actuator conceptual design and tendency. Guangzhou: The 6th International Conference on Fluid Mechanics, 2011.

［4］罗振兵,王林,夏智勋,等.动压式高能合成射流激励器.2010,ZL201010502479.0.

［5］罗振兵,夏智勋,王林,等.动压式高能合成射流激励器概念及工作原理.哈尔滨:中国力学大会 2011:暨钱学森诞辰 100 周年纪念大会,2011.

［6］罗振兵,夏智勋,王林,等.基于高超声速流能量利用的零能耗零质量合成射流装置.2014,ZL2014103249904.

［7］罗振兵,夏智勋,刘冰.单膜双腔双口合成射流激励器.2006,ZL200610031334.0.

［8］张福学,王丽坤.现代压电学.北京:科学出版社,2001.

［9］程光明,杨志刚,曾平.压电泵泵腔体变化量研究.压电与声光,1998,20(6):389-392.

［10］Wang G, Sankar B V, Cattafesta L, et al. Analysis of a composite piezoelectric circular plate with initial stresses for MEMS. ASME Paper IMECE2002－39337, 2002.

[11] 徐芝纶.弹性力学(下册).北京：高等教育出版社,1990.

[12] 王矜奉,姜祖桐,石瑞大.压电振动.北京：科学出版社,1989.

[13] Tiersten H F. Linear piezoelectric viberarions. New York：Springer, 1969.

[14] Prasad S A, Sankar B V, Cattafesta L N, et al. Two-port electroacoustic model of an axisymmetric piezoelectric composite plate. AIAA Paper, 2002－1365, 2002.

[15] Mathew J, Sankar B, Cattafesta L. Finite element modeling of piezoelectric actuators for active flow control applications. AIAA Paper, 2001－0300, 2001.

[16] Sheplak M, Dugundji J J. Large deflections of clamped circular plates under tension and tansitions to membrane behavior. Journal of Applied Mechanics, 1998, 65(1)：107－115.

[17] Gao P Y. The integral representations of solutions for circular plate problems without any hold. Acta Mechanic, 2003, 163(3/4)：173－182.

[18] Holman R, Utturkar Y, Mittal R, et al. Formation criterion for synthetic jet. AIAA Journal, 2005, 43(10)：2110－2116.

[19] 李自然.脉冲等离子体推力器设计与性能的理论与实验研究.长沙：国防科学技术大学,2008.

[20] 邹怀安,张锐,胡荣强.开关电源的 PWM-PFM 控制电路.电子质量,2004,(3)：21－22.

[21] 张占松,蔡宣三.开关电源的原理与设计.北京：电子工业出版社,1998.

[22] 胡晓云.重复充放电的 RLC 回路特性研究.温州大学学报,2000,(3)：42－45.

[23] Golbabaeiasl M, Knighty D, Anderson K, et al. Sparkjet efficiency. AIAA Paper, 2013－0928, 2013.

第 3 章

高超声速飞行器进气道主动流动控制

3.1 引言

在航空航天领域,通常把飞行速度大于 5 马赫称为高超声速。高超声速推进技术是指飞行马赫数大于 5、以吸气式发动机及其组合发动机为动力,在大气层和跨大气层中实现高超声速远程飞行的飞行器技术。高超声速技术是现代航天技术发展的必然趋势之一,也是当前各国国防科技抢占的前沿阵地之一。高超声速技术的不断发展将给予高超声速巡航导弹、高超声速飞机和空天飞机等飞行器新的稳定动力。这将成为人类征服天空又一个划时代的里程碑。高超声速技术不仅体现一个国家的科技实力与工业基础,更能体现一个国家的国际地位和军事实力。

作为吸气式高超声速飞行器的主要动力装置,超燃冲压发动机及其相关技术已成为全球各国争夺的技术前沿阵地。研究表明,当飞行速度达到 5 马赫以上时,如果仍采用传统的亚燃冲压发动机,气流减速至亚声速,气流的高总温、高总压将给热防护材料带来极大的挑战,同时高静温来流会造成燃烧室内燃烧产物的离解,离解过程将吸收大量的热能,导致燃烧释放能量效率下降,发动机很难产生正推力。此种情况下应该让进入燃烧室的气流仍保持超声速,并在超声速条件下组织燃烧,这就是超燃冲压发动机,其工作原理如图 3.1 所示。相对于火箭发动机而言,吸气式高超声速飞行器自身无需携带氧化剂,而是利用大气中的氧气组织燃烧。作为超燃冲压发动机的进气装置,高超声速进气道的作用是捕获气流并对其进行减速增压,然后输送给燃烧室,保证燃烧室内顺利地组织燃烧。区别于传统的亚燃冲压发动机,超燃冲压发动机进气道捕获流量、减速增压、提供给燃烧室的空气速度仍为超声速。

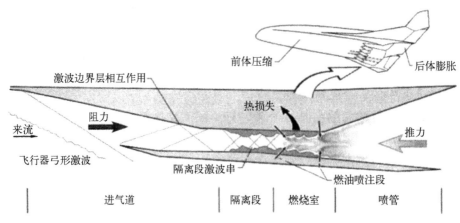

图 3.1　高超声速飞行器原理图

高超声速进气道性能的优劣对超燃冲压发动机及整个高超声速飞行器都是至关重要的。一个设计良好的高超声速进气道应该具有以下几个特征：结构简单、质量轻、压缩效率高、阻力小，能提供高品质气流（主要是指气流均匀度高），能满足宽马赫数下飞行及具有良好的燃烧室匹配特性（在燃烧室不同的工作状态下，进气道能够不受下游的影响）等。

从 20 世纪中叶开始，全球各国对高超声速进气道的研究取得了显著的成果，从早期简单的轴对称构型进气道逐步发展到平面压缩、内转向压缩及模块化设计等各种构型的方案，从传统冲压发动机的外挂式、头部进气等设计思路发展到进气道与飞行器机体构型高度一体化、乘波体方案等全新设计思想。随着美国 HyPer-X 和 HyFly 计划飞行的成功，高超声速进气道和超燃冲压发动机的研究工作也从理论研究和技术积累阶段向工程化迈进。

评判高超声速进气道的性能优劣主要从高超声速进气道的压缩性能、压力恢复性能和起动性能入手。压缩性能用来衡量进气道对低静压来流的压缩程度，直接关系到发动机能否成功点火及稳定燃烧；压力恢复性能用于衡量进气道的压力能转化效率，压力损失过大会导致进气道捕获空气的机械能损失较大，燃烧室排出的燃气流做功能力下降，致使飞行器不能获得较大的比冲；起动性能用来衡量发动机能否在低来流马赫数下顺利起动，其对飞行器转入冲压模式飞行十分关键。基于对高超声速进气道工作性能的提升，各国对高超声速进气道流场控制也做了大量的研究。

本章采用自持式合成双射流激励器和等离子体高能合成射流激励器对高超

声速进气道流场进行主动控制,提高进气道性能。

3.2　自持式合成双射流进气道控制

3.2.1　进气道低于设计马赫数下流场控制

本节主要采用数值仿真的方法对某典型高超声速进气道进行研究,并提出了应用于高超声速流场控制的自持吸吹式合成双射流激励器,通过增加来流马赫数的方法[1,2]模拟进气道自起动性能,找出自持吸吹式合成双射流激励器的最佳布置位置,分析其对进气道内流场的影响,同时对其作用机理进行分析,总结出自持吸吹式合成双射流激励器布置特点和出口分布特点。通过模拟激励器出口形状、出口方向和激励器频率和振幅等参数对进气道流场控制性能的影响进行研究。通过三维模拟自持吸吹式合成双射流激励器对进气道流场控制性能的影响进行验证。

1. 自持吸吹式合成双射流对不起动进气道再附点控制研究

1) 自持吸吹式合成双射流激励器与网格无关性验证

(1) 自持吸吹式合成双射流激励器提出。由于合成双射流产生的射流速度较来流低,目前合成双射流能达到的最大射流速度约为 100 m/s,相对于来流 $Ma>3$,其作用效果将不太明显,普遍认为可以利用激励器产生的射流增加边界层底层流体能量的方式来抑制边界层的分离,然而当来流马赫数较高时,合成射流激励器产生的射流仅仅在一定程度上减小回流速度和降低回流区高度,但无法显著减小回流区长度。因此,设计了一种新的合成双射流激励器,即自持吸吹式合成双射流激励器,其具有双腔四出口构型,其工作原理为:自持吸吹式合成双射流激励器两出口间距较大,分别布置于两个压力不同流场区域,通过将高压区域与低压区域连接来降低高压区域的压力,从而减小流场的逆压力梯度,并将吸入的流体在激励器膜片振动掺混的情况下输入激励器下游出口,并控制激励器出口下游的边界层分离。自持吸吹式合成双射流激励器三维造型和二维情况下工作原理如图 3.2 所示。前两孔抽吸低速高压区域内的流体,位于流场的上游,故称为上游出口;后两孔喷出气流,位于下游低压区域流场,故称为下游出口(本文在不特别注明的情况下都按此名称定义自持吸吹式合成双射流激励器的两出口)。

(2) 网格无关性验证。为了研究网格划分疏密程度对进气道的影响,采用

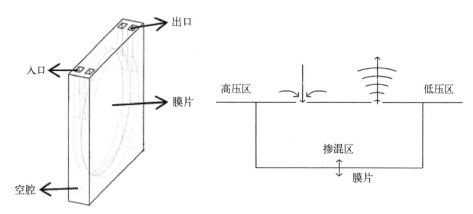

图 3.2　合成射流激励器与合成双射流激励器计算模型二维原理简图

了三种疏密不同的网格对相同流场进行计算。进气道选取文献[1]中二维简化的高超声速进气道,此进气道的设计马赫数为 6。文献[1]主要研究进气道起动机制问题,本章主要研究使用自持吸吹式合成双射流激励器对不起动进气道内部流场进行控制。进气道的计算域采用结构化网格进行空间网格离散,并且网格在壁面处进行了加密,第一层网格到壁面的距离为 0.03 mm,保证 $y^+ \approx 1$,这是为了在 FLUENT 中使用增强型壁面函数法处理边界层问题。流场来流选取为非设计状态下马赫数 3,入口为压力远场边界条件,壁面为无滑移、绝热壁面条件,出口采用压力出口边界条件,采用定常计算,待残差下降 3 个数量级及监测数据达到稳定即可判定为流场收敛。

表 3.1 给出了不同算例的网格量,并且找出了分离点位置,用 X_s 代表分离点位置,X_e 代表再附点位置,L 代表分离区长度,分离点与再附点是壁面摩擦系数为零的点[3]。

表 3.1　各模型网格量及分离参数

名　称	网格量	X_s/m	X_e/m	L/m
Case1	15 650	0.391 5	0.551 0	0.159 5
Case2	50 300	0.393 2	0.549 5	0.156 3
Case3	83 000	0.393 4	0.548 0	0.154 6

从表中可以看出,随着网格数量的增加,数值模拟获得的分离区长度减小,Case2 与 Case3 计算的分离点、再附点及分离区长度都十分接近,而 Case1 中分

离点靠前,再附点靠后,导致分离区长度较长。

图 3.3 给出了不同疏密网格计算出的壁面压力与壁面剪切应力的对比图,并且对不同疏密网格的计算结果进行分析。从壁面压力图与壁面剪切应力图对比可以知道,不同疏密网格计算出的壁面压力 Case2 与 Case3 相差不大,而 Case1 与前两个算例的壁面压力在两分离区中部与分离区后部相差较大,从壁面 X 方向剪切应力也可以明显观察到 Case1、Case2 和 Case3 相差较大,而 Case2 与 Case3 两者相差很小,并且趋势完全一致。

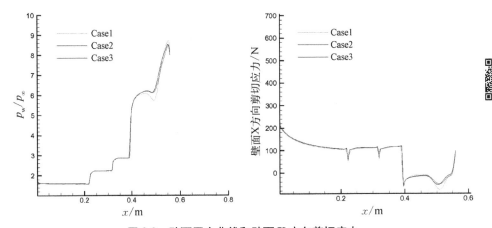

图 3.3　壁面压力曲线和壁面 X 方向剪切应力

综上分离点位置、再附点位置、分离区长度、壁面压力图和剪切应力图对比可知,Case2 已经满足对分离泡的计算要求,故本章的二位数值仿真研究将采用 Case2 网格进行划分。

2）边界条件设置

采用商业软件 FLUENT 进行数值模拟,模拟进气道飞行高度为 20 km 高空下,通过逐渐增加马赫数的方式实现进气道自起动,工质为空气设为理想气体,气体来流静温 $T_0 = 216.65$ K,来流静压为 $p_0 = 5\,529$ Pa,此时的声速根据 $c = \sqrt{\gamma RT}$ 可知,$c_0 = 295$ m/s,取 $\gamma = 1.4$,$R = 287.06$ J/(kg·K),激励器频率为 1 000 Hz,膜片振幅为 0.5 mm,湍流模型采用 RNG $k\text{-}\varepsilon$ 湍流模型,其对射流和平板射流模拟具有较好的模拟结果。采用非定常隐式计算,时间步长取 1×10^{-5},计算 10 000 个时间步。来流采用压力远场边界条件,出口采用压力出口边界条件,壁面采用无滑移壁面条件,激励器膜片振动采用动网格模拟。

3) 合成射流作用高超声速进气道内存在的压载限制分析

图 3.4 为模拟进气道从稳定流场下打开进气道外罩到进气道内部流场最终达到稳定过程中激励器腔体内压力变化散点图,来流马赫数为 3.5,飞行高度为

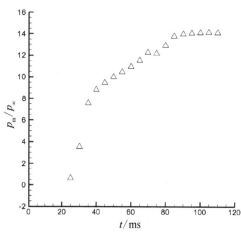

图 3.4　膜片压力随时间变化趋势

20 km。从图中可以发现合成射流激励器腔体内压力随着计算模拟时间的增加逐渐增大,最终当进气道内部流场稳定后激励器腔体内压力达到平衡。

合成射流腔体内压力最终达到来流静压压力的 14 倍,然而合成射流激励器使用单膜单腔,过大压载将导致合成射流激励器膜片难以振动,激励器将不能产生射流,并且目前合成射流激励器使用的是压电陶瓷膜片,压电陶瓷属于脆性材料,过

大的压载将导致膜片无法工作甚至膜片破裂。合成射流激励器振动膜单向承受过大压载将限制合成射流激励器实际应用于超声速/高超声速飞行器流场控制中。

4) 激励器布置位置对进气道自起动性能的影响

(1) 模型网格划分。自持吸吹式合成射流激励器能否应用于进气道,首先要明确将其放在哪里才能提高进气道的工作性能,结合自持吸吹式合成双射流激励器的特点——射流产生能量相对于主流能量较低,故考虑把自持吸吹式合成双射流激励器布置于来流速度相对较低的内压缩段上或者隔离段上,这样较低的能量也能产生较好的效果。本节将要研究二维状态下合成双射流激励器的布置位置对进气道流场控制的影响。

激励器布置位置对进气道自起动性能影响很大,合理的布置位置能够降低进气道加速起动时自起动马赫数。本文根据不同情况共布置四个不同位置,如图 3.5 所示,分别为内压缩段与隔离段连通位置、内压缩段后部、唇口激波作用位置、唇口下方。

(2) 模拟结果分析。分别对这四种激励器安放位置进行数值模拟,采用不断增加来流马赫数的方法模拟进气道的自起动性能,以 $Ma=3$ 的稳定流场为初始流场,逐渐以马赫数 0.1 增加量增加来流马赫数。自起动的判别方法根据文

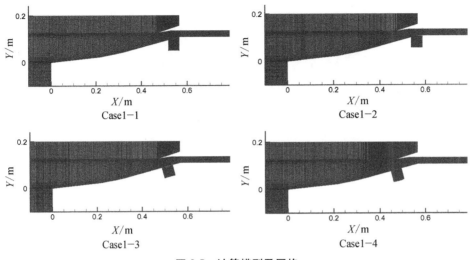

图 3.5　计算模型及网格

献[1]和[2]可知,随着来流马赫数的增大,当分离激波由于马赫数的增大而打
在唇口位置并且不再从进气道内压缩段内"吐出",即可判定为进气道实现自起
动。本文对四种情况进行模拟得到表 3.2 结果。

表 3.2　数值模拟自起动马赫数结果

方　案	原型	Case1－1	Case1－2	Case1－3	Case1－4
起动马赫数	5.3	4.8	5.1	5.1	5.0

　　由表 3.2 中可以看出,原型进气道在马赫数为 5.3 时才起动,进气道增加激
励器后,进气道的自起动马赫数均能减少。在各方案中,Case1－1 降低自起动马
赫数最多,下降了马赫数 0.5,Case1－2 和 Case1－3 降低自起动马赫数为 0.2,
Case1－4 降低进气道自起动马赫数为 0.3,图 3.6 给出了 Case1－1 方案进气道在
$Ma=4.8$ 临界起动时的压力云图和流线图。

　　从图中可以看出,分离激波刚好打在唇口并且不再从进气道唇口吐出,进气
道处于自起动临界状态,内压缩段上分离包并没有消失,根据文献[4]可知,分
离包并不是立刻消失。

　　图 3.7 出了 Case1－1 的合成射流激励器内部的压力云图和流线图,从激励
器的流线图可以观察到在激励器内部形成 5 个涡,分别为进口主涡、出口主涡、
3 个角的小涡。内压缩段上分离泡后部一部分流体被激励器吸入腔体内,减少了

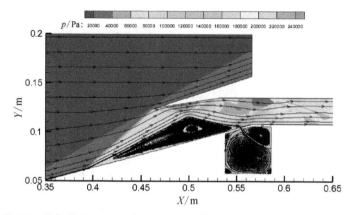

图 3.6　进气道 Case1 – 1 在 Ma = 4.8 时临界起动的压力云图和流线图

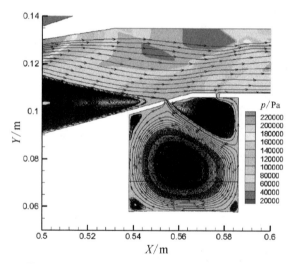

图 3.7　Case1 – 1 激励器内部流线图及压力云图

回流能量,被吸入的流体经激励器膜片振动,将流体从低压区以较高的速度喷出,增加了激励器出口下游边界层底层的能量,一定程度上可以抑制隔离段上的边界层分离。自持吸吹式合成双射流的作用机制为:利用上下游激励器两出口压差,在高压分离区抽吸低速回流、低压喷出较高能量流体增加激励器下游出口边界层底层能量。

　　(3) 激励器布置位置对进气道性能影响的综合分析。为了考察合成双射流控制对进气道性能的影响,本文研究各个算例在来流马赫数 5 时的流场进行模拟。表 3.3 给出了相应的流量系数和总压恢复系数的对比情况。

表 3.3　各个算例的流量系数和总压恢复系数

名　　称	马赫数	原型	Case1 - 1	Case1 - 2	Case1 - 3	Case1 - 4
流量系数	5.0	0.881	0.931	0.877	0.882	0.929
总压恢复系数	5.0	0.391	0.423	0.408	0.406	0.411

从上表可以看到 $Ma = 5$ 时,因 Case1 - 1 已经实现了起动,故总压恢复系数和流量系数都相应的比较高,比原型总压恢复系数提高了 3.2%,流量系数提高了 5%。Case1 - 2 较原型提高较少,因 Case1 - 2 在 $Ma = 5.1$ 时实现自起动,故流量系数较 Case1 - 1 低、比原型高。Case1 - 3 与 Case1 - 4 都对进气道的起动性能有所改善,但是较 Case1 - 1 其性能改善程度较低,Case1 - 4 相对于 Case1 - 2 与 Case1 - 3 流量系数和总压恢复系数都较高。

综上所述,加入自持吸吹式合成双射流激励器能够改善进气道的自起动性能、提高进气道的捕获流量,并且 Case1 - 1 的安装位置,即激励器两出口分别布置于进气道内压缩段上与隔离段上,这样的出口布置可以得到最佳的进气道工作性能。

5) 激励器出口位置对进气道自起动性能的影响

由上文可知,进气道最佳的安放位置是合成双射流激励器两出口分布在进气道内压缩段上与隔离段上,从模型可以看出激励器的两出口并没有特别的安放要求,本小节将要讨论合成双射流激励器上游出口位置的变化是否会对进气道流场控制产生影响。

(1) 激励器出口位置模型及网格划分。本节设计的三个计算模型分别用 Case2 - 1、Case2 - 2 和 Case2 - 3 命名。Case2 - 1 两出口距离相距最远,两出口分别位于激励器两侧。Case2 - 2 两个出口的距离是 Case2 - 1 的一半,分别在两折线的中点上(二维激励器腔体上表面为线段),且 Case2 - 2 的距离与 Case1 - 1 的距离较为相似。Case2 - 3 采用的是一出口位于进气道内压缩的末端、另一出口位于激励器一侧上,各个算例模型及网格如图 3.8 所示。

(2) 激励器出口位置对进气道性能影响的综合分析。根据以上模型,进行了数值模拟,同样采用增加来流马赫数的方法验证进气道的自起动性能,表 3.4 分别给出了自起动马赫数大小,表 3.5 给出了各个 Case 在 $Ma = 4.9$ 时的流量系数及总压恢复系数。

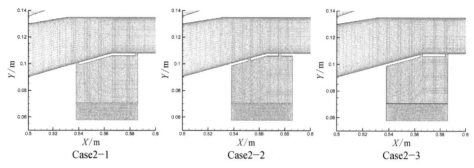

Case2-1   Case2-2   Case2-3

图 3.8   计算模型及网格划分

表 3.4   各个算例的自起动马赫数

名 称	Case2-1	Case2-2	Case2-3
自起动马赫数	5.0	4.8	5.1

表 3.5   各个算例的流量系数和总压恢复系数

名 称	Case2-1	Case2-2	Case2-3
流量系数	0.888	0.916	0.866
总压恢复系数	0.316	0.333	0.329

从表 3.4 可知, Case2-2 自起动马赫数为 4.8, Case2-1 与 Case2-3 的自起动马赫数分别为 5.0 和 5.1, 从表 3.5 可知 Case2-2 起动的进气道的流量系数与总压恢复系数都比其他算例高, 而 Case2-1 的流量系数高于 Case2-3, 但总压恢复系数却小于 Case2-3。

图 3.9 给出三个算例在 $Ma=4.8$ 时进气道局部放大图与激励器内部压力云图和流线图。从图中可以发现, Case2-1 与 Case2-3 的上游出口都未在分离泡的高压区, 并且激励器内部压力也较 Case2-2 低。Case2-2 的上游出口在分离泡的高压区内部, 激励器腔体内的压力与进气道内压缩段后部高压一致。从流线图上可以看出三个激励器的内部形成的结构不同, Case2-1 仅仅形成一个大涡, 这是由于高速气流从激励器上游出口边侧切入, 从下游出口喷出气流。Case2-2 与 Case2-3 形成两个大涡, 且 Case2-2 的右侧涡大于左侧涡, 与 Case2-3 相反, 这是由激励器上游出口位置变化导致的。

从表 3.1 壁面 X 方向剪切应力可知, 再附点位于 $X=0.550$ m 附近。而从图 3.8 可知, Case2-1 上游出口位置在 $X=0.539$ m 处, Case2-3 上游出口位置位于 $X=$

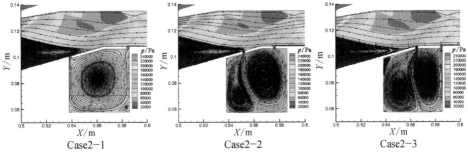

图 3.9　各个算例的激励器内部流线图和压力云图

0.565 m 处,Case2－2 上游出口位置位于 $X = 0.552$ m 处。Case2－2 的上游出口处于分离泡再附点附近位置,由此说明激励器上游出口位于再附点附近位置处时可以降低进气道自起动马赫数,并且在同马赫数下增加进气道的捕获流量,并提高进气道的总压恢复系数。

激励器上游出口布置在再附点处可以提高进气道起动性能的原因是再附点处压力高,来流速度较低,且出现回流。过高的压力导致逆压力梯度增大,边界层分离,再附点不稳定,造成分离泡增大,分离激波增强,进气道溢流增加。激励器布置在上游出口缓解了再附点处高压力,减小了再附点处逆压力梯度,稳定了再附点位置,减少了回流流体能量,进而减弱了内压缩段上分离泡的大小与分离激波强度,且激励器抽吸低能量流体抑制了边界层的分离。

综上所述,自持吸吹式合成射流激励器上游出口安放位置对进气道自起动性能影响较大,其中上游出口安放在进气道内压缩段上分离泡再附点附近位置,此位置可以明显降低进气道自起动马赫数、提高总压恢复系数和提高流量系数。

6) 激励器出口形状对进气道性能的影响

根据第 5) 小节的结果可知,激励器出口的布置位置对进气道性能的影响较大,并且可以明显观察到激励器出口形状为“八”字形开口,这使得激励器腔体内部形成涡与第 4) 小节中形成涡的形状完全不一样。采用“八”字形开口是根据空气动力学公式:

$$\frac{\mathrm{d}v}{v} = -\left(\frac{1}{1 - Ma^2}\right)\frac{\mathrm{d}A}{A} \tag{3.1}$$

式中,v 是速度;A 是面积。当气流为亚声速时,速度的变化与面积的变化趋势相反,即亚声速气流在收缩面积上加速、在扩张面积上减速,超声速气流则相反。

本小节根据激励器出口形状与开口方向对进气道性能的影响进行对比,采用非设计马赫数下不起动状态时进气道进行模拟仿真,分析开口形状与开口方向对进气道的影响。

(1) 模拟结果分析。根据前两小节已知合成双射流激励器布置位置、开口位置对进气道性能的影响较为明显,本小节在前两小节的基础上研究开口形状对进气道性能的影响。由于第5)小节中"八"字形开口位置与最佳布置位置的开口位置在相同位置,仅出口形状不同,可以通过这两种不同出口形状对比两者对进气道性能影响的差异。表3.6给出两组在 $Ma=5$ 时的模拟数据,低马赫数据在下文的模拟中给出。

表 3.6　两种不同出口激励器对进气道性能参数对比

名　　称	"Ⅱ"形出口	"八"字形出口
自起动马赫数	4.8	4.8
流量系数	0.932	0.931
总压恢复系数	0.422	0.423

从表中可以发现,"Ⅱ"形出口对进气道的自起动马赫数与"八"字形出口一样,流量系数相近,总压恢复系数相差很小(0.1%),其中可能有误差的影响,因此,激励器出口形状对进气道性能是没有影响的。

(2) 计算模型网格划分。从第5)小节已经知道激励器出口的形状对进气道流场控制性能没有明显的影响。为了进一步验证合成双射流激励器出口形状对进气道的自起动马赫数及进气道捕获流量和总压恢复系数没有明显的影响,下面给出不同激励器出口形状的模型和计算网格,并对它们进行数值模拟研究,激励器出口形状分别为"八"字形出口的组合,共分为4个算例,其中算例 Case3 − 1 与算例 Case1 − 2 相同,其他组合算例如图 3.10 所示。

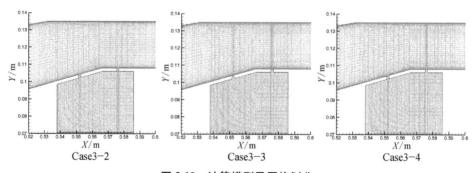

图 3.10　计算模型及网格划分

（3）模拟结果分析。可以观察到 Case3-2 两出口全是倒"八"字形, Case3-3 两个出口是正"八"字形的, Case3-4 上游出口是倒"八"字形、下游出口是正"八"字形, 正好与 Case3-1 相反。表 3.7 给出各个算例在进气道不起动状态下（$Ma=3$）, 进气道的流量系数和总压恢复系数。从表中数据可以发现, 四个出口不同的算例所得到的总压恢复系数和流量系数相差不大, 流量系数均在 0.474 左右, 总压恢复系数均在 0.445 左右。这进一步说明了激励器出口形状对进气道流场控制性能的影响可以忽略。

表 3.7　不同出口形状激励器对进气道性能参数对比

名　称	Case3-1	Case3-2	Case3-3	Case3-4
流量系数	0.474	0.474	0.473	0.474
总压恢复系数	0.445	0.446	0.445	0.446

综上所述, 激励器出口形状对进气道性能提高有限, 但是对激励器腔体内涡的形状影响较大, 如图 3.11 所示, 今后将会进一步研究是否对隔离段上壁面层有影响。

7）一膜双腔四出口构造自持吸吹式合成双射流对进气道流场控制性能影响分析

前面主要研究了单腔双出口自持吸吹式合成双射流激励器对进气道性能的影响。本节基于以上的研究, 对比分析二维情况下一膜双腔四出口合成双射流与双出口合成双射流在进气道不起动状态下对其流场控制性能的影响。

（1）激励器计算模型与网格划分。二维双出口自持吸吹式合成双射流激励器模型采用前文的计算模型, 合成双射流的简化分析在前文中已经说明。给出一膜双腔四出口合成双射流激励器在进气道上应用的计算模型与网格, 分别为 Case4-1 和 Case4-2, 与之作对比的是 Case2-2 双出口自持吸吹式合成射流激励器。对比在 $Ma=3$ 时对进气道流场控制性能影响, 其中 Case4-1 与 Case4-2 之间的差别仅仅是上游出口分布距离的差别, 从前文的研究知道双出口自持吸吹式合成射流上游出口位置在再附点位置附近时双出口自持吸吹式合成双射流的作用效果最优。Case4-1 与 Case4-2 之间的下游出口相同, 上游第二个出口安放于再附点附近位置。具体算例与网格划分如图 3.12 所示。

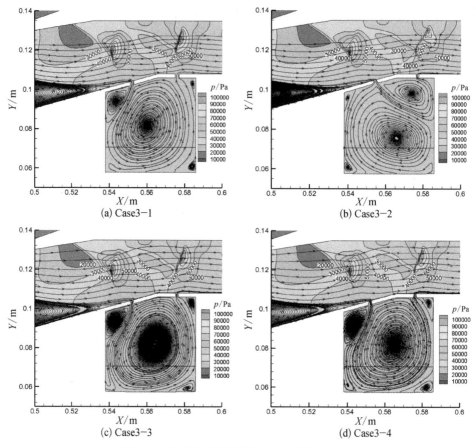

图 3.11　各算例下激励器腔内部流场及流线图

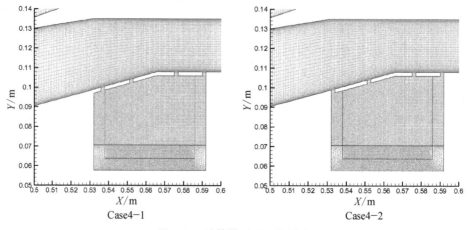

图 3.12　计算模型及网格划分

　　激励器仿真依然采用动网格边界条件,振动膜片及部分振动区域为非结构网格,进气道网格为结构网格,结构网格与非结构网格的交界为 interface 边界条件。

　　(2) 模拟结果对比分析。进气道来流为马赫数 3,边界条件和湍流模型均与前文相同,主要通过对比两者的总压恢复系数和流量系数,并且通过对比壁面压力大小,进一步说明两者对进气道流场控制作用的差别。表 3.8 给出 $Ma = 3$ 时的流量系数及总压恢复系数。

表 3.8　合成射流与合成双射流对进气道性能参数对比

名　　称	Case2－2	Case4－1	Case4－2
流量系数	0.474	0.470	0.470
总压恢复系数	0.446	0.444	0.445

　　从表 3.8 可以发现一膜双腔四出口自持吸吹式合成双射流与双出口自持吸吹式合成射流在二维情况下流量系数与总压恢复系数均相差不大,说明激励器上游出口在再附点附近位置即可影响进气道的性能,在远离分离泡再附点位置对进气道性能的影响都十分有限。

　　从图 3.13 壁面压力图可以发现,在隔离段三个算例楔板上的壁面压力几乎相同,从隔离段开始壁面压力发生变化,可以发现 Case2－2 的壁面压力要大于 Case4－1 和 Case4－2。Case4－1 和 Case4－2 隔离段上下壁面压力几乎相同,这可能是两个算例的下游出口位置相同造成的。

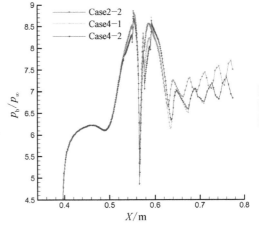

图 3.13　不同算例的壁面压力图

　　以上研究说明一膜双腔四出口合成双射流激励器与双出口合成双射流激励器都可以对进气道内压缩段上分离泡起到明显的控制作用,但是一膜双腔四出口合成双射流激励器可以提高进气道的抗反压能力。

　　8) 激励器出口方向对进气道性能的影响

　　亚声速情况下合成双射流激励器对边界层分离控制有较为明显的效果,出口方向主要影响激励器吸/吹情况下射流的流动方向。射流方向和射流速度对边界层底层流体的能量影响较大[5],选择合理的出口方向可以更好地将射流能量与边界层底层能量进行掺混。本小节设计了 4 种上游出口方向不通的激励器,分别为 30°、45°、90°和 135°,将 4 种出口方向模拟结果与同条件下的原型进行对比。

(1) 计算模型网格划分。图 3.14 给出了 4 种计算模型及其网格划分,激励器上游出口方向分别为 30°、45°、90°和 135°,并把它们分别命名为 Case5-1、Case5-2、Case5-3 和 Case5-4。激励器上游出口布置在进气道内压缩段分离泡再附点附近位置,激励器下游出口安放在隔离段上。激励器下游出口方向对进气道流场控制性能并没有做出具体的分析,但是可从前面的研究中知道激励器下游出口对进气道流场控制并没有较为明显的影响,而对下壁面压力有较为

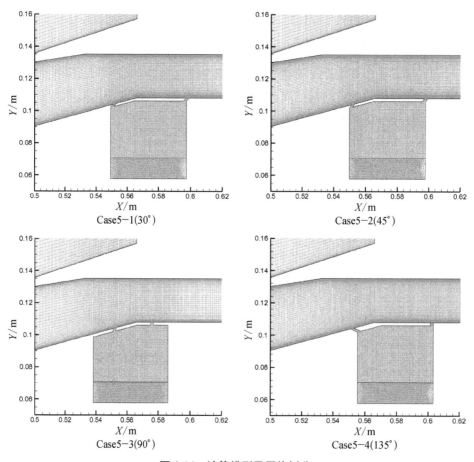

图 3.14 计算模型及网格划分

明显的影响。激励器上游出口与下游出口的宽度并没有改变,仅仅激励器出口的方向有区别。本小节主要研究激励器上游出口方向控制进气道内压缩段分离泡再附点附近位置的流场,并分析其对进气道流场控制性能的影响。

（2）计算结果分析。表 3.9 给出了各个算例模拟仿真结果数据,从表中可以发现使用自持吸吹式合成双射流激励器的流量系数和总压恢复系数都有相应的增加,这验证了自持吸吹式合成双射流激励器作用进气道是有效果的。对比各个角度可以发现,开口角度不同,进气道捕获流量不同,总压恢复系数也不相同。观察流量系数的变化可以看出激励器开口对其总压变化没有太大的影响,均在 0.474 附近位置,但是观察总压恢复系数可以发现开口方向为逆时针 45° 时,进气道的总压恢复系数提高最为明显,较原型提高了 7%。其他激励器开口方向对进气道性能也有一定的影响,但比逆时针 45° 开口方向时的效果差。综合流量系数和总压恢复系数可以认为逆时针 45° 开口方向是最佳的开口方向。

表 3.9　模拟结果

名　称	流量系数	总压恢复系数
Case0(原型)	0.464	0.442
Case5 - 1(30°)	0.473	0.466
Case5 - 2(45°)	0.475	0.473
Case5 - 3(90°)	0.475	0.452
Case5 - 4(135°)	0.474	0.463

图 3.15 是通过分离泡最高点处 Y 向速度切面的速度分布,图 3.16 是下壁面 X 方向剪切应力图。从 Y 向速度分布图可以发现,Case5 - 2 的各点速度均大于 Case0(原型)的速度,并且可以发现在速度为零时,Case5 - 2 的 Y 值小于 Case0 的 Y 值,由此说明增加自持吸吹式合成双射流激励器能使分离泡的高度降低。从 X 向壁面剪切应力可以发现 Case5 - 2 小于零的范围小于 Case0 中 X 向壁面剪应力的小于零的范围,由此也可判定增加合成双射流激励器的进气道产生的分离泡的长度变短。

综上所述,自持吸吹式合成双射流激励器的开口方向对进气道的工作性能有影响,当开口方向为逆时针 45° 时,进气道的总压恢复系数和流量系数均比其他激励器的开口方向作用进气道的效果要好,主要原因是增加了自持吸吹式合成双射流激励器后,进气道内压缩段上产生的分离泡的高度和分离泡的长度都减小。

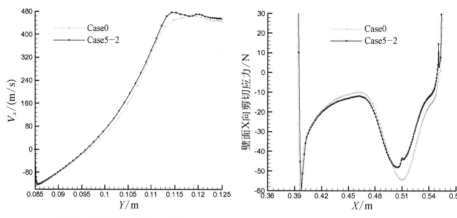

图 3.15　分离泡最高点 Y 向切面的速度分布　　图 3.16　局部下壁面 X 向剪切应力图

9）激励器膜片振幅对进气道性能的影响

由前文已经知道激励器最佳的布置位置、出口位置和出口形状。本小节将要研究激励器本身特性对进气道性能的影响，包括膜片振幅及膜片振动频率，本小节主要研究膜片振幅大小对进气道流场控制性能的影响。根据文献[1]可知，在电压幅值不高的情况下，幅值为

$$A_{m} = k_{f} \times U_{A} \tag{3.2}$$

式中，U_{A} 是驱动电压幅值；k_{f} 是斜率；$U_{1} \leqslant U_{A} \leqslant U_{2}$，$U_{1}$ 是压电振子的有效起振电压，U_{2} 是压电振子饱和驱动电压阀值。可知，振幅大小主要跟电压幅值有关。本小节主要采用 4 种振幅，分别为 $A_{m1} = 1$ mm、$A_{m2} = 2$ mm、$A_{m3} = 3$ mm 和 $A_{m4} = 4$ mm。从前文的研究中知道了合成双射流激励器上游出口安放在分离泡的再附点附近位置时控制效果最为明显。

图 3.17 给出了进气道流量系数和总压恢复系数随合成双射流激励器膜片振幅幅值变化的趋势图。

从图 3.17 可以发现，合成双射流激励器膜片做周期振动时，流量系数与总压恢复系数都相应地做周期性变化，并且可以发现随着振幅的增加流量系数和总压恢复系数都提高，在 $A_{m2} = 2$ mm 和 $A_{m3} = 3$ mm 之间总压恢复系数和流量系数提高较大。$A_{m1} = 1$ mm 和 $A_{m2} = 2$ mm 之间的总压恢复系数和流量系数提高较小，即随着振幅的增大，总压恢复系数和流量系数也增大。在同一个振幅内，可以发现流量系数增加，总压恢复系数会相应减少，反之流量系数减小，总压恢复系数呈现出增大的趋势，这主要与激励器工作状态吸/吹作用有关。当激励器处

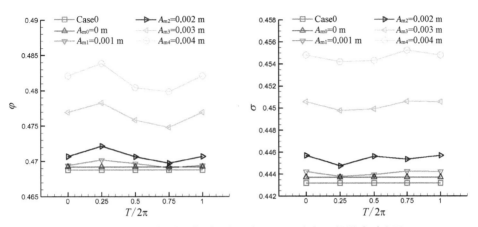

图 3.17　不同振幅对进气道流量系数和总压恢复系数影响对比图

于吸气状态时,分离泡减小,分离激波减弱,从而总压损失降低,但是流量被激励器吸入腔体内,故流量减小;反之当激励器处于吹气状态时,分离泡增大,分离激波增强、总压损失增大,而流量却是增加的。

从图 3.18 中可以发现,进气道下壁面静压力在隔离段前部几乎相等,而在隔离段部有相应的区别,且随着振幅的增大,壁面压力呈增大的趋势。这可能是由于合成双射流激励器下游出口随着振幅的增大射流速度增大,增大的射流速度与来流进行掺混,导致底层的能量增加,相应地也改变了底层来流的速度方向。相应的振幅越大产生的射流越大,对分离泡的控制作用就越强,使得进气道的总压恢复系数提高越多。

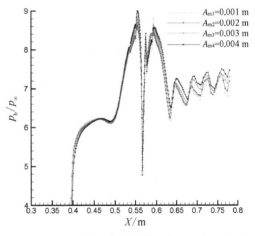

图 3.18　不同振幅对进气道下壁面压力对比图

综上所述,进气道的性能(流量系数与总压恢复系数)随着振幅的增大而提升,并且在大于 $A_{m2} = 2$ mm 时对进气道性能提高有较大的改变。流量系数与总压恢复系数呈相反的变化趋势,即流量系数增大总压恢复减小,流量系数减小总压恢复系数增大,这是由于激励器作用时,总压增大说明内压缩段上分离泡减小,相应的分离激波减弱,此时激励器处于吸气状态,部分来流被激励器吸入腔体内导致流量系数减小,反之则反。

10) 激励器频率对进气道性能影响的综合分析

合成射流/双射流激励器频率直接影响着射流速度大小,频率是合成射流/双射流激励器的主要参数之一,研究频率对进气道性能的影响是十分有意义的,频率是自持吸吹式合成双射流激励器可控参数之一,得到适当自持吸吹式合成双射流激励器频率趋势,有助于其在实际工程中应用。

第9)小节分析了自持吸吹式合成双射流激励器的振幅对进气道性能的影响,本小节将讨论自持吸吹式合成双射流激励器频率大小对进气道的影响,主要研究4种频率的影响,分别为300 Hz、500 Hz、800 Hz和1 000 Hz。由第9)小节可知,振幅越大则进气道控制效果越明显,但是过高的振幅在实际中难以达到。本节将使用 $A_{m3} = 3$ mm 作为膜片振幅,这是因为振幅大于3 mm时对进气道流场控制性能提高有较大的改变。本小节将选取不同频率下某一相同激励器振动位置进行对比研究。

从图3.19可以发现,随着激励器频率的增加,流量系数、总压恢复系数总体趋势也增加,比低频率下的流量系数最大提高了0.5%,总压恢复系数最大提高了0.6%。从下壁面压力图可以发现壁面压力在内压缩段前部无太大区别,在隔离段后部有较小的区别且均呈周期性变化,并且随着激励器频率的增大下壁面压力增大。综上所述,进气道的流量系数和总压恢复系数总体趋势为随着激励器频率增加而增加。频率主要对隔离段后部影响较大,并且呈现周期性变化。

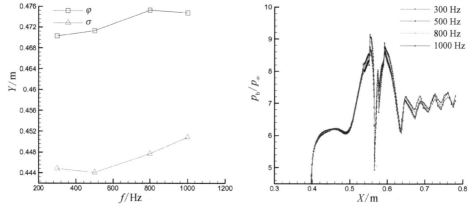

图3.19　不同频率对进气道性能的影响

需要说明的是,动网格数值模拟激励器工作状态是射流速度随着振幅和频率的增大而增大,但它无法反映共振的影响。膜片处于共振频率时激励器的振幅最大,然而共振频率却受到膜片材料的影响,故本书模拟激励器频率和振幅对进气道流场控制性能的影响时均采用解耦的方式进行数值模拟。

2. 自持吸吹式合成双射流对不起动进气道分离点控制研究

前面主要研究控制再附点对进气道性能的影响,经过数值模拟可以清楚看到当自持吸吹式合成双射流激励器上游出口安放在再附点位置附近时,进气道流场控制性能有较大的改善,当远离再附点位置时进气道的性能几乎无影响。在很多流动控制中都将控制分离点视为重点研究对象,本小节主要研究激励器出口布置于分离点附近位置时是否具有较好的控制效果。

1) 计算模型设计及网格划分

本小节的模型简化与前几节类似,都是将自持吸吹式合成双射流激励器简化为二维情况下进行计算,并保持主要的模拟特征不变,包括:膜片采用动网格模拟、腔体截面积大小和出口大小等。从图 3.20 可以看出分离点位置在各马赫数下几乎不变,均在 0.390~0.400 m,故设计计算模型将激励器出口布置在再附点位置附近。仅当进气道马赫数增加量达到了进气道加速自起动临

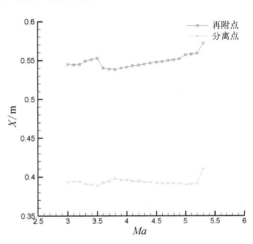

图 3.20　分离点和再附点随马赫数变化图

界起动马赫数后,分离泡分离点和再附点将发现突变,其变化规律也可以作为判别进气道自起动方式之一。

图 3.21 为设计的计算模型及其网格划分,Case6-1 两出口均在分离点上游,Case6-2 两出口分别位于分离点两侧,Case6-3 两出口均在分离点下游。

2) 数值模拟结果分析

从表 3.10 可以看出,控制再附点位置对进气道的自起动马赫数没有明显的影响,仅 Case6-1 使得进气道自起动马赫数下降了 0.2。从图 3.22 观察到分离点位置变化情况,可以看出 Case6-1 随着马赫数的增加分离点向上游移动,这是由于随着马赫数的增大激波角逐渐减小,进气道未起动,依然存在溢流,故分离点位置由于激励器的上游出口作用而向上游移动,分离激波也向上游移动。

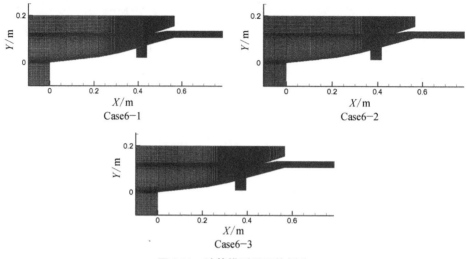

图 3.21 计算模型及网格划分

表 3.10 数值模拟结果

名　　称	自起动马赫数
Case0(原型)	5.3
Case6 - 1	5.1
Case6 - 2	5.2
Case6 - 3	5.4

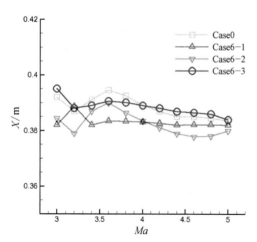

图 3.22 激励器不同位置下随马赫数
增加分离点位置变化图

从图 3.22 中可以看出 Case6 - 3 的马赫数 4 以后分离点位置在 Case0 的下游,马赫数 5 时 Case6 - 3 与 Case0 的分离点位置又十分接近,这是因为 Case6 - 3 的激励器下游出口靠近分离点。结合图 3.22 可知,这样布置激励器下游出口使得分离点位置向下游移动,分离激波也向下游移动,此时进气道未起动,增加来流马赫数反而增大了激波角,增强了分离激波的强度,使得进气道的总压损失增加,捕获流量减小,也使得进气道的自起动马赫数没有降低反而升高。

对比 Case6 - 1 与 Case0 可以发现,Case6 - 1 的分离点位置较 Case0 都在上游位置。与 Case6 - 3 正好相反,结合图 3.21 中计算模型 Case6 - 1 与图 3.22 分离点变化趋势可以知道,激励器上游出口位于分离点附近位置使得分离点位置向上游移动,且从图 3.22 中可以看出其分离点位置在上游位置比较固定。分离点向上游移动,分离激波也相应地向上游移动,致使激波角减小,激波强度减弱,进气道总压损失降低,捕获流量增加,所以进气道的自起动马赫数降低较多(马赫数 0.2)。

对比 Case6 - 2 与 Case0 可以发现,Case6 - 2 的分离点位置变化最激烈,在 $Ma = 3.6$ 附近最接近 Case0 的分离点位置,其后迅速向上游发展,在 $Ma = 4$ 时与 Case6 - 1 的分离点位置接近,在 $Ma = 4.6$ 后又开始向下游移动,并在 $Ma = 5$ 时与 Case6 - 1 的分离点位置较为接近。结合图 3.21 中计算模型 Case6 - 2 可以知道,此时分离点的位置是位于激励器上游出口和下游出口的中间位置,这样布置激励器使得分离点位置变化较大,控制效果较差,进气道自起动马赫数降低较少,并且总压恢复系数和流量系数也没有明显的提高。

综上所述,分离点控制研究结果表明:自持吸吹式合成双射流激励器对分离点的控制效果并不是十分明显,主要原因是激励器出口靠近分离点附近致使分离点位置移动,导致激波角变化、激波移动。

3. 合成双射流激励器对进气道三维数值模拟研究

1) 三维模型设计及网格划分

三维合成双射流激励器模型及网格划分如图 3.23 所示,合成双射流激励器采用非结构网格进行空间区域划分,这是由于膜片振动采用网格节点变化的动网格方法,模型中红色域为振动膜片,绿色域为激励器出口,激励器整体采用混合网格进行划分,激励器出口为结构网格。

进气道采用结构网格进行空间划分,合成双射流激励器与进气道之间设置为 interface。进气道网格如图 3.24 所示。

2) 计算模型网格划分及边界条件设置

合成双射流的作用方式同样采用激励器出口流向布置激励器。进气道为侧压式进气道,由于侧压板及三维效应的影响,其再附点位置将要发生变化。

图 3.25 给出了三维进气道与激励器计算模型的网格划分。

边界条件设置为:采用压力远场给定来流速度、静压和静温;壁面采用无滑

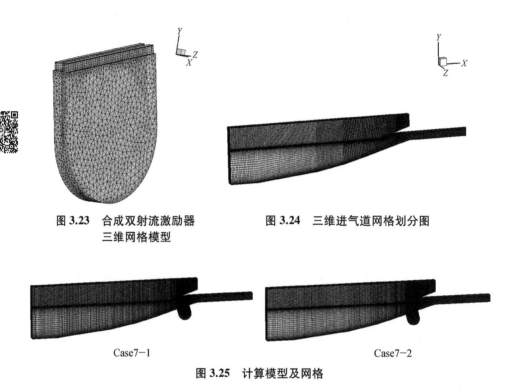

图 3.23　合成双射流激励器　　　图 3.24　三维进气道网格划分图
　　　　三维网格模型

Case7-1　　　　　　　　　　　Case7-2

图 3.25　计算模型及网格

移、绝热壁面;来流马赫数为 4;出口采用压力出口,膜片振动采用动网格进行模拟。进气道采用对称的方法进行模拟,中间面设为对称面,合成双射流激励器与进气道交界面采用 interface 处理。湍流模型采用 RNG k-ε,其对射流模拟中具有较好的模拟结果。采用非定常隐式计算,时间步长取 1×10^{-5},计算 10 000 个时间步,激励器膜片振动采用动网格模拟。

3) 三维进气道再附点位置确定

在三维情况下,进气道底面与二维情况完全不同,二维情况下底面是线段,分离泡再附点位置唯一确定,而三维情况下再附点呈现为曲线。

从图 3.26 可以看出原型进气道的 9 条等距离线中的壁面剪切应力并不一致,在 0.6 m 以后,壁面附近的剪切应力比较小,随着离侧压板距离的增加而增大,到对称面达到最大的剪切应力,并且可以明显可以看出 0.4~0.6 m 存在着剪切应力为零的情况。图 3.26(b)给出两条再附线,其中横坐标为图 3.26(a)中下壁面 X 方向剪切应力的曲线,纵坐标为 X 向位置,可以看出在壁面 X 方向剪切应力-13 条线后两条线重合,然而在壁面 X 方向剪切应力-13 条线前分为两条,这可能是由于侧压板的影响造成的。

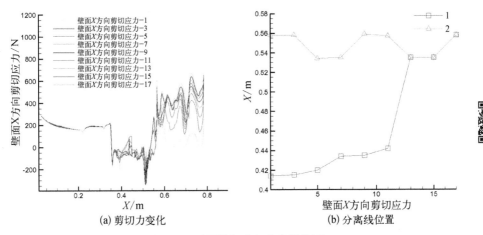

(a) 剪切力变化　　　　　　　　(b) 分离线位置

图 3.26　壁面剪切力与分离线位置

　　Case7-1 与 Case7-2 安装的激励器都靠近侧压板,因此再附线与 1 号相同,激励器出口相对位置如图 3.27 所示,在图中可以看到激励器开口为狭缝形式,并且 Case7-1 开口 X 方向分布为 $X = 0.487\,2 \sim 0.533$ m,Case7-2 开口 X 方向分布为 $X = 0.448$ m ~ 0.495 m。Case7-2 的出口在 1 号再附线的附近。

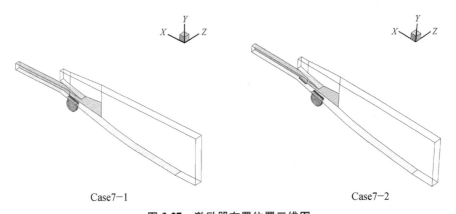

Case7-1　　　　　　　　　　　Case7-2

图 3.27　激励器布置位置三维图

　　4）三维情况下自持吸吹式合成双射流对进气道性能影响的综合分析

　　从表 3.11 可以看出,Case7-2 的流量系数和总压恢复系数都较原型提高较多,总压恢复系数提高了 9.6%,流量系数提高了 1.7%。Case7-1 的流量系数与 Case7-2 相同,但总压恢复系数却几乎没有提高。这说明在三维情况下依然与二维情况下得到的结果类似,都需要满足激励器布置位置要求,即激励器出口需布置在分离泡再附点位置附近,两出口间存在压差。

表 3.11 计算模拟结果

名　称	原　型	Case7-1	Case7-2
流量系数	0.358	0.364	0.364
总压恢复系数	0.304	0.307	0.332

图 3.28 给出了 Case7-1 的马赫数云图,图 3.29 给出了 Case7-2 的马赫数云图。从图中可以看出,Case7-1、Case7-2 两者在内压缩楔板上都存在着较大的分离泡,且侧压板上也存在着分离泡。

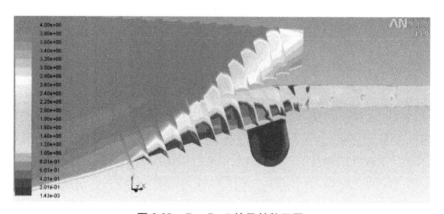

图 3.28　Case7-1 的马赫数云图

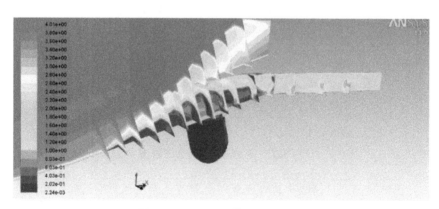

图 3.29　Case7-2 的马赫数云图

综上所述,经过三维算例的数值仿真模拟可以知道,三维仿真结果与二维仿真结果类似,把激励器安放于分离泡再附点位置可以明显提高进气道的总压恢复和流量系数。

3.2.2　进气道起动条件下流场控制

对于吸气式高超声速飞行器来说,高超声速进气道是超燃冲压发动机的重要组成部分之一。进气道在高马赫数下飞行时,较强的激波导致进气道总压恢复系数急剧下降。一般研究的高超声速进气道马赫数往往低于 8,这是由于进气道在过高的马赫数下,发动机内流体压力过大,燃料的燃烧对气体膨胀变化起到很小的作用,并且发动机的点火也很困难。

本节选取文献[6]中的高超声速进气道,研究其在马赫数 7 下,自持吸吹式合成双射流激励器对进气道流场控制的影响,研究自持吸吹式合成双射流激励器的安装位置对进气道流场控制的影响,并分析其机制,以及激励器振幅和频率对进气道流场控制性能的影响。

1. 边界条件设置及网格无关性验证

1)计算模型

本小节将采用另一种典型高超声速进气道[6],进气道三维构型如图 3.30 所示,二维尺寸如图 3.31 所示。

图 3.30　进气道三维构型

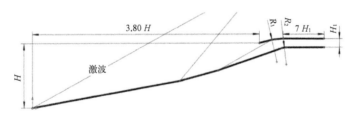

图 3.31　进气道模型二维尺寸简图

二维情况下自持吸吹式合成双射流具有较好的作用效果。本节模型依然使用简化的方法简化自持吸吹式合成双射流激励器。根据前文的结果已经知道激励器上游出口在进气道分离泡再附点附近位置时进气道的控制效果最好。本节主要研究高超声速进气道在高马赫数下($Ma=7$),自持吸吹式合成双射流激励器对进气道流场控制的影响。在高马赫数下进气道已经起动,为了找出较好的控制位置,本节分析四处激励器安放位置,并分析各自位置下流场的变化。

2)边界条件设置

本书采用商业软件 FLUENT 进行数值模拟,商业软件 FLUENT 因模拟效果较好而得到广泛使用。FLUENT 采用有限体积法进行空间离散,湍流模型采用

RNG $k\text{-}\varepsilon$ 湍流模型,其对射流模拟具有较好的结果。来流采用压力远场边界条件,出口采用压力出口边界条件,壁面采用无滑移壁面条件,激励器膜片振动采用动网格模拟,激励器振幅为 3 mm,频率为 1 000 Hz。网格量为 20 万,同时对壁面网格进行加密,第一层网格距离壁面为 0.03 mm,使 y^+ 值约为 1。激励器及其附近网格加密。方程采用隐式方法进行求解,时间步长为 1×10^{-5},计算步数为 10 000,当计算残差下降至少三个量级且隔离段中监视界面的压力处于稳定状态方判定为收敛。

3）网格无关性验证

为了研究网格划分疏密程度的影响,本小节采用三种疏密不同的网格对相同来流进行数值模拟,对每种网格壁面进行加密,且首层网格与壁面的距离均为 0.03 mm,保证第一层网格的 $y^+ \leqslant 3$,来流马赫数为 3.5。采用合理的网格划分模型既可以节约计算成本,又不失精度。

对不同网格的算例数值模拟结果进行分析,图 3.32 分别给出了不同疏密网格对应下的壁面压力和 X 方向壁面剪切应力对比图。从壁面剪切应力图中可以发现,Case1 - 1 相较于 Case2 - 0 和 Case1 - 2 在分离泡末端的 y 轴负方向最大值之间有略微差别,且楔板上壁面剪切应力相差较大,Case2 - 0 与 Case1 - 2 之间几乎无差别。从壁面压力图可以发现,三条曲线在 $X = 1.5$ m 前 Case2 - 0 与 Case1 - 2 无差别,在 $X = 1.5$ m 后有差别,主要体现为网格量越少内压缩段上壁面压力越小,然而 Case1 - 1 相较于 Case2 - 0 和 Case1 - 2 有较大差别,Case2 - 0 与 Case1 - 2 之间十分接近,近似重合。

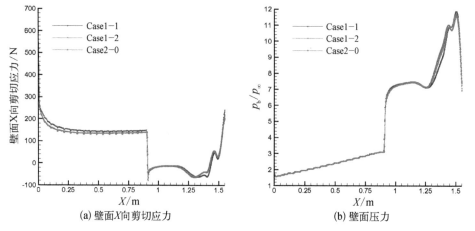

图 3.32 不同网格壁面切应力与壁面压力对比图

　　为了进一步研究不同疏密网格对分离泡大小计算结果的影响,表 3.12 给出了不同网格的分离点位置、再附点位置和分离泡长度,分离点和再附点为壁面摩擦系数为零的点。其中 X_s 代表分离点位置,X_e 代表再附点位置,L 代表分离区长度。

表 3.12　网格量及分离参数

名　称	网格量/万	X_s/m	X_e/m	L/m
Case1 – 1	9	0.904	1.44	0.536
Case2 – 0	20	0.909	1.431	0.522
Case1 – 2	38	0.910	1.429	0.519

　　从表 3.12 可以发现,随着网格密度的增加,边界层分离区长度逐渐减小,分离点位置和再附点位置均向上游移动。Case2 – 0 分离区长度与 Case1 – 2 分离区相差较小,并且分离点与再附点位置都较为相近,同时考虑到计算资源和所消耗计算时间,认为 Case2 – 0 网格已经满足精度要求。图 3.33 给出了 Case2 – 0 计算网格划分图。

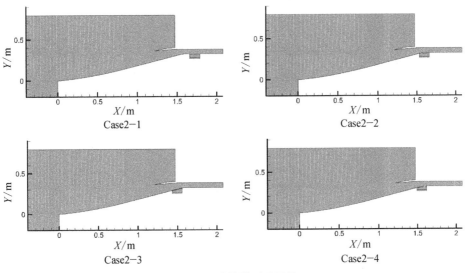

图 3.33　计算模型及网格

　　综上分析,通过分离点位置、再附点位置、分离泡长度、壁面压力图和剪切应力图对比分析可知,Case2 – 0 已经满足网格无关性要求,其仿真高马赫数也具有可信度,故本小节的二维数值仿真研究将采用 Case2 – 0 网格密度进行相关的网格划分。

2. 自持吸吹式合成双射流激励器位置对进气道性能的影响

1) 激励器布置位置模型和网格划分

自持吸吹式合成双射流激励器应用于高超声速进气道,首先需要明确激励器的布置位置影响,即激励器布置在何处能够较为明显地控制进气道流场。本小节共设计了四种不同的布置位置,其模型及其网格划分如图 3.33 所示。

在之前的研究中发现,自持吸吹式合成双射流激励器其中一个出口位于再附点附近位置时有利于提高进气道的工作性能,故 Case2-4 基于此将激励器上游出口布置于进气道不起动时的再附点附近位置;Case2-1 是把自持吸吹式合成双射流激励器两出口均布置在隔离段上;Case2-2 是把激励器两出口布置于进气道内压缩段与隔离段中间位置;Case2-3 是把激励器两出口布置于进气道内压缩段上。

2) 计算结果分析

对设计的四种计算模型进行数值模拟,给定来流马赫数为 7,表 3.13 给出了进气道的总压恢复系数和流量系数。

表 3.13　计算结果

名　称	φ	σ
Case2-0	1	0.245
Case2-1	1	0.249
Case2-2	1	0.264
Case2-3	1	0.267
Case2-4	1	0.270

从表 3.13 可以知道,进气道捕获流量都达到了最大,进气道未发生溢流。然而进气道的总压恢复系数却相差较大,原型进气道的总压恢复系数是 0.245,而从 Case2-1 到 Case2-4 的总压恢复系数依次升高,Case2-1 到 Case2-3 激励器逐渐向上游移动,说明激励器安装于隔离段上游可以增加进气道的总压恢复系数。Case2-4 算例进气道的总压恢复系数较原型提高最大,提高约 10%。观察到 Case2-4 下游出口位于反射激波作用下壁面附近位置。Case2-1 几乎对进气道流场没有起到明显的控制作用。

从图 3.34(a)原型马赫数云图可以发现激波打在进气道外罩上,形成的反射激波作用于进气道肩点附近位置,造成局部边界层发生分离,从压力云图中可以观察到肩点附近位置存在的较大的逆压力梯度。

　　对比图 3.34(a)Case2-0 可以明显发现图 3.34(b)Case2-1 肩点附近位置分离泡增大,在压力云图中观察到肩点附近的压力值增大,这是由于自持吸吹式合成双射流激励器安放在隔离段上。激励器两出口分别布置在高压区和相对较

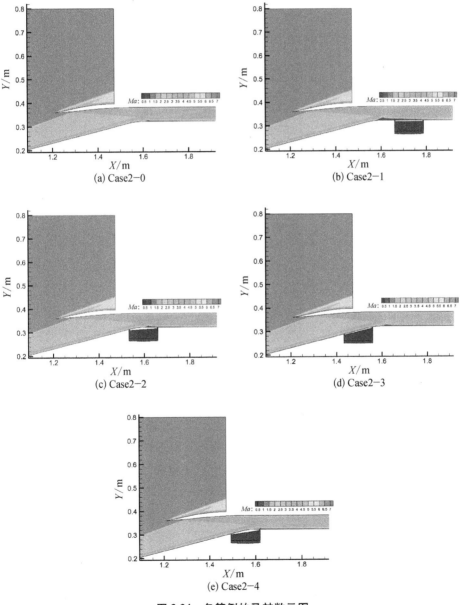

图 3.34　各算例的马赫数云图

低的压力区域位置,下游出口的高压区位置有明显的压力降低区域,上游出口的压力有所升高,提高肩点下游附近位置的压力。肩点附近位置的压力升高导致逆压力梯度的增大,致使边界层分离加剧、分离泡增大,所以进气道的总压恢复系数并没有明显的提高。

对比图 3.34(a) Case2 - 0,观察图 3.34(c) Case2 - 2 可以发现,在马赫数云图中观察到分离泡的大小没有明显的增大,但是肩点上游的压力却有所升高,这是由于自持吸吹式合成双射流激励器布置位置的影响。上游出口安放在内压缩段上,下游出口位于隔离段上。隔离段上的高压力经过激励器压力上传使得肩点上游的压力增大,增大的压力减小了肩点处的逆压力梯度,有利于抑制边界层的分离,减小分离泡的大小,这与 Case2 - 1 恰好相反。可以明显观察到上游出口附近产生一道弱激波,该激波作用于反射激波下部,一定程度上减弱反射激波的强度。进气道的总压恢复系数由于边界层的分离受到抑制和反射激波的减弱而增大。

原型与图 3.34(d) Case2 - 3 相比,分离泡的大小没有增大,但是肩点上游位置处的压力升高了。这是因为合成双射流激励器两出口都布置在内压缩段上,上游气流进入激励器腔体内经过激励器腔体的减速增压,并结合激励器膜片振动直接将激励器下游出口附近位置的压力提高,使得逆压力梯度减小,反射激波强度也一定程度上减小。从图 3.34(d) 中同样可以观察到激励器上下两出口都产生了弱激波,并分别作用于反射激波中部和下部。

图 3.34(e) Case2 - 4 中激励器安放位置较为特殊,上游出口布置在内压缩段上,下游出口布置在肩点附近位置。从马赫数云图中可以观察到激励器下游出口位于再附点附近位置,从表 3.13 中可以知道其提高进气道的总压恢复系数最大,其工作原理与 Case2 - 2 类似,下游压力经激励器高压上传至上游,增大上游处低压力、减少逆压力梯度,反射激波强度也一定程度上减小。上游出口产生的激波作用于反射激波的中部,一定程度上减弱了反射激波的强度,且 Case2 - 4 下游出口位于反射激波作用附近位置,此位置逆压力梯度最大,下游出口作用于此位置直接降低此处逆压力梯度。从图 3.34(d) 流线图可以发现激励器将分离点处低能量流体吸入腔体内,达到提高进气道抑制边界层分离的效果。

图 3.35 为自持吸吹式合成双射流激励器作用于 $Ma=7$ 下进气道时各算例的压力云图,从压力云图中可以观察到 Case2 - 1、Case2 - 2 与 Case2 - 4 激励器腔体的压力分布是上游压力低,下游压力高。

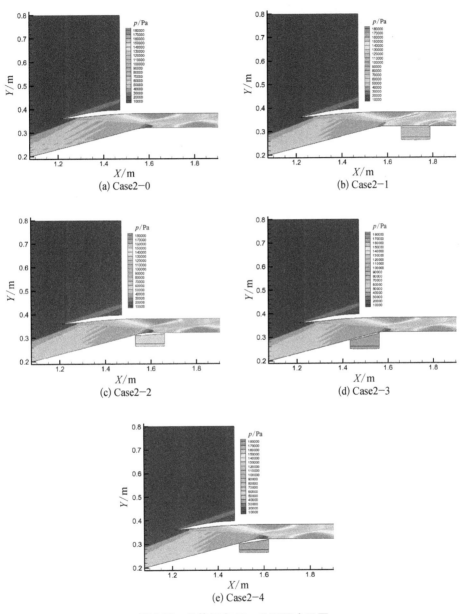

图 3.35　各算例在 $Ma = 7$ 下压力云图

　　Case2－1 由于激励器的压力上传作用增大了肩点下游附近位置的压力,使得肩点处逆压力梯度增大,分离泡的大小增大,边界层的分离加剧。Case2－2 和 Case2－4 由于激励器压力上传作用,使得激波上游处压力增大,肩点处逆压力梯度减小,抑制了边界层的分离。

Case2-3 上游压力高、下游压力低,来流经激励器的吸/吹作用进入激励器内部,并经过激励器腔体的滞止作用,激励器内部压力升高,并结合膜片振动作用额外增加了下游出口喷出射流的能量,进一步增加了激励器下游出口附近边界层底层流体能量。较高能量的射流与边界层底层低能量流体掺混抑制边界层的分离,但其控制效果小于对低能量流体的抽吸。

Case2-4 下游出口作用于激波反射位置,此位置压力梯度较大,激励器下游出口布置于此直接影响此处压力梯度,并将低能量流体吸走,间接增大此处流体的能量,提高再附点上游的压力,且一定程度上减小由于反射激波带来的高逆压力梯度,其作用效果优于其他位置。

从图 3.36 可以发现,Case2-2、Case2-3 和 Case2-4 上游出口都产生一道

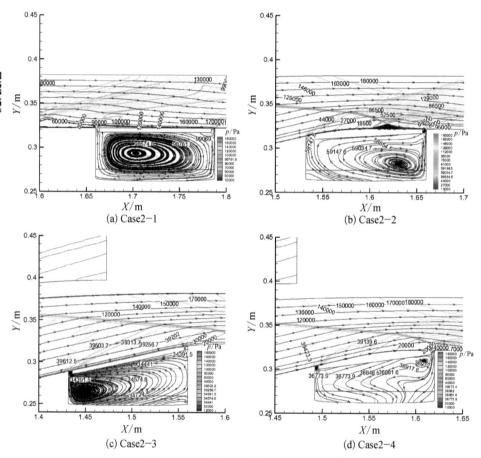

图 3.36　各算例激励器工作时放大图

激波,这道较弱的激波作用于反射激波上,一定程度减弱反射激波的强度,提高了进气道的总压恢复系数。

对比 Case2 - 2 和 Case2 - 3 及 Case2 - 4 可以知道,上游出口产生的激波作用于反射激波的中部效果较好。Case2 - 3 和 Case2 - 4 上游出口均产生一道弱激波作用于反射激波中部,但 Case2 - 4 下游出口位于反射激波作用位置,高压力经激励器上传至上游低压区域,增加上游的低压处的压力,减小肩点处的逆压力梯度,所以控制效果更好。

综上所述,自持吸吹式合成双射流激励器作用于进气道内可以明显改善进气道流场的性能,并且把激励器安放在内压缩段上优于安放在隔离段上。激励器上游出口安放在内压缩段比上、下游出口安放在反射激波作用附近位置效果更好。这是由于激励器从下游出口吸入高压平衡上游低压,减小了逆压力梯度,一定程度上减弱反射激波的强度,且结合上游出口产生弱激波作用于反射激波中部减弱了反射激波的强度,进而提高进气道总压恢复系数。

3. 自持吸吹式合成双射流激励器频率与振幅对进气道性能的影响

自持吸吹式合成双射流激励器主要参数为电压和频率。控制电压主要决定着激励器的振幅,激励器的频率主要体现在射流喷出频率上。在实验下激励器膜片处于共振频率时,激励器的振幅将达到最大,然而本书采用动网格模拟膜片振动,动网格无法实现膜片的共振,故依然采用第 3 章的方法,即将频率与振幅解耦的方法进行研究。

1) 激励器频率对进气道性能的影响

本小节主要研究激励器频率对进气道性能的影响,主要将 6 种频率进行对比,分别为原型、0 Hz、300 Hz、500 Hz、800 Hz 和 1 000 Hz,其中原型进气道是 Case2 - 0,0 Hz 为激励器膜片未振动但激励器腔体存在。采用 Case2 - 4 进行数值模拟。

从图 3.37 捕获流量系数图可以发现,进气道在 $Ma = 7$ 下捕获流量较高,接近于 1,进气道流量系数并不能说明什么情况。从总压恢复系数图中可以看出原型进气道的总压恢复系数在 0.248 附近,而增加激励器后进气道的总压恢复系数达到 0.269 左右,说明增加激励器可以使进气道的总压损失降低,具体原因在上节中已经分析。通过对比各频率对进气道的影响,发现在各个频率下进气道的总压恢复系数并没有明显的区别,然而观察发现 $f = 1\ 000$ Hz 时进气道的总压恢复系数有较小的升高。

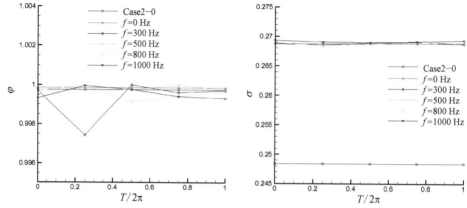

图 3.37 不同频率下流量系数和总压恢复系数图

2）激励器振幅对进气道性能的影响

研究振幅对进气道的影响，采用振幅为 Case2-0(原型)、$A=0$ mm、$A=0.5$ mm、$A=1$ mm、$A=3$ mm 和 $A=4$ mm，其中 $A=0$ mm 为激励器没有工作，Case2-0 为进气道原型。

从图 3.38 中可以知道，进气道捕获流量接近于 1，进气道在高马赫数下处于起动状态，并未发生溢流，所以流量系数不能说明激励器的影响。通过总压恢复系数可以看出增加合成双射流激励器能够提高进气道的总压恢复系数，然而不同振幅对进气道的总压恢复并没有太大的影响。

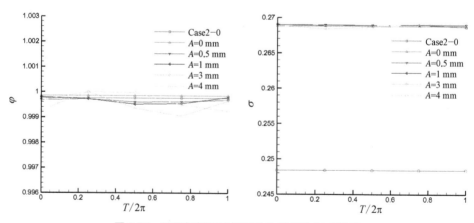

图 3.38 不同振幅下流量系数和总压恢复系数图

综上所述，通过对合成双射流激励器的频率和振幅的影响，可以发现频率和振幅对进气道的总压恢复并没有太大的影响。

3.3　等离子体高能合成射流进气道激波调制

3.3.1　横向等离子体高能合成射流流场干扰特性

1. 流场干扰特性数值仿真研究

超声速流动控制是火花放电合成射流激励器的一个主要应用方向,美国约翰·霍普金斯大学 Grossman 等[7,8]开展了火花放电合成射流激励器用于超声速条件下流动控制的研究,通过数值模拟计算得到等离子体合成射流可以穿透马赫数 3 的超声速流场边界层,并引起横向主流边界层转捩,首次验证了等离子体合成射流激励器用于超声速流场主动流动控制的可行性。得克萨斯大学的Narayanaswamy 等[9]利用自己设计的两电极火花放电合成射流激励器对射流与超声速主流的干扰特性进行了研究,通过纹影锁相技术得到的结果表明,峰值电流 1.2 A 的等离子体合成射流对马赫数 3 的超声速主流垂直喷射时的射流穿透度达到 6 mm,低密度射流在自己上游处引起一道激波,初步估计得到射流与主流的动量通量比约为 0.6。此外,法国宇航研究中心[10]、新泽西州立大学[11]及国防科学技术大学[12]等单位也相继开展了火花放电合成射流激励器在超声速条件下的主动流动控制研究。

目前,针对等离子体合成射流的流场观测仍以纹影/阴影技术为主,这种方法不易精确得到射流的速度、密度、质量流量等关键参数,并且实验研究特别是超声速条件下的射流实验,仍受到客观实验条件和成本的限制,因此开展相应的数值仿真研究具有十分重要的意义。本节进行超声速条件下火花放电合成射流与主流干扰特性的数值模拟研究,通过将火花放电的物理效应等效为气体焦耳加热作用,建立了等离子体合成射流的唯象仿真模型,与得克萨斯大学相同实验条件下得到的实验结果进行了对比。在此基础上,通过改变数值仿真参数,进一步研究注入电能大小及来流马赫数对射流与主流干扰特性的影响。

1）数值计算模型

（1）控制方程及其离散化。控制方程为非定常可压缩黏性 N-S 方程组,通过在 N-S 方程组的能量方程中添加能量源项的方法来模拟放电过程中的热量注入,采用有限体积法对控制方程进行离散,空间离散采用二阶迎风格式,时间离散为二阶隐式格式,计算时间步长取为 2×10^{-9} s,每个时间步内迭代 20 步,使得所有变量迭代计算残差小于 10^{-6} 以保证收敛。

（2）湍流模型。为了提高计算超声速条件下流动分离的精度，本节采用 SST $k\text{-}\omega$ 湍流模型。SST $k\text{-}\omega$ 湍流模型对计算分离具有很高的计算精度，但是对边界层网格的精度要求很高，适合计算流固分离的问题，或者在希望获知壁面附近流动情况时候采用。

SST $k\text{-}\omega$ 湍流模型的流动方程为

$$\frac{\partial}{\partial t}(\rho k) + \frac{\partial}{\partial x_i}(\rho k v_i) = \frac{\partial}{\partial x_j}\left(\Gamma_k \frac{\partial k}{\partial x_j}\right) + \tilde{G}_k - Y_k \tag{3.3}$$

$$\frac{\partial}{\partial t}(\rho \omega) + \frac{\partial}{\partial x_i}(\rho \omega u_i) = \frac{\partial}{\partial x_j}\left(\Gamma_\omega \frac{\partial \omega}{\partial x_j}\right) + \tilde{G}_\omega - Y_\omega + D_\omega \tag{3.4}$$

式中，$\tilde{G}_k$、G_ω、Γ_k、Γ_ω、Y_k、Y_ω、D_ω 等各项的定义如下。

下文表达式中用到的常系数有：$\sigma_{k,1} = 1.176$，$\sigma_{\omega,1} = 2.0$，$\sigma_{k,2} = 1.0$，$\sigma_{\omega,2} = 1.168$，$\alpha_1 = 0.31$，$\beta_{i,1} = 0.075$、$\beta_{i,2} = 0.082\,8$，$\zeta^* = 1.5$，$R_\beta = 8$，$\beta_\infty^* = 0.09$，$M_{\text{to}} = 0.25$，$R_\omega = 2.95$，$\alpha_0^* = \beta_i/3$，$\beta_i = 0.072$，$R_k = 6$。

$\tilde{G}_k$ 表示湍流动能 k 的生成项，其表达式为

$$\tilde{G}_k = \min(G_k, \ 10\rho\beta_\infty^* k\omega) \tag{3.5}$$

其中，G_k 表示标准 $k\text{-}\omega$ 湍流模型中湍流动能的生成项，其精确表达式为

$$G_k = -\rho \, \overline{u_i' u_j'} \, \frac{\partial u_j}{\partial x_i} \tag{3.6}$$

在伯努利假设下，可以采用以下简化公式对 G_k 进行计算：

$$G_k = \mu_t S^2 \tag{3.7}$$

其中，S 为表面张力系数，其定义与 RNG $k\text{-}\varepsilon$ 湍流模型中相同。

G_ω 表示 ω 的生成项，其表达式为

$$G_\omega = \alpha \frac{\omega}{k} \tilde{G}_k \tag{3.8}$$

系数 α 定义如下：

$$\alpha = \frac{\alpha_\infty}{\alpha^*}\left(\frac{\alpha_0 + Re_t/R_\omega}{1 + Re_t/R_\omega}\right) \tag{3.9}$$

其中, $R_\omega = 2.95$, α_∞ 有如下表达式:

$$\alpha_\infty = F_1 \alpha_{\infty,1} + (1 - F_1) \alpha_{\infty,2} \tag{3.10}$$

$$\alpha_{\infty,1} = \frac{\beta_{i,1}}{\beta_\infty^*} - \frac{\kappa^2}{\sigma_{\omega,1}\sqrt{\beta_\infty^*}} \tag{3.11}$$

$$\alpha_{\infty,2} = \frac{\beta_{i,2}}{\beta_\infty^*} - \frac{\kappa^2}{\sigma_{\omega,2}\sqrt{\beta_\infty^*}} \tag{3.12}$$

Re_t 有如下表达式:

$$Re_t = \frac{\rho k}{\mu \omega} \tag{3.13}$$

α^* 有如下表达式:

$$\alpha^* = \alpha_\infty^* \left(\frac{\alpha_0^* + Re_t/R_k}{1 + Re_t/R_k} \right) \tag{3.14}$$

Γ_k 表示 k 的有效扩散项, 其表达式为

$$\Gamma_k = \mu + \frac{\mu_t}{\sigma_k} \tag{3.15}$$

σ_k 表示 k 的湍流普朗特数, 其表达式为

$$\sigma_k = \frac{1}{\dfrac{F_1}{\sigma_{k,1}} + \dfrac{1 - F_1}{\sigma_{k,2}}} \tag{3.16}$$

$$F_1 = \tanh(\Phi_1^4) \tag{3.17}$$

$$\Phi_1 = \min\left[\max\left(\frac{\sqrt{k}}{0.09\omega y}, \frac{500\mu}{\rho y^2 \omega} \right), \frac{4\rho k}{\sigma_{\omega,2} D_\omega^+ y^2} \right] \tag{3.18}$$

$$D_\omega^+ = \max\left[2\rho \frac{1}{\sigma_{\omega,2}} \frac{1}{\omega} \frac{\partial k}{\partial x_j} \frac{\partial \omega}{\partial x_j}, \ 10^{-20} \right] \tag{3.19}$$

μ_t 为湍流黏性系数, 其表达式如下:

$$\mu_t = \frac{\rho k}{\omega} \frac{1}{\max\left[\dfrac{1}{\alpha^*}, \dfrac{\Omega F_2}{\alpha_1 \omega} \right]} \tag{3.20}$$

其中，Ω_{ij} 为旋率，其表达式为

$$\Omega = \sqrt{2\Omega_{ij}\Omega_{ij}} \tag{3.21}$$

Γ_ω 表示 ω 的有效扩散项，其表达式为

$$\Gamma_\omega = \mu + \frac{\mu_t}{\sigma_\omega} \tag{3.22}$$

σ_ω 表示 ω 的湍流普朗特数，其表达式为

$$\sigma_\omega = \frac{1}{\dfrac{F_2}{\sigma_{\omega,1}} + \dfrac{1 - F_2}{\sigma_{\omega,2}}} \tag{3.23}$$

$$F_2 = \tanh(\Phi_2^2) \tag{3.24}$$

$$\Phi_2 = \max\left[2\frac{\sqrt{k}}{0.09\omega y}, \frac{500\mu}{\rho y^2 \omega}\right] \tag{3.25}$$

Y_k 表示湍流动能的耗散项，其表达式为

$$Y_k = \rho\beta^* k\omega \tag{3.26}$$

其中，β^* 的表达式为

$$\beta^* = \beta_i^*\left[1 + \zeta^* F(M_t)\right] \tag{3.27}$$

$$\beta_i^* = \beta_\infty^*\left[\frac{\dfrac{4}{15} + \left(\dfrac{Re_t}{R_\beta}\right)^4}{1 + \left(\dfrac{Re_t}{R_\beta}\right)^4}\right] \tag{3.28}$$

其中，$F(M_t)$ 表示可压缩性函数，其表达式为

$$F(M_t) = \begin{cases} 0, & M_t \leqslant M_{t0} \\ M_t^2 - M_{t0}^2, & M_t > M_{t0} \end{cases} \tag{3.29}$$

$$M_t^2 = \frac{2k}{a^2} \tag{3.30}$$

$$a = \sqrt{\gamma RT} \tag{3.31}$$

Y_ω 表示 ω 的耗散项,其表达式为

$$Y_k = \rho\beta\omega^2 \tag{3.32}$$

其中,β_i 定义为

$$\beta_i = F_1\beta_{i,1} + (1 - F_1)\beta_{i,2} \tag{3.33}$$

SST $k\text{-}\omega$ 模型建立在标准 $k\text{-}\omega$ 模型和标准 $k\text{-}\varepsilon$ 模型基础上,综合考虑,得到正交发散项 D_ω,其表达式为

$$D_\omega = 2(1 - F_1)\rho\sigma_{\omega,2}\frac{1}{\omega}\frac{\partial k}{\partial x_j}\frac{\partial \omega}{\partial x_j} \tag{3.34}$$

（3）计算域及网格划分。计算域包括激励器腔体、射流喉道和外部流场三部分,其网格划分如图 3.39 所示。受到计算资源的限制,本小节所进行的均为二维数值模拟,总的计算网格数约为 8 万。其中,激励器的尺寸与文献[9]实验中所使用的激励器尺寸相同,具体尺寸如图 3.39 中局部放大图所示。外部流场的长度为 150 mm,高度为 50 mm。为了使得来流边界层能够得到足够的发展,设置射流喉道距外部流场左端入口 80 mm。

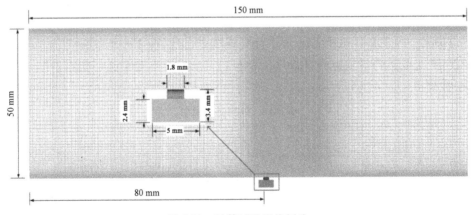

图 3.39　计算域及网格划分

为了对激励器腔体和射流喉道内流场的剧烈变化进行比较准确的模拟,对这两部分的网格进行局部加密,网格尺寸保持为 0.02 mm×0.02 mm。对外部流场的上、下壁面边界层进行加密,第一层网格高度为 0.01 mm,网格增长率为 1.1,使得壁面 y^+ 最大值小于 2。另外为了能够捕捉到较好的激波结构,对激励器及其下游局部区域的网格也进行加密。对于外部流场其他区域,使网格最大边长约为 1 mm。

（4）边界条件。外部流场上边界、下边界设为无滑移绝热壁面，左端设为压力入口，右端为压力出口，根据马赫数的不同来流总压分别设置为 36.5 kPa（$Ma=2$）、171.4 kPa（$Ma=3$）和 708.5 kPa（$Ma=4$），静压保持为 4 666.27 Pa，总温保持为 300 K。激励器腔体和射流喉道边界设为等温壁面，壁面温度为来流静温。

根据文献[9]，激励器工作过程中可以将整个腔体视为放电通道，并作为能量注入区域，在放电电流为 3.5 A 条件下，单次放电注入电能约为 40 mJ，能量注入过程主要集中在放电开始 5 μs 内，电能到气体热能的转换效率约 10%。根据第 2 章中的基本假设认为气体加热在时间和空间上为均匀分布，可以得到能量注入区域的功率密度 $\dot{q}_{el}$ 为

$$\dot{q}_{el} = \frac{\eta_e \times E}{V \times \tau} \tag{3.35}$$

式中，气体加热的效率 $\eta_e = 10\%$；腔体体积 $V = 90.5$ mm³；注入时间 $\tau = 5$ μs，注入电能 E 根据下文不同算例分别设定为 30 mJ、40 mJ、100 mJ、150 mJ 和 200 mJ。

2）计算结果分析

（1）计算算例。为了研究注入电能大小及来流马赫数对射流与主流干扰特性的影响，本文选取如表 3.14 所示计算算例进行分析。Case1~Case5 为不同注入电能大小下的对比算例，Case4、Case6 和 Case7 为不同来流马赫数下的对比算例。

表 3.14　计算算例说明

算　例	E/mJ	马赫数
Case1	30	3
Case2	40	3
Case3	100	3
Case4	150	3
Case5	200	3
Case6	150	2
Case7	150	4

（2）射流与主流相互干扰特性分析。本节首先选取 Case2 进行分析，其注入电能大小与来流马赫数均与文献[9]中实验条件相同。

图 3.40 所示为 Case2 放电开始后不同时刻局部流场速度矢量图。由图可

知,在放电开始后 5 μs,激励器出口处已有较强的扰动;在放电开始后约 9 μs,速度扰动开始穿过边界层(厚度约为 2.22 mm),并且此时在激励器出口上游已出现分离区;在放电开始后约 12 μs,激励器出口处的速度达到最大值,最大速度约为 344 m/s,上游分离区持续增大;在放电开始后约 31 μs,上游分离区达到最大,分离点至激励器出口的距离约为 3.24 mm;在放电开始后约 39 μs,上游分离区消失;在放电开始后约 125 μs,激励器出口的质量流率由正变负,激励器开始进入回填阶段;到放电开始后约 270 μs,激励器回填的质量流率达到最大值约 1.24×10^{-6} kg/s。

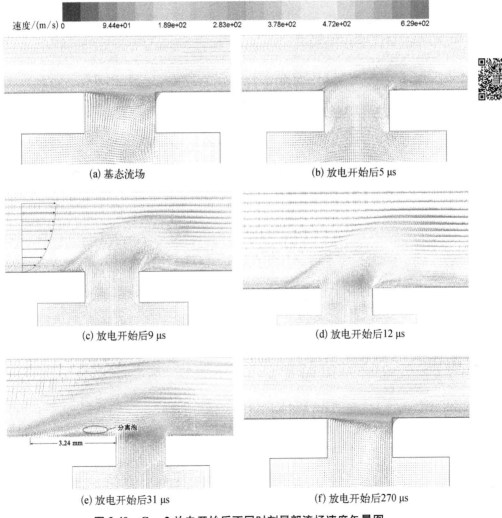

图 3.40　Case2 放电开始后不同时刻局部流场速度矢量图

图 3.41 所示为 Case2 放电开始后不同时刻局部流场密度云图。由图可知,由于横向射流对超声速主流的阻碍作用,在流场中可以产生激波,此时的激波不再是静止空气中喷流时产生的球对称结构的前驱激波,而是先由射流喷出早期的弓形激波(图 3.41 中放电开始后 13 μs、18 μs)逐渐发展成为一道较弱的斜激波(图 3.41 中放电开始后 25 μs、35 μs)。激波的强度呈现先增强后逐渐减弱的变化趋势,弓形激波大约在放电开始后 18 μs 达到最强,之后逐渐衰减为一道斜激波,随着时间的推移,斜激波的强度进一步减弱,角度逐渐减小。此外,与激波所形成的高密度区相对的是下方的高温低密度射流,在放电开始后 25 μs、35 μs,射流锋面距激励器出口的流向距离分别约为 9.11 mm、14.39 mm,据此估算,射流锋面的移动速度约为 528 m/s,与超声速主流速度 622.73 m/s 存

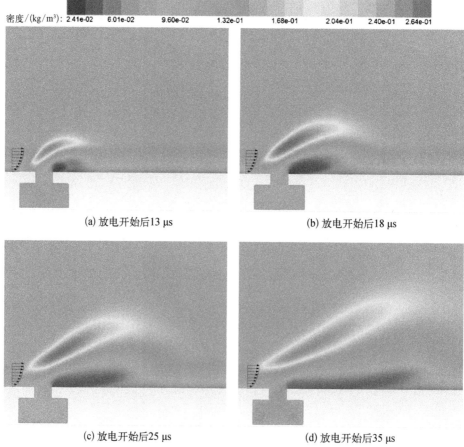

(a) 放电开始后13 μs　　　　　　　　(b) 放电开始后18 μs

(c) 放电开始后25 μs　　　　　　　　(d) 放电开始后35 μs

图 3.41　Case2 放电开始后不同时刻局部流场密度云图

在较大差距,这是由于在 Case2 的注入电能大小和来流马赫数条件下,射流强度相对较小,在放电开始后 25 μs 至 35 μs,射流仍主要停留在来流速度较低的边界层内。

此外,超声速主流的存在也对激励器的工作性能具有重要影响。图 3.42 所示为激励器出口质量流率(正值表示从激励器喷出)和腔体内气体密度随时间的变化曲线,其中,图 3.42(a)为 Case2 结果,图 3.42(b)为相对应的在静止空气中喷流的结果,两种条件下激励器尺寸、注入电能大小、环境静压及气体总温保持相同。由图 3.40(f)和图 3.42 可知,激励器在超声速条件下工作时,由于外部气体具有一定的流向速度,单纯依靠激励器腔体的负压来吸收外部空气变得更加困难,因此在超声速条件下激励器腔体的回填速率相比静止条件下大幅降低,这将导致激励器高频工作时更容易因没有足够的工质回填而出现熄火,使激励器工作频率的提高受到很大限制。

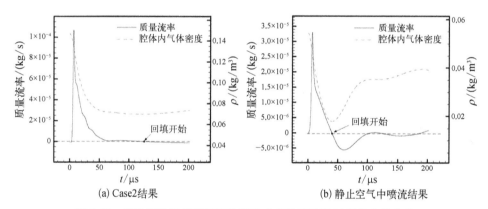

图 3.42　激励器出口质量流率和腔体内气体密度随时间的变化曲线

(3)计算结果与实验结果对比。图 3.43 所示为文献[9]给出的放电开始后 35 μs 等离子体合成射流与超声速主流干扰特性的实验纹影图。图中白色实线为射流诱导产生的激波所在位置,此外在激波下方还可以看到一片较亮的区域,根据刀口摆放位置可以判断此区域密度较低,正是高温低密度射流所在的区域,图中白色虚线为射流中心线所在位置。实验中的边界层厚度 $\delta = 4$ mm,通过估算得到射流中心线的最大穿透深度约为 1.5 倍边界层厚度。

图 3.44 所示为相同注入电能大小和来流马赫数条件下的 Case2 计算得到的放电开始后 35 μs 流场密度云图,其中白色实线和虚线为图 3.43 中所标示的实验所得激波和射流中心线位置。由图可知,数值仿真所得到的激波位置和角度与

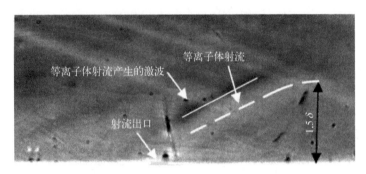

图 3.43   放电开始后 35 μs 实验纹影图

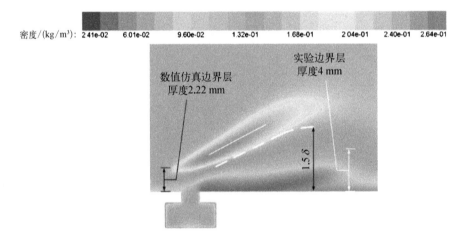

图 3.44   Case2 放电开始后 35 μs 流场密度云图

实验结果吻合。但是数值仿真所得到的射流位置与实验结果差别较大,仿真得到的射流的穿透度要远小于实验结果,射流的移动速度要大于实验结果,分析认为误差存在以下两个原因:一是数值仿真时的来流边界层厚度仅为 2.22 mm,要远小于实验时的 4 mm,这导致数值仿真时近壁面处主流的流向速度要远大于实验,因此主流对于射流的纵向阻碍作用更大,流向夹带作用也要更强,使得射流纵向穿透度减小,而流向移动速度加快,实验时的厚边界层相当于为横向射流创造了一个较大的低速缓冲区域,使得射流穿透度大大提高;二是本节所采用的二维模拟与真实情况存在一定偏差,二维条件下所得到的射流速度要明显小于真实情况,这导致射流的穿透度更加小于实验结果。

(4)注入电能大小对干扰特性的影响。射流与主流的动量通量比 J 是表征射流相对强度的一个重要参数,其表达式为[9]

$$J = (\rho_j u_j^2 / \rho_\infty u_\infty^2) \qquad (3.36)$$

式中, ρ_∞ 和 u_∞ 分别表示主流的密度和速度,在工况一定时可以视为常数。

ρ_j 和 u_j 分别表示射流的密度和速度,在射流喷出过程是随时间变化的,因而动量通量比 J 也为时间的函数。为了对射流的相对强度进行分析,本节选取了各个工况下的最大动量通量比 J_{max} 进行分析,图 3.45 所示为不同注入电能大小条件下 J_{max} 的变化曲线。由图可知,在注入电能 30~200 mJ 条件下,射流的动量通量可以与主流达到相同量级。在来流马赫数不变的情况下,随着注入电能的增加,激励器腔体内的温升及压升增大,因而产生的射流强度不断增加。

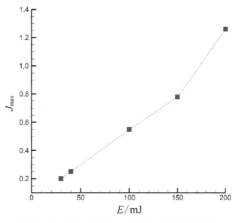

图 3.45　J_{max} 随注入电能大小变化曲线

由图 3.40(e)可知,随着射流的喷出,射流对主流的阻碍作用会导致激励器出口上游出现分离区,并出现涡结构。与定常射流形成的稳定分离区不同,此时的分离区会随着射流的喷出先逐渐增大,在某一时刻分离距离会达到最大值,之后随着射流的衰减,分离区将逐渐减小直至最后消失。图 3.46 所示为不同注入电能大小条件下激励器上游最大分离区变化,图 3.47 所示为分离区长度随注入电能大小变化曲线。由图可知,随着注入电能的增加,射流对主流的阻碍作用不断增强,射流诱导的上游分离区长度增大。图 3.48 所示为最大分离区出现时间随注入电能大小变化曲线,由图可知,随着注入电能的增加,不仅分离区尺寸变大,而且由于射流作用时间的延长,分离区存在的时间也会相应增长。

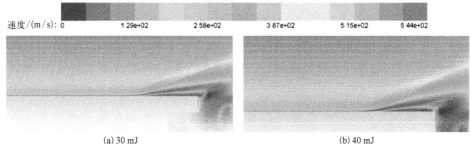

速度/(m/s): 0　　1.29e+02　　2.58e+02　　3.87e+02　　5.16e+02　　6.44e+02

(a) 30 mJ　　　　　　　　　　　　　　　　　(b) 40 mJ

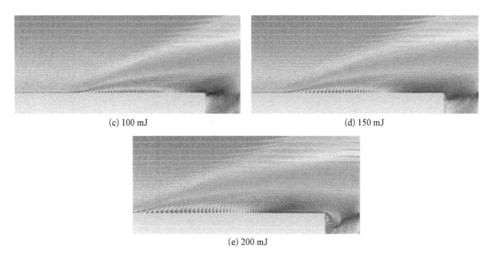

(c) 100 mJ　　　　　　　　　　　　(d) 150 mJ

(e) 200 mJ

图 3.46　不同注入电能大小条件下激励器上游最大分离区变化

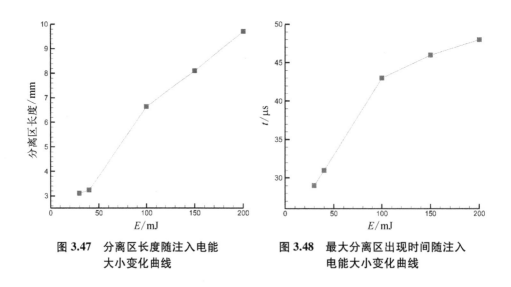

图 3.47　分离区长度随注入电能　　　图 3.48　最大分离区出现时间随注入
　　　大小变化曲线　　　　　　　　　　电能大小变化曲线

　　图 3.49 所示为不同注入电能大小条件下弓形激波达到最强时的密度云图,图 3.50、图 3.51 为对应的激波前后密度比、压强比变化曲线。由图可知,随着注入电能的增加,射流诱导的激波强度和角度不断增大,激波弯曲程度也不断增强。并且,随着注入电能的增加,弓形激波达到最强的时刻不断提前,如图 3.52 所示。

　　(5) 来流马赫数对干扰特性的影响。图 3.53 为不同来流马赫数条件下(来流总压不同、静压改变)J_{max}的变化曲线,其中注入电能均为 150 mJ。由图可知,在来流静压一定的情况下,随着马赫数的增加,J_{max} 显著降低。分析可知,随着马赫数的增加,主流速度 u_∞ 增大。同时主流总压也会增加,因而对射流的阻碍作用随之增强,导致射流速度 u_j 降低。在两者的共同作用下 J_{max} 出现显著降低。

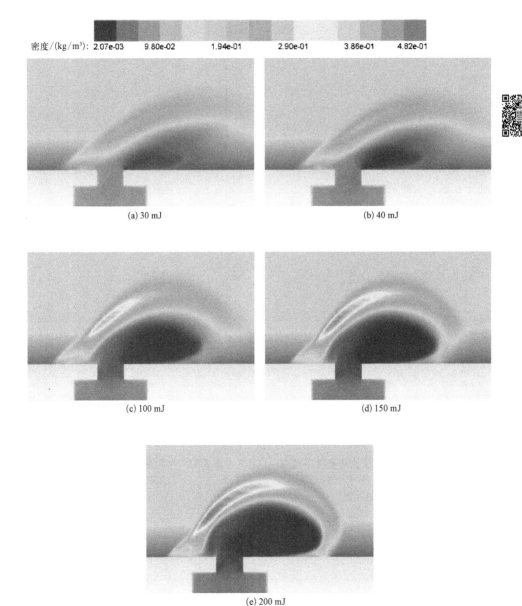

图 3.49　不同注入电能大小条件下弓形激波达到最强时的密度云图

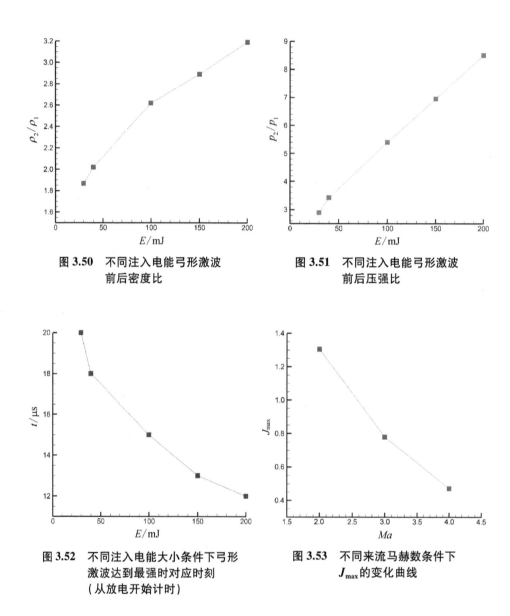

图 3.50　不同注入电能弓形激波
　　　　前后密度比

图 3.51　不同注入电能弓形激波
　　　　前后压强比

图 3.52　不同注入电能大小条件下弓形
　　　　激波达到最强时对应时刻
　　　　（从放电开始计时）

图 3.53　不同来流马赫数条件下
　　　　$J_{\max}$ 的变化曲线

　　图 3.54 所示为不同来流马赫数条件下激励器上游最大分离区变化,图 3.55 所示为分离区长度随来流马赫数变化曲线。由图可知,在相同注入电能条件下, 来流马赫数对分离区长度影响不大,随着马赫数增加,分离区长度略有增大,但整体变化幅度很小。

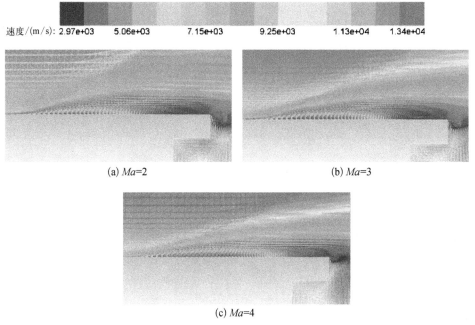

速度/(m/s): 2.97e+03　　5.06e+03　　7.15e+03　　9.25e+03　　1.13e+04　　1.34e+04

(a) *Ma*=2　　　　　　　　　　　　　(b) *Ma*=3

(c) *Ma*=4

图 3.54　不同来流马赫数条件下激励器上游最大分离区变化

图 3.56 所示为不同来流马赫数条件下弓形激波达到最强时的密度云图，图 3.57、图 3.58 为对应的激波前后密度比、压强比变化曲线。由图可知，随着来流马赫数的增加，弓形激波的角度不断减小，但强度增大。从图 3.58 中可以看到，随着马赫数的增大，弓形激波波后压力显著增加。由于来流的密度也会相应增大，因此激波前后的密度比增加并不十分显著，如图 3.57 所示。随着马赫数的增大，弓形激波达到最强的时刻不断推迟，如图 3.59 所示。

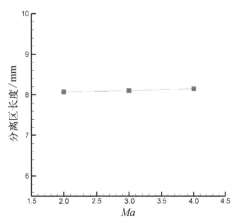

图 3.55　分离区长度随来流马赫数变化曲线

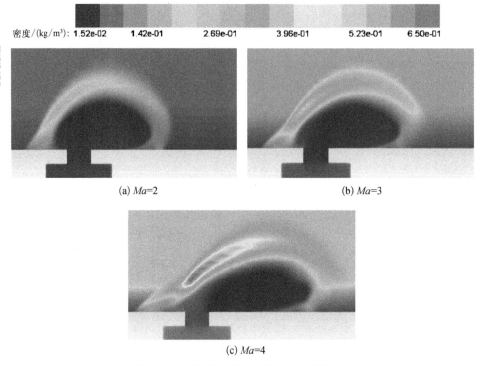

(a) *Ma*=2

(b) *Ma*=3

(c) *Ma*=4

图 3.56 不同来流马赫数条件下弓形激波达到最强时的密度云图

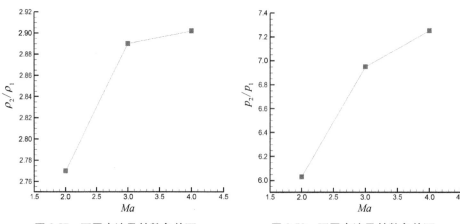

图 3.57 不同来流马赫数条件下
弓形激波前后密度比

图 3.58 不同来流马赫数条件下
弓形激波前后压强比

2. 流场干扰特性实验研究

1）超声速静风洞系统

基于等离子体合成射流的超声速流动控制实验研究，是在国防科技大学高超声速冲压发动机技术重点实验室超声速流动机制研究实验平台上进行的。为实现喷管层流化，降低风洞实验段噪声，提高来流品质，扩展实验段光学观测自由度，提高风洞实验能力，实验风洞为采用一体化设计的低湍流度超声速静风洞，图 3.60 为其结构示意图及实物照片。

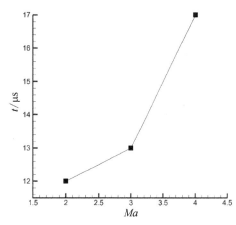

图 3.59　不同来流马赫数条件下弓形激波达到最强时对应时刻（从放电开始计时）

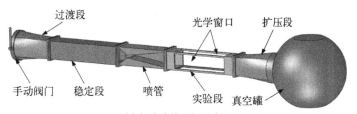

(a) 超声速静风洞示意图

(b) 超声速静风洞实物照片

图 3.60　超声速静风洞系统

超声速静风洞主要由过渡段、稳定段、喷管、实验段、扩压段及真空罐等部分组成，如图 3.60(a)所示。超声速静风洞结构采用直连式，这种结构方式相比于自由射流式风洞，可以消除喷管出口处的菱形区和波系结构，这样不仅可以避免菱形区尺寸对实验段有效区域的限制，也能够消除波系结构对实验段流场的干扰。风洞采用吸气方式运行,通过其上游口径较大的过渡段直接从大气中收集气体,从而有效避免了下吹式风洞所需的复杂供气系统,同时还可以提高来流均匀性,有效降低实验段来流湍流度。过渡段的作用就是使入口处的气流比较均匀地进入到稳定段。通过稳定段进一步降低来流湍流度,气流进入喷管部分。喷管负责提供实验段所需的超声速均匀来流条件。该超声速风洞的喷管段是可更换的,从而满足不同流场马赫数的实验要求。风洞的喷管段是超声速风洞的核心部分,喷管型面设计的好坏直接影响实验段的流场品质。该风洞喷管的型面设计采用基于 B-样条曲线的设计方法,充分考虑喷管和实验段的消波处理及非接触光学测量的实际需求,可以极大改善喷管出口的流场品质。风洞实验段尺寸为 200 mm(宽)×200 mm(高)×400 mm(长),实验段四个方向均开有大尺寸观察窗,便于从各个方向对流场结构进行观测;实验段下游通过扩压段与真空罐相连。

实验过程中,超声速静风洞运行马赫数为 2,气源为大气,下接真空罐。由来流总压和总温可得到喷管出口的气流参数为

$$\frac{p_0}{p} = \left(1 + \frac{\gamma - 1}{2}Ma^2 \right)^{\frac{\gamma}{\gamma - 1}} \tag{3.37}$$

$$\frac{T_0}{T} = 1 + \frac{\gamma - 1}{2}Ma^2 \tag{3.38}$$

式中, $p_0 = 1$ atm $= 1 \times 10^5$ Pa; $T_0 = 300$ K; 比热比 $\gamma = 1.4$。 由此可得到在该设计马赫数下实验段对应的静压 $p = 13$ kPa 和静温 $T = 163$ K。

为消除风洞起动和关闭时产生的瞬态扰动对超声速层流流场的影响,吸气式超声速静风洞需要有足够长的运行时间。风洞运行时间 t 是真空罐容积 V、喷管喉部截面积 A_{cr}、马赫数及来流总温的函数:

$$t = \frac{V}{KA_{cr}R\sqrt{T_0}} \left(1 + \frac{\gamma - 1}{2}Ma^2 \right)^{\frac{-\gamma}{\gamma - 1}} \tag{3.39}$$

式中,真空罐容积 $V = 1\,000$ m³; K 为与气体常数有关的常数,对于空气取为 $K = 0.040\,42$,静风洞喷管出口尺寸为 200 mm×200 mm。由式(3.39)算出该超声速静风洞的运行时间大于 10 s,若考虑到扩压器内激波串的隔离作用,运行时间还可大大延长,实验表明其实际运行时间可达 20 s 以上。超声速静风洞实验段流场基本参数如表 3.15 所示。

表 3.15　超声速静风洞实验段流场基本参数

物 理 量	数　值
马赫数	2
总压 p_0/atm	1
总温 T_0/K	300
静压 p/kPa	13
静温 T/K	163
声速 a/(m/s)	222
速度 U/(m/s)	512
密度 ρ/(kg/m³)	0.278
黏性系数 μ/[(N·s)/m²]	11.6×10^{-6}
单位雷诺数 Re/(1/m)	12.67×10^{6}
运行时间/s	>20

为验证风洞的流场品质,确保实验的准确性,实验之前需要对风洞进行流场校测。流场校测采用纹影和压力测量实验相结合的方式进行,校测的具体过程可以参考文献[13]和[14]。校测结果表明测量区域内流场保持有较好的层流状态,层流边界层上方流场速度分布波动很小,瞬态速度最大波动误差不超过1%,喷管出口马赫数分布的绝对误差小于2%,说明实验段流场品质较高,能够满足实验测量的要求。

2) 实验模型

为便于观测,实验中设计了安装于风洞均匀来流中的支架系统作为超声速流场中等离子体合成射流流动特性与应用特性研究的实验平台,与风洞的整体安装方式如图 3.61 所示。

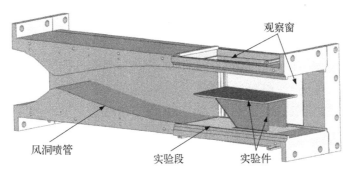

观察窗

风洞喷管　　实验段　　实验件

图 3.61　实验支架系统构型图

　　实验件的安装结构布局及坐标定义如图 3.62 所示。实验件组成主要包括前缘锐化的开有射流出口孔的风洞中心平板、三电极等离子体高能合成射流激励器、激励器支座、支架和风洞底板,当激励器用于激波控制时,还包括用于产生激波的直径为 $D=15$ mm 的圆柱。

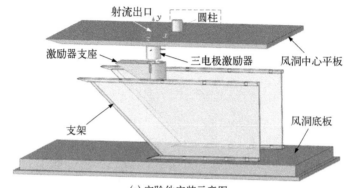

(a) 实验件安装示意图

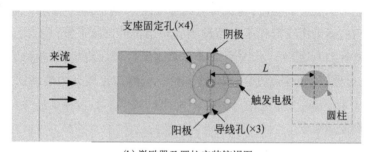

(b) 激励器及圆柱安装俯视图

图 3.62　实验件安装结构布局图

　　由于平板前缘下方斜激波结构的存在,平板下方流动的压力要大于平板上方流动的压力,平板下方的高压力流动可以从风洞实验段平板两侧的空隙进入平板的上方,导致流场出现压力脉动,在平板上方超声速流场中产生弱激波,并导致边界层增厚。为隔离超声速流场中各安装组件产生的流场扰动,获得稳定的超声速层流实验流场,风洞中心平板尺寸选为 320 mm(长)×196 mm(宽)。中心平板上开的出口孔即作为等离子体合成射流的出口。激励器结构与前文中三电极等离子体合成射流激励器结构相同,其腔体高度和直径分别为 10 mm 和 7.5 mm,体积约为 450 mm³,阳极-阴极电极间距为 4 mm。实验中为便于激励器的安装和固定,加工有呈梯形截面状的激励器支座,并通过螺栓连同激励器一起固定在中心平板下底面。支座上还开有导线孔,用于连接激励器电极与高压电源。为保证实验的安全性,支座材料选用电绝缘性较好的聚四氟乙烯。中心平板通过一对不锈钢支架固定于风洞底板,为防止平板下方复杂的激波系结构引起实验段堵塞,导致风洞不起动,中心平板至风洞底板要有足够的空间,在此支架高度选为 120 mm。实验表明,风洞能够正常起动,平板上方可以建立稳定的层流流场。激励器射流出口孔距离风洞中心平板前缘 120 mm,当开展激波控制研究时,圆柱体可被置于射流出口下游同轴线不同位置处,对比研究 D 型和 U 型射流不同的激波控制效果。

实验方法仍采用与前文相同的高速阴影技术,通过对采集的流场阴影图片的分析进行射流干扰与激波控制研究。

3) 等离子体合成射流与超声速主流干扰特性研究

(1) 干扰流场发展及特性。图 3.63 为等离子体合成射流激励器不工作时,马赫数 2 的超声速静风洞基本流场结构。图中超声速气流流动方向从左向右,激励器布置位置也在图中标出。由图可知,即使无等离子体合成射流喷入,超声速流场中仍存在多道强弱不同的安装激波及反射波。这些安装激波主要是实验段开窗与实验段安装、实验件与底板等安装时无法严格平滑过渡及中心平板加工误差和射流出口造成的。静风洞工作过程中,由于供应系统气流的不稳定及超声速气流本身的非定常性,流场中的安装激波及其反射激波的位置均有较小幅度的振荡,但实验表明,这对于等离子体合成射流与超声速主流干扰结构的影响较小,可以忽略不计。测得基本流场激波角约为 30.2°,其测量误差为 ±1°。马赫数 2 的超声速气流理论激波角为 30°,因此超声速实验马赫数及测量精度均可以满足实验要求。

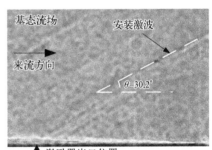

图 3.63　马赫数 2 主流中无射流基本流场结构

图 3.64 为激励器一个工作周期内,等离子体合成射流与超声速主流干扰流场的发展过程。其中激励器出口直径 $d=3$ mm,放电电容大小为 $C=3$ μF,t 为放电开始后的时刻。由图可知等离子体合成射流可以实现对马赫数 2 的超声速主流的有效扰动,而且与主流的干扰过程中产生非定常的弓形激波和大尺度涡结构。

$t=12.5$ μs 时,射流刚刚形成,激励器布置处已经有明显的扰动产生,干扰效果尚不明显,表明等离子体合成射流激励器快速的射流响应特性可以实现受控流场的快速的扰动,这对实现超声速/高超声速飞行器快响应气动力控制具有重

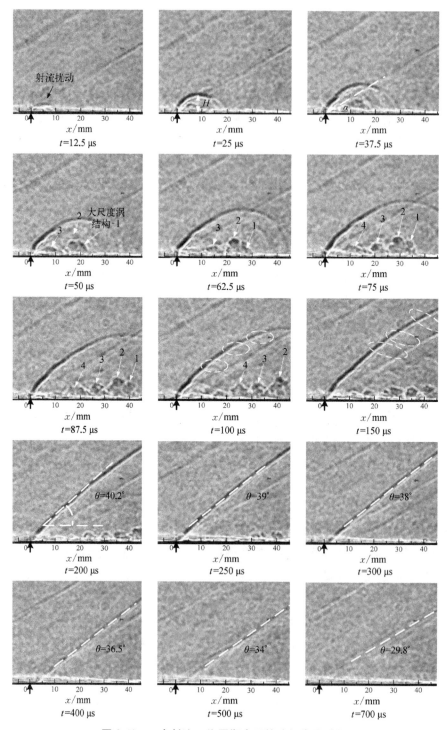

图 3.64　一个射流工作周期内干扰流场发展过程

要意义。当 $t=25$ μs 时,激励器出口处出现一道明显的干扰激波,激波下方出现湍流射流结构。此时激波仍基本呈球对称结构,由于超声速主流的影响,相对于静止环境条件下的等离子体合成射流"前驱激波"结构,球对称中心不再是射流出口。这表明在干扰激波的产生效应中,"前驱激波"可能起到更重要的作用。随着干扰流场的发展,干扰激波开始抬升,球对称结构遭到破坏,激波开始呈弓形结构,而且激波最高点至中心平板距离增大。湍流射流在向下游的运动过程中不断有新的大尺度旋涡结构产生、加入,而且涡运动以流向为主,几何高度虽然增加,但变化相对较小。通过连续两帧图片间同一涡结构运动距离的测量可以发现,12.5 μs 时间间隔内大尺度涡的运动距离约维持为 6.3 mm,据此推算,涡的运动速度约为 505 m/s,这一速度与超声速主流速度(512 m/s)基本一致。当 $t=100$ μs 和 150 μs 时,干扰激波上出现有小的弱激波分支结构,文献[15]认为这是由射流"前驱激波"的作用产生,但考虑到干扰激波前期阶段的球对称结构并结合定常射流干扰流场分析[16],在此认为弱激波分支结构的产生是由于射流大尺度涡结构非定常运动及激励器腔体内压力脉动共同作用的结果。

当 $t=200$ μs 时,干扰激波已经发展成典型的斜激波结构,且激波角最大达到约 40.2°。当 $t>300$ μs 时,近壁面大尺度涡结构已经脱离观察区域,但斜激波仍然存在,只是激波强度逐渐减弱。同时在超声速主流的作用下,随着时间的推移,激波角角度减小,激波角位置向下游移动。当 $t=700$ μs 时,等离子体合成射流的影响作用已经非常微弱,流场中斜激波角度减为约 29.8°,基本恢复为无干扰射流的基本流场,因此可以认为该工况下的等离子体合成射流对马赫数 2 的超声速主流影响作用时间约为 700 μs。

图 3.64 的结果表明,等离子体合成射流在超声速流场中可以产生较强的弓形/斜激波和大尺度涡结构,激波结构具有更大的影响区域,射流结构可以实现边界层动量/能量注入。在主动流动控制应用中,将根据控制对象和受控流场特性的不同,决定何种扰动方式起主要作用。

在等离子体合成射流与超声速主流干扰流场中,所产生的干扰激波和射流大尺度结构是干扰特性的重要表现形式,也是评价等离子体合成射流超声速流动控制能力的重要准则。图 3.65 为射流发展前期阶段($t \leqslant 1\,250$ μs)所形成的弓形激波和大尺度涡结构高度随时间的变化。弓形激波高度反映了干扰激波的影响区域,射流结构高度则决定了射流对主流的扰动能力。由图 3.65 可知,随着干扰流场的发展,弓形激波高度基本按线性增长,直至变为图 3.64 中的斜激波,而射流结构高度增大,速度则逐渐减小。弓形激波高度线性增大的机制目前

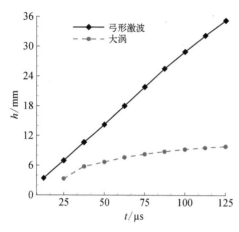

图 3.65 射流发展过程中弓形激波高度及
大尺度涡结构高度随时间的变化

尚不清楚,但射流高度增加变缓则是由于在射流向下游运动中,旋涡耗散,强度减弱,主流对涡结构纵向发展的抑制作用越来越强,而由于主流的夹带作用流向结构发展较快所致。

定常射流喷入超声速主流时,根据射流总压的不同所形成的斜激波强度会发生变化,反映在纹影/阴影图像中即激波角度的变化。对于脉冲等离子体射流,在超声速主流中所形成的干扰激波结构及角度均为时变量,因此选择图 3.64 中 $t = 200 \ \mu s$ 时的最大

激波角作为等离子体合成射流干扰激波角。Ali 等[17]采用实验的方法研究了激波角随定常射流总压比(射流总压与超声速流总压之比,MPR)不同的变化情况,图 3.66 为等离子体合成射流产生的最大激波角度 θ 与实验和拟合结果的对比。由图可知,等离子体合成射流产生的最大激波角对应的定常射流总压比约为 4,由于超声速静风洞工作总压为 1 atm,因此可以推算放电过程中激励器腔体内压强最大可以达到约 4 atm。

图 3.67 为干扰流场发展过程中,射流大尺度结构与平板夹角 α 随时间的变化。由图可知,在测量时间范围内随着干扰流场的发展,α 快速减小,这与图 3.65

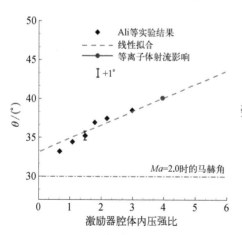

图 3.66 等离子体合成射流产生的激波
角度与实验和拟合结果对比

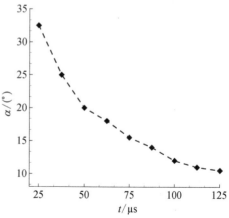

图 3.67 不同时刻射流大尺度结构与
平板夹角(α)的变化

中大尺度涡结构高度随时间变化的结果相符,即射流大尺度结构变化主要以平移为主,几何结构变化较小。

干扰流场中的大尺度涡结构在超声速流动控制中主要是实现动量/能量注入,因此在边界层转捩、流动分离抑制和近壁面掺混增强等方面具有重要应用。等离子体合成射流与超声速主流相互作用产生的干扰激波特性,可以通过激波角与定常射流激波角的比较评定,而射流大尺度结构除结构高度和与平板夹角变化外,还可以通过射流穿透度评定。

射流穿透度是描述与评价射流与超声速气流相互作用的重要指标之一,是高速气流中横向射流研究的基本内容。国内外众多研究中对于射流穿透度的定义和获取方法不尽相同,得到的结果差异较大,所提出的拟合公式也各式各样。采用 Gruber 等[18] 提供的拟合公式来拟合射流穿透度随动量通量比的变化,如下:

$$\frac{y}{dJ} = 1.23 \left(\frac{x}{dJ}\right)^{0.344} \tag{3.40}$$

式中,d 为射流出口直径,本书中 $d=3$ mm;J 为射流与主流的动量通量比。

由于等离子体合成射流温度无法精确测得,射流密度也无法确定,因此不能精确求得等离子体合成射流与马赫数 2 超声速主流的动量通量比。同时由于等离子体合成射流的非定常性,超声速主流中等离子体射流经历着产生—发展—耗散的过程,无法建立定常的干扰流场,在此选择不同阴影成像时刻大尺度涡结构高度作为等离子体合成射流对超声速主流的穿透度。据此测量的射流穿透度

与不同动量通量比拟合的定常射流穿透度的比较如图 3.68 所示。由图可知,根据射流穿透度的比较,腔体体积 450 mm³、放电电容 3 μF、工作击穿电压 1.6 kV 条件下的等离子体合成射流激励器,所产生的脉冲射流与马赫数 2 的超声速主流动量通量比约为 1.1,这也表明等离子体合成射流激励器具有较强的超声速流动控制能力。

前面章节的结果表明,三电极等离子体合成射流流场特性受电容大小、腔体体积和激励器出口直径的影

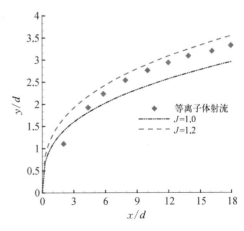

图 3.68　等离子体射流穿透度与定常射流不同动量通量比拟合值的比较

响,Spaid 等[19,20]关于平面模型上喷流干扰特性实验研究表明喷流压力比影响射流穿透度,缝宽度对流场影响同样不可忽略。下面将对等离子体合成射流激励器不同工作参数下超声速横向射流干扰流场特性进行研究。

3. 流场干扰特性参数规律影响研究

1）电容大小对流场干扰特性的影响

图 3.69 为电容 $C = 0.96\ \mu\text{F}$、$1.6\ \mu\text{F}$ 和 $3\ \mu\text{F}$ 时不同时刻干扰流场结构对比。

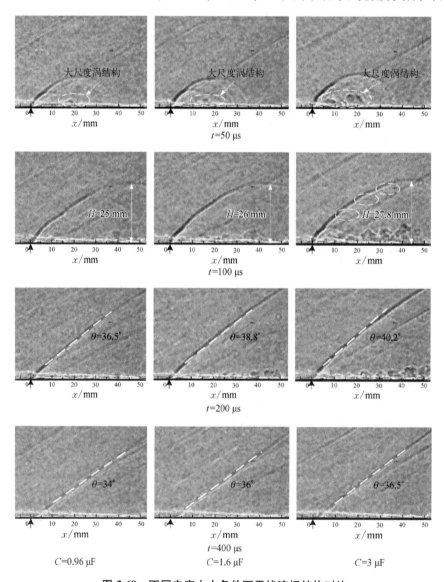

图 3.69　不同电容大小条件下干扰流场结构对比

由图可知即使 $C=0.96\ \mu F$ 时(电弧能量为 1.1 J),等离子体合成射流仍然可以实现超声速流场的有效扰动,但对流场的扰动强度则随着电容的增加而增大。当 $t=50\ \mu s$ 时,三种电容大小条件下的等离子体射流均在超声速流场中产生了一道弓形激波及近壁面的大尺度涡结构,但弓形激波覆盖区域则随着电容的增加而增大,表现在 $t=100\ \mu s$ 时刻的流场中即为弓形基本高度随电容的增加而增大。同时近壁面的大尺度涡结构也随着电容的增加而增大。而且当 $t=100\ \mu s$ 时,$C=0.96\ \mu F$ 和 $1.6\ \mu F$ 干扰流场中弓形激波上弱的分支结构也已经消失,这也再次表明弓形激波弱分支结构是由于大尺度涡结构的非定常运动产生。由 $t=50\ \mu s$ 和 $100\ \mu s$ 时的流场结构对比可知,大尺度涡结构向下游的运动距离随着电容的增加而明显增大,通过相邻时刻间涡运动距离推算,三种电容大小条件下的大尺度涡结构运动速度分别约为 410 m/s、440 m/s 和 505 m/s,即较小电容条件下的等离子体射流结构运动速度明显低于超声速主流速度。其原因在于随着大尺度涡结构的减小,其运动区域主要为靠近边界层的低速区域,高速主流对射流涡结构的加速作用减弱。

当 $t=200\ \mu s$ 时,$C=0.96\ \mu F$ 的等离子体射流干扰流场中已经没有明显的射流大尺度结构,所形成的激波角约为 36.5°。$C=1.6\ \mu F$ 和 $3\ \mu F$ 的干扰流场中射流大尺度结构依然明显,斜激波角度也相对较大,分别约为 38.8° 和 40.2°。随着干扰流场的发展,射流大尺度结构均远离观察区域,斜激波角度也进一步减小,当 $t=400\ \mu s$ 时,三种能量沉积大小的斜激波角分别约为 34°、36° 和 36.5°。对不同能量沉积大小下完整干扰流场发展过程分析发现,等离子体合成射流对超声速主流扰动作用时间随着电容的增加也逐渐增大,三种电容大小的流场干扰作用时间分别约为 550 μs、600 μs 和 700 μs。

不同电容大小等离子体合成射流与超声速主流相互作用过程中,产生的干扰弓形激波高度随时间的变化如图 3.70 所示。由图可知,弓形激波高度变化速率基本不受电容大小的影响,均以线性方式增长,但弓形基本高度绝对值则随电容的增加而增大。这是由于大的电容可以产生更多的能量

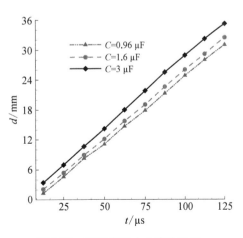

图 3.70　不同电容大小产生弓形激波高度随时间变化

沉积,形成强度较大的前驱激波,因此具有更强的超声主流穿透能力,可以更快地建立干扰弓形激波。

图 3.71 为不同电容大小射流所形成的激波角度与实验和拟合结果的比较。由于不同电容大小所产生的弓形激波强度不同,维持自身"弓"形结构、抵抗超声主流作用能力也不同,随着干扰流场的发展,从弓形激波演变为斜激波的时间也不一致,三种电容大小形成的斜激波最大角度分别约为 38°、39.2° 和 42°,在本实验 12.5 μs 的时间分辨条件下,最大激波角出现的时刻分别为 162.5 μs、175 μs 和 200 μs。由图 3.71 可知,三种不同电容大小射流形成的最大激波角度对应射流压比分别约为 3、3.5 和 4。这表明当仅需要等离子体合成射流以干扰激波作为高速流场主动控制作用机制时,较小的电容(能量沉积)即可实现激励器的高效应用。

图 3.72 为不同电容大小形成的射流穿透度与定常射流不同动量通量比拟合值的比较。由图可知电容大小对等离子体射流的流场穿透度具有较大的影响,当 $C=3$ μF 时,所形成的射流具有最大射流穿透度,其当量动量通量比约为 1.1。但当电容大小减小至 1.6 μF 时,射流穿透度迅速减小,当量动量通量比为 0.6~1.0。随着电容的进一步减小,当 $C=0.96$ μF 时,射流穿透度的减小变缓,当量通量比约为 0.6,这也与 Narayanaswamy 等[21] 在 $Ma=3$ 超声速主流中估算的动量通量比相一致。图 3.72 的结果表明,为实现等离子体合成射流较大的超声速主流穿透能力,腔体内的能量沉积大小需要达到某一临界阈值。图 3.71 和图 3.72 的结果即证明等离子体合成射流较强的高速流场控制能力,同时也表明超声速

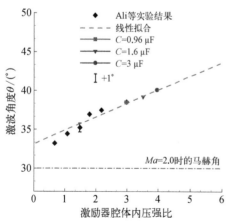

图 3.71　不同电容大小形成的激波角度与实验和拟合结果对比

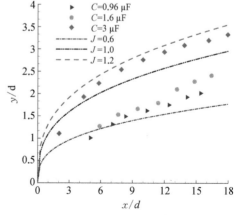

图 3.72　不同电容大小形成射流穿透度与定常射流不同动量通量比拟合值的比较

流动中脉冲射流具有更强的射流穿透度[22]。

2）激励器出口直径对流场干扰特性的影响

激励器出口直径会影响等离子体合成射流前驱激波和射流的速度特性，并改变射流宽度，也必然会对射流与超声速主流的干扰特性产生影响。图 3.73 为放电电容 $C=3\ \mu F$，激励器出口直径分别为 $d=1.5\ mm$、$3\ mm$ 和 $5\ mm$ 条件下，不

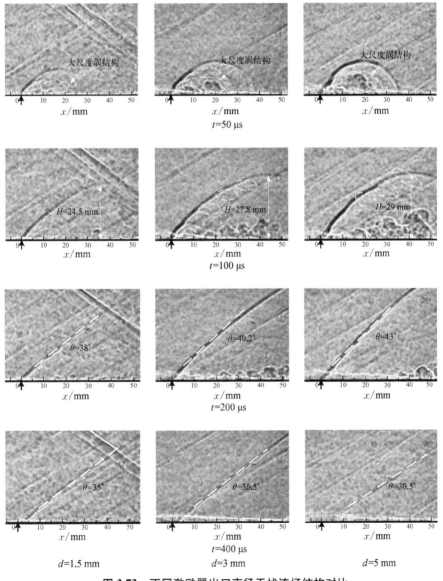

图 3.73　不同激励器出口直径干扰流场结构对比

同时刻干扰流场结构对比。由于实验时间不同,实验件的安装误差不一致,产生的基本流场中的激波结构不同,图 3.73 中 $d = 1.5$ mm 射流流场中具有更为明显的安装激波,但对于干扰流场的发展过程及特性的研究影响不大。

图 3.73 表明不同激励器出口直径条件下的等离子体合成射流与超声速主流的干扰流场在本质上具有相似的结构和发展过程,差别仅在于量的不同。例如当 $t = 50$ μs 时,不同出口直径的射流干扰流场具有相似的结构,但产生的干扰弓形激波高度和强度、大尺度涡结构则随着激励器出口直径的增加而增大,同时干扰激波在超声速主流中维持"弓形"的能力也随着出口直径的增加而增大。当 $t = 100$ μs 时,不同出口直径产生的弓形激波高度和强度都表现出较大的差别,而且弓形激波上小的扰动波强度也不同。$d = 1.5$ mm 时,干扰流场中产生的大尺度涡结构较小,弓形激波上无明显的扰动波存在,射流出口直径的增加,导致大尺度涡结构和非定常性增大,弓形激波上小的扰动波强度增加。由 $t = 50$ μs 和 100 μs 时刻的干扰流场还可以发现,$d = 1.5$ mm 的大尺度涡结构不仅高度较小,而且相同时刻相对于 $d = 3$ mm 和 5 mm 的射流结构向下游的移动距离也较小,即涡运动速度较低,而 $d = 3$ mm 和 5 mm 的射流结构具有大致相同的平移距离。通过涡运动距离推算,$d = 1.5$ mm 的射流速度约为 380 m/s,$d = 3$ mm 和 5 mm 的射流具有相同运动速度,约为 505 m/s。综合图 3.69 的结果可以说明,超声速主流对大尺度涡结构的夹带作用是影响近壁面射流速度的重要因素,对于较小的射流大尺度结构,由于近壁面边界层内低速流体的作用,射流速度将低于主流速度。当 $t = 200$ μs 时,不同激励器出口直径产生的干扰弓形激波均已发展成为斜激波,其激波角分别约为 38°、40.2° 和 43°。同时需要指出,$d = 1.5$ mm 和 $d = 5$ mm 的激励器斜激波最大角度并不出现在 $t = 200$ μs 时刻,而是分别出现在约 175 μs 和 212.5 μs 时刻,最大激波角分别约为 39° 和 44°。当 $t = 400$ μs 时,干扰激波强度和角度都明显减小,尤其是 $d = 5$ mm 的等离子体合成射流对超声速主流的影响作用已经基本消失,三种不同激励器出口直径下的射流对主流的干扰作用时间分别约为 600 μs、700 μs 和 400 μs。因此,虽然 $d = 1.5$ mm 的激励器可以产生维持时间更长、耗散更慢的等离子体射流,但由于射流和前驱激波的速度、强度较弱,在主流中的耗散作用加快,对超声速主流的干扰强度和作用时间都会减小。因此在利用等离子体合成射流实现超声速流动控制时,需要优化激励器出口直径的选择。

三种不同激励器出口直径产生的弓形激波高度随时间的变化如图 3.74 所示。由图可知激励器出口直径对弓形激波高度的影响与电容大小的影响基本相同,结合上一小节,也符合激励器出口直径对等离子体合成射流自身流动特性的影响。

不同激励器出口直径形成的最大激波角度与实验和拟合结果的对比如图 3.75 所示。由图可知 $d=1.5$ mm 的等离子体合成射流对应的定常射流压比约为 3.36,而 $d=5$ mm 的等离子体射流对应的定常射流压比高达 7。Ali 等[17]在实验过程中发现,当射流压比达到 7 时,射流阵列产生的强的弓形激波会导致其实验风洞的不起动,图 3.75 中压比为 7 的激波角为拟合值。本书实验研究中由于激励器为单射流工作,脉冲射流产生的强的弓形激波仅维持较短时间,而且风洞实验段尺寸较大,因此并无风洞不起动现象的发生。图 3.75 的结果表明增大激励器出口可以显著提高干扰激波的超声速流动控制作用效果,并有助于等离子体合成射流激励器超声速流动控制能力的提升。

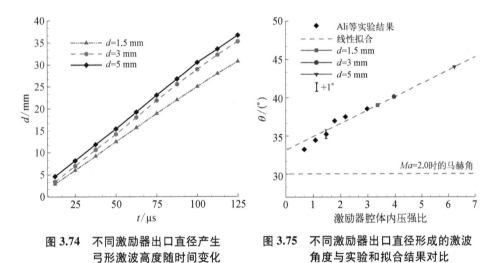

图 **3.74**　不同激励器出口直径产生　　　图 **3.75**　不同激励器出口直径形成的激波
弓形激波高度随时间变化　　　　　　角度与实验和拟合结果对比

从图 3.73 可以直观看出大的激励器出口直径能够形成几何结构更大的大尺度涡结构,不同激励器出口直径所产生的具体射流结构高度随时间的变化则如图 3.76 所示。其结果趋势与图 3.73 一致,当 $t=125$ μs 时,不同激励器出口直径的最大射流高度分别约为 5.3 mm、10 mm 和 14 mm。图 3.76 同时还表明,激励器出口直径对干扰流场中大尺度涡结构高度的影响作用随着出口直径的增加而减弱。虽然大的激励器出口直径可以在超声速主流中产生更大的射流结构,但不同激励器出口直径条件下的射流穿透度却具有不同的变化特性,其结果如图 3.77 所示。由图可知 $d=3$ mm 和 $d=5$ mm 的等离子体射流具有几乎一致的射流穿透度,而 $d=1.5$ mm 的射流穿透度则明显减小。综合前面的结果,由不同工况下等离子体合成射流穿透度与不同动量通量定常射流拟合值的比较结果，可以初步认为腔体体积为 450 mm³ 的激励器可以达到的与马赫数 2 超声速主流拟合动量当量比最大约为 1.1。

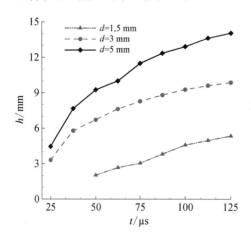

图 3.76 不同激励器出口直径产生的大尺度涡结构高度随时间的变化

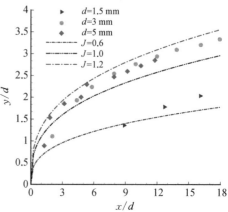

图 3.77 不同激励器出口直径形成射流穿透度与不同动量通量比拟合值的比较

3）射流倾角对流场干扰特性的影响

当等离子体合成射流激励器以射流式涡流发生器方式用于流场主动控制时，根据需要射流喷出方向的不同，激励器出口可以选择不同的倾角（β）和侧滑角（γ），典型射流式涡流发生器倾角及侧滑角的定义如图 3.78 所示。本文选择侧滑角均为 0°，倾角分别为 45° 和 90° 的激励器出口构型，研究射流倾角对流场干扰特性的影响。

图 3.79 为放电电容 $C=3\ \mu\mathrm{F}$、激励器出口直径 $d=3$ mm，射流倾角分别为 45° 和 90° 时不同时刻的干扰流场结构对比。由于超声速主流中不同射流压比产生的激波角度和不同动量通量比产生的射流穿透度，均是用以描述 90° 倾角（垂直喷射）射流的流场干扰特性，因此针对倾角为 45° 和 90° 的等离子体合成射流干扰特性对比研究中，仅选取其不同时刻的干扰流场结构作

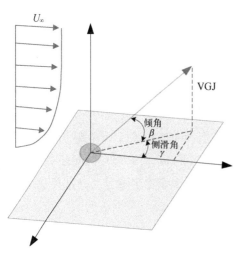

图 3.78 射流式涡流发生器（VGJ）倾角与侧滑角定义

简单分析。由图 3.79 可知，不同射流倾角产生的干扰流场具有不同激波强度/角度和射流大尺度结构，而 90°倾角射流产生的干扰激波强度和射流大尺度结构明显大于 45°倾角射流。对比 $t = 50\ \mu s$ 和 100 μs 时两个不同射流倾角干扰流场可以发现，90°倾角可以产生几何结构更大的大尺度涡结构，而 45°倾角所产生的射流结构具有更大的下游位移。通过涡对运动距离推算的两种射流速度大致相同，均约 505 m/s。45°倾角更大的下游位移应该是由于激励器腔体内射流刚刚形成时大的流向速度分量造成的，但当射流进入到超声速主流后，由于主流的夹带作用，大尺度结构均以相同的主流速度运动。

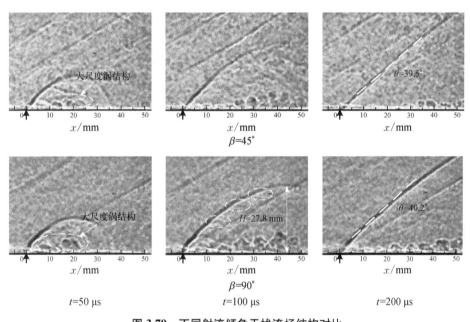

图 3.79　不同射流倾角干扰流场结构对比

较强的干扰激波强度，也使得干扰激波维持初始"弓"形的能力增强，并使得所产生斜激波角度增大，例如当 $t = 200$ ms 时，两种倾角射流的斜激波角度分别为 39.5°和 40.2°。同时，大的射流倾角也可以具有更长的主流干扰作用时间，45°和 90°倾角射流的主流干扰作用时间分别约为 625 μs 和 700 μs。

3.3.2　低频大能量激励器激波消除及弱化特性

1. 实验模型

横向等离子体合成射流激波控制实验装置如图 3.80、图 3.81 所示。图 3.80

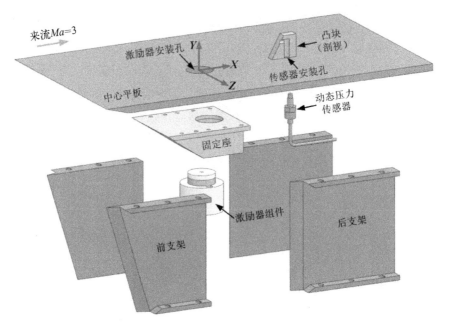

图 3.80   超声速横向等离子体合成射流实验装置风洞中安装示意图

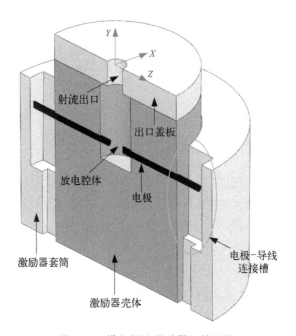

图 3.81   横向射流激励器组件结构

为整体安装示意图,为了便于观测和提高实验区域流场的品质,激励器及激波发生器安装于实验段中央的平板(中心平板)上,实验观测的核心区位于中心平板上方。中心平板通过前后左右四个支架安装于实验段的地方,安装时用水平仪进行校准,通过增加垫片将中心平板调整至水平,保证平板表面平行于来流方向。通过四个支架安装一方面是考虑安装的稳固性,另一反面是需要尽量在侧面留出较大空间,以方便激励器的安装及观察激励器的放电。为了避免变形,中心平板和支架采用刚度较大的碳钢材料,但是碳钢材料易生锈,因此需要进行表面发黑和喷漆处理。中心平板上表面的粗糙度等级 1.6,保证激励器射流出口处来流维持层流状态。

实验中采用斜劈凸块作为激波发生器,产生受控激波,凸块宽度为 15 mm,高度为 20 mm,在斜劈表面距离中心平板 15 mm 高度处开有测压孔,与动态压力传感器连通。斜劈粘接在中心平板上,动态压力传感器通过中心平板上的螺纹孔固定并用硅橡胶密封。激励器安装于中心平板下面,通过一个固定座进行安装,固定座与中心平板之间通过螺钉连接固定以承受较大的来流作用力,激励器与固定座之间通过过盈配合固定,以方便实验中快速更换激励器。激励器组件的结构如图 3.80 所示,出口盖板可以与中心平板上开的激励器安装孔紧密连接,出口盖板与激励器壳体之间通过硅橡胶固定密封,形成放电腔体。激励器壳体的侧面开有圆形小孔,可以将纯钨电极插入放电腔体内。纯钨电极与高压绝缘导线焊接在一起,为了避免焊接处漏电,在激励器壳体外面增加一个套筒,形成如图 3.81 所示电极-导线连接槽,在槽内灌注绝缘密封胶。

为了防止对流场产生较强干扰,影响实验观测核心区流场品质,甚至导致风洞阻塞,中心平板、前后左右支架、激励器固定座等部件的厚度要尽量薄,其前缘需要加工成角度尽量小的斜面,从而产生较弱的斜激波而不是强的脱体激波。横向射流实验中的约定坐标系如图 3.80、图 3.81 所示,坐标系原点位于射流出口的圆心,X 轴(流向)正方向为来流方向,Y 轴(法向)正方向垂直于水平面向上,Z 轴(展向)根据右手直角坐标系的原则确定。

2. 激波弱化和消除特性

图 3.82 所示为某一典型工况下横向等离子体合成射流激波控制流场演化过程,其中斜劈的角度等于 60°,激励器腔体体积 1 000 mm^3,射流出口直径 5 mm,射流出口距离斜劈前缘 50 mm,放电电容 640 nF。

在击穿放电时刻(0 μs),等离子体合成射流还未对流场产生干扰,因此可将其视为基态流场,由于中心平板前缘的存在,以及顶部的光学玻璃安装时与风洞

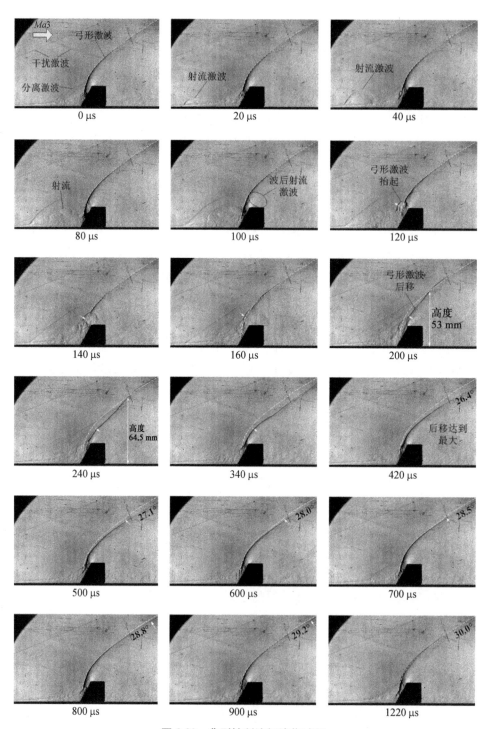

图 3.82　典型控制流场演化过程

主体之间存在的安装间隙,流场上游产生两道较弱的马赫波,来流层流边界层在斜劈前缘发生分离,形成斜劈前缘分离区和一道较弱的分离激波[23, 24]。由于斜劈角度较大,超过了马赫 3 条件下的临界偏折角(约 34.1°),因此无法形成附体斜激波,而是形成一道脱体激波,本实验中将其视为等离子体合成射流的控制对象(即受控激波),为了方便对比,脱体激波在基态流场中的位置在图 3.82 中用白色虚线表示。

放电开始后 20 μs,由于快速加热产生的冲击效果,流场中出现一道明显的激波,因此激波是由于等离子体合成射流与主流的相互干扰产生的,故为了与受控激波相区别,将其称为"射流激波",与静止流场条件下产生的球形前驱激波不同,射流激波受到来流的作用呈现椭球形。放电开始后 40 μs,射流激波在流向和法向进一步扩展,但在流向的移动速度明显更快,由于马赫数 3 条件下气流的密度较低(约为同一风洞马赫数 2 来流的 33.1%,大气密度的 7.6%),因此相比之前马赫数 2 来流实验结果,此处纹影观测到的射流形态较为模糊。放电开始后 80 μs,射流激波与受控激波接触、相交,一部分射流激波进入受控激波波后区域,由于波后静温、声速提高,因此波后部分的射流激波移动速度更快一些(图 3.82 中 100 μs)。放电开始后 120 μs,射流也抵达受控激波位置。

受控激波在控制作用下首先表现为"短时间局部前移",如图 3.82 中 120～160 μs 所示,此过程中高温射流的作用占据主导,高温射流使得局部流场温度、声速上升,产生阻塞作用,相当于扩大了斜劈的外形,因此受控激波在其压迫作用下向前(上游)移动。但是,由于高温射流很快便越过斜劈,在斜劈下游其穿透高度十分有限,无法进一步对受控激波产生作用,因此发挥作用的时间很短。在放电开始后 140 μs,受控激波的前移最显著,之后到放电开始后 160 μs,受控激波已很快大体恢复到基态位置,高温射流的作用基本结束。

随后,受控激波出现"长时间整体后移",如图 3.82 中 200～1 220 μs 所示,其原因一方面是射流激波法向高度增大,对受控激波产生了更强、更大范围的扰动,另一方面可能是受控激波在经过前一阶段"短时间局部前移"后出现位置的振荡。虽然最终受控激波整体上都出现了后移,但是在此过程中,其后移的部分还是经历了从近壁面部分逐渐扩展到远壁面部分的过程,在放电开始后 200 μs,后移的部分位于距离中心平板壁面约 53 mm 以下范围,至放电开始后 240 μs,后移的部分扩展到距离中心平板壁面约 64.5 mm 以下范围,至放电开始后 340 μs,整个观测区域的受控激波均出现了后移,这正是由于射流激波的法向高度不断增大、干扰范围不断扩大造成的。在放电开始后 420 μs,受控激波尾部的角度达到最小值(约 26.4°),此时可以视为受控激波整体后移程度达到了最大。随后,受控激波开始逐渐朝基态位置恢复,但恢复的速度很缓慢,并逐级减速(图 3.83)。以受控激波尾部角度为参考(图 3.82),前期(420 ~ 700 μs)平均恢复速度约为 0.75(°)/100 μs,后期(700 ~ 1 220 μs)约为 0.29(°)/100 μs。至放电结束后 1 220 μs 左右,受控激波基本恢复到基态,控制效果结束。

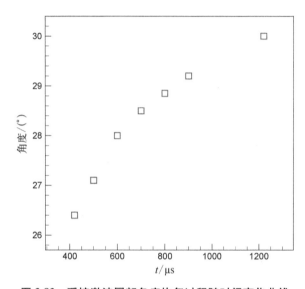

图 3.83　受控激波尾部角度恢复过程随时间变化曲线

在控制过程中,受控激波不仅会出现角度和位置的变化,还会出现激波强度的减弱,受控激波强度可以在纹影图像中通过对比观察激波前后像素点的灰度值进行粗略的定性分析。前期在马赫数 2 条件下针对圆柱诱导激波、压缩拐角激波的实验中采用了此方法对结果进行了定性分析说明,但是该分析过于粗糙,甚至缺乏足够的可信度[25, 26]。因此,本书采用高频动态压力测量技术,尝试通过测量受控激波波后壁面的压力来获得较为准确、定量和可信的结果,以证明受控激波确实出现强度减弱,并分析其弱化的程度。

上述工况测量得到的放电电压、斜劈壁面压力随时间变化曲线如图 3.84 所示。由图可知,在基态条件,斜劈(测压孔位置处)的表面压力大约在 30 kPa(图中基态压力 P_b)附近波动,但波动幅度比较小。在充电开始前,放电电容两端电压约等于零。在放电开始前约 350 μs,IGBT 开关打开,放电电容开始充电,两端电压不断升高。在 0 μs 时刻,放电电容两端电压达到击穿电压(约 1.91 kV),放电开始,由于放电时间尺度远小于壁面压力变化时间尺度,因此在图 3.84 横坐标的时间尺度下,电压的振荡衰减波形很难辨识。

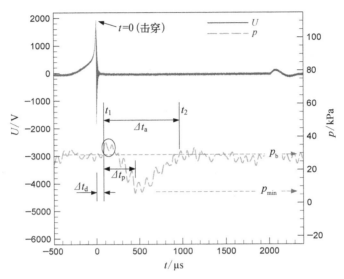

图 3.84　典型控制流场放电电压、壁面压力随时间变化曲线

放电开始后,经过一段响应时间($\Delta t_d \approx 75$ μs),斜劈壁面压力开始出现较大扰动。壁面压力首先出现一个短时间的上升,如图 3.84 中所示"小波峰",其中峰值处的压力约为 36 kPa,分析认为,小波峰的出现可能是射流激波冲击斜劈壁面造成的。

经过短暂的上升后,壁面压力开始下降,进入波谷。从开始响应时刻到压力最低时刻经过的时间 Δt_p 约为 370 μs,波谷处的压力最小值 p_{min} 约为 6.3 kPa。到达波谷后,壁面压力开始回升,相比于下降过程,压力回升过程要略慢,开始响应时刻 t_1 到压力恢复时刻 t_2 经过的时间 Δt_a 约为 880 μs。压力测量结果表明,尽管会出现短暂的压力上升,但整体而言,在控制作用下斜劈壁面的压力降低还是比较明显的,波谷处最低压力相比于基态压力降低了 79%,这表明,在来流压力不变的条件下,斜劈弓形激波的强度确实出现了显著弱化。

3. 放电电容的影响

不同放电电容条件下流场演化过程对比如图 3.85 所示,三种工况斜劈的角度均为 60°,激励器腔体体积 1 000 mm³,射流出口直径 5 mm,射流出口距离斜劈前缘 50 mm,放电电容分别为 80 nF、320 nF 和 640 nF,其中放电电容 640 nF 时即为上一小节中所述工况。

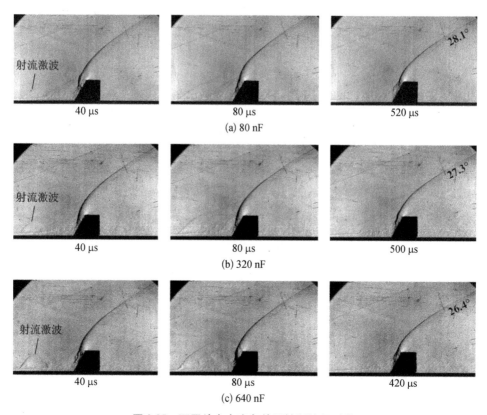

图 3.85 不同放电电容条件下控制流场对比

由图可知,放电电容越大,向放电腔体内注入的能量越多,因此腔体内的压升越大,激励器产生的射流激波强度越强,在放电开始后 40 μs,三种工况下射流激波的角度分别为 36.9°、46.3° 和 56.1°,射流激波在流向、法向的移动速度也越快。同时,放电电容越大,腔体内的温升也更加显著,产生的射流温度更高、密度更低,射流与外部流场的密度差增大,导致在纹影图像中更加明显,如图 3.85 中 80 μs 时刻所示,对于 640 nF 工况,可以较清晰地观察到等离子体合成射流形成的大尺度涡结构,但当放电电容较小时很难观察到射流涡结构。

随着放电电容的增大,射流及射流激波的强度更强、速度更快,因此其控制作用更强,达到最佳控制效果的时间更早。如图 3.85 所示,三种工况下,受控激波尾部角度分别在放电开始后 520 μs、500 μs 和 420 μs 达到最小值,最小角度分别为 28.1°、27.3° 和 26.4°。不同放电电容条件下壁面压力随时间变化曲线如

图 3.86 所示,结果也显示,放电电容越大,壁面压力降低效果越明显,三种工况下,壁面压力最小值分别为 18.7 kPa、12.8 kPa 和 6.3 kPa,相比基态工况时的压力分别降低了 37.7%、57.3 和 79.0%。

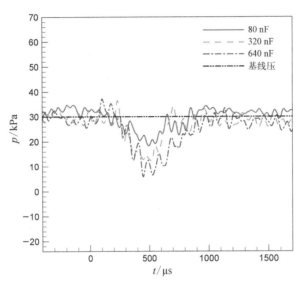

图 3.86　不同放电电容条件下壁面压力随时间变化曲线

4. 出口直径的影响

本小节开展不同出口直径条件下流场控制特性的对比研究,其中激波发生器为方柱构型,相当于角度为 90° 的斜劈,方柱的宽度(15 mm)、高度(20 mm)与 60° 斜劈的相同。等离子体合成射流激励器的腔体体积均为 1 000 mm³,放电电容 640 nF,激励器射流出口距离方柱前缘 75 mm。三种工况中射流出口直径分别为 1.5 mm、5 mm 和 11 mm。

不同出口直径条件下流场演化过程对比如图 3.87 所示,壁面压力随时间变化曲线如图 3.88 所示。对比放电开始后 40 μs 和 80 μs 时刻流场可见,激励器射流出口直径越大,产生的射流激波越强,射流激波的移动速度越快,三种工况 40 μs 时刻最大射流激波角分别为 45°、49° 和 52.5°。对于直径 11.0 mm 工况,除了产生较强的弓形射流激波外,还在激励器出口上游产生了一道分离斜激波,斜激波的角度约为 22°,接近(略大于)此马赫数下壁面不平整产生的干扰激波角(21.5°)。对于直径 5.0 mm 工况,产生的分离斜激波很微弱,而直径 1.5 mm 工况则没有观察到分离斜激波的产生。

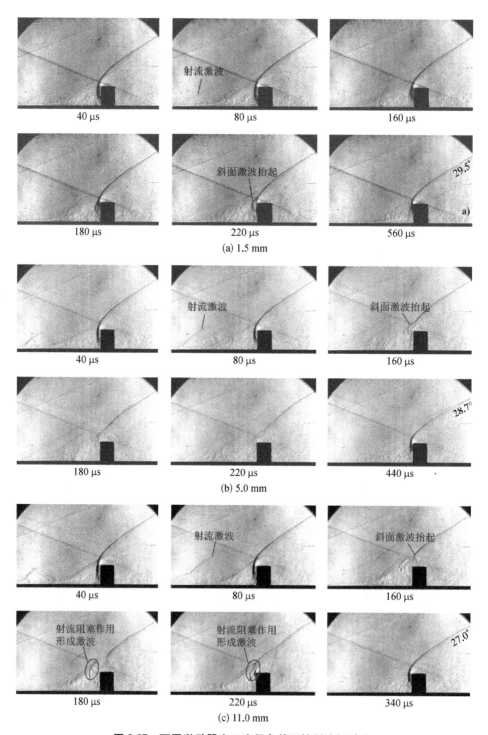

图 3.87 不同激励器出口直径条件下控制流场对比

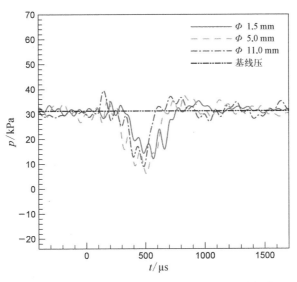

图 3.88　不同出口直径条件下壁面压力随时间变化曲线

对于提高射流穿透度而言,中等直径的激励器效果最佳。对比图 3.87 中 80 μs 时刻流场,对于出口直径 1.5 mm、11 mm 两种工况,均未发现较明显的横向射流产生的涡结构,但是直径 5 mm 工况中可以明显观察到。参考静止流场条件下的激励器特性分析认为,由于中等直径的激励器产生的射流速度较大,因此射流与主流的动量通量比较高,穿透力更强。

在受控激波弱化程度方面,如图 3.88 所示,三种工况下壁面压力最小值分别为 12.6 kPa、6.4 kPa 和 9.7 kPa,相比基态工况时的压力(方柱时为 31.3 kPa)分别降低了 59.7%、79.5% 和 69%。结果显示,当出口直径由 5.0 mm 增大到 11.0 mm 时,激波弱化的效果会下降。结合纹影所示流场结果,分析认为原因可能是直径 11.0 mm 的激励器产生的质量流量较大的高温热射流对流场产生了比较强的阻塞作用,如图 3.87 中 180 μs、220 μs 时刻所示,在方柱前方由于阻塞作用产生了较强的激波,激波位置正好位于测压孔前,因此在一定程度上降低了激波弱化的效果,从而使得其压力的最低值相比直径 5 mm 工况要高。

从控制作用发生的时间尺度方面看,激励器出口直径越大,控制作用产生和达到最强效果的时刻越早,但结束也越早,可以认为控制作用的"相位"提前。从压力变化曲线可以看到,激励器出口直径越大,由射流激波冲击带来的波峰,壁面压力最低值时刻,以及壁面压力恢复时刻都会越早出现。从纹影显示的控制流场可以看到,对于直径 5.0 mm 和 11.0 mm 工况,在放电开始后 160 μs 受控激波已经产生了较大干扰,方柱前激波被抬起和部分消除,并且此时刻直径 11.0 mm 工况的控制效果更加明显,但是对于直径 1.5 mm 工况,直到放电开始后 180 μs, 受控激波才出现微小变化,至放电开始后 220 μs,受控激波才出现较为明显的抬起和消除。对于直径 1.5 mm、5.0 mm 和 11.0 mm 工况,受控激波尾部角度分别在 560 μs、440 μs 和 340 μs 时刻到达最小值,结果也显示出相同规律。

Viswanath[27]研究了射流式涡流发生器与分离激波不同的相对位置对激波控制效果的影响,并且发现布置于分离激波前的 U 型射流比布置于分离激波后的 D 型射流具有更好的激波控制作用。下面选择激励器出口位置至圆柱体轴线距离分别为 15 mm、30 mm 和 40 mm 三种工况,研究不同激励器布置位置对激波控制效果的影响。其中激励器出口直径均为 3 mm,射流倾角均为 45°。由图 3.89 可知,$h/D = 0.4$ 的马赫数 2 超声速圆柱绕流分离激波位于圆柱体上游至圆柱轴线 20 mm 处,因此 $L = 15$ mm 的等离子体合成射流为 D 型射流,$L = 30$ mm 和 40 mm 的等离子体射流为 U 型射流。

图 3.89 为三种不同激励器布置位置条件下激波控制效果对比,其中各流场时刻的选择标准与图 3.95 和图 3.96 相同。从图 3.89 可以发现,布置于 $L = 30$ mm 的激励器具有最好的激波控制效果,$L = 40$ mm 的次之,$L = 15$ mm 的效果最差。因此激波控制效果随激励器布置位置的变化关系为: U 型射流控制效果好于 D 型射流,同为 U 型射流时,激励器至分离点距离的增加会导致控制效果的降低。

当 $L = 15$ mm 时,等离子体射流覆盖圆柱体顶部和达到激波最佳控制效果的时间分别约为 62.5 μs 和 125 μs。$t = 62.5$ μs 时,由于等离子体射流的湍流效应和高温阻塞效应,弓形激波向上抬升,并发生凸起变形。由于激励器至圆柱体距离较近,此时射流干扰激波与弓形激波融合在一起,形成一道直线段角度仍保持为 36.5°的圆柱脱体激波,即弓形激波强度并没有明显的改变。在受控流场后面的发展过程中,射流干扰激波与圆柱绕流弓形激波进一步融合。当 $t = 125$ μs 时,二者形成一道起点在激励器出口处、直线段角度为 34.5°的弓形激波,虽然激波角度相对于 62.5 μs 时有所减小,但激波脱体距离并无显著变化。$L = 15$ mm 的激励器布置位置可以实现受控流场的有效扰动时间约为 225 μs。

$L = 30$ mm 的激励器控制流场与图 3.96 中 $d = 3$ mm、$\beta = 45$°工况相同。激波控制效果相对于 $L = 15$ mm 工况有明显提高,根据射流覆盖圆柱顶部所需时间推算,射流流向的运动速度也比 $L = 15$ mm 工况明显增大。当 $t = 200$ μs 时,在等离子体射流结构和射流干扰激波综合作用下,弓形激波强度和结构均发生了较大改变,激波角减小至 32°。射流对受控流场的有效作用时间约为 525 μs,相对于

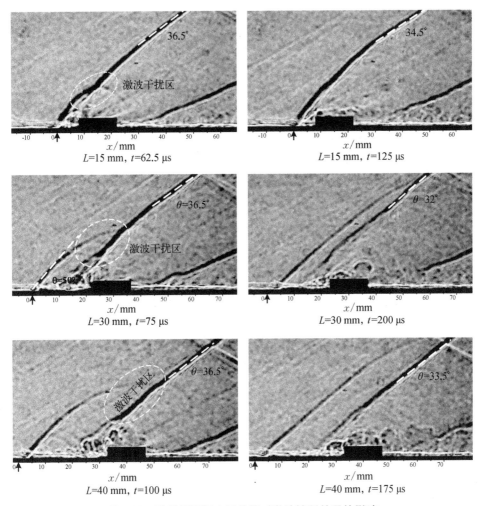

图 3.89 激励器不同布置位置对激波控制效果的影响

$L=15$ mm 工况增加了约 1 倍。因此,在相同激励器工作参数条件下,U 型脉冲射流不仅可以提高激波的控制效果,而且能够有效延长控制作用时间。

以 U 型射流工作的等离子体激励器,当其布置位置至分离激波距离进一步增大至 $L=40$ mm 时,激波的控制效果会出现一定程度的弱化。当 $t=100$ μs 时,相对于 $L=30$ mm 时($t=75$ μs)等离子体射流覆盖圆柱体顶部的状态,等离子体射流对弓形激波的改变作用并没有明显不同,但由于激励器距离的增大,射流干扰激波与圆柱弓形激波距离增大,此时激波干扰区域内的射流干扰激波强度要小于 $L=30$ mm 工况。当受控流场发展到 $t=175$ μs 时,虽然近壁面高温等离子体射流具有比 $L=30$ mm 工况更大的展向影响区域,但由于射流干扰激波与弓形激波距离较大,射流干扰激波波后压强可以实现更充分的恢复,因此对弓形激波强度减弱效果变差,弓形激波角达到约33.5°。

由图3.89的分析可知,在基于等离子体合成射流的激波控制中,虽然是射流干扰激波和近壁面射流大尺度涡结构共同作用的结果,但是射流干扰激波具有更为重要的主导作用,因此在激励器布置位置选择中,不仅要采用U型射流,同时还要保证射流干扰激波和弓形激波适当的距离,以保证射流干扰激波后具有较小的压力恢复效果,实现弓形激波的有效控制。

5. 出口位置的影响

射流出口位于分离区内、分离区外两种情况下,激励器的特性及受控激波的变化表现出显著的差异。首先,针对这两种情况进行了对比。由于在分离区内激励时,电磁干扰作用过强,因此未能测得壁面压力变化,只能通过纹影得到流场的演化过程。图3.90为两种情况下纹影显示的流场演化过程对比,其中激波发生器为90°斜劈,宽度和高度分别为15 mm和20 mm,激励器腔体体积1 000 mm³,正负极间距12 mm,放电电容640 nF,激励器射流出口直径5 mm,两种工况下射流出口距离方柱前缘分别为15 mm(分离区内)和75 mm(分离区外)。

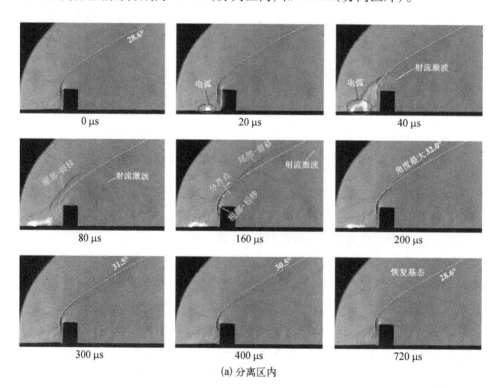

(a) 分离区内

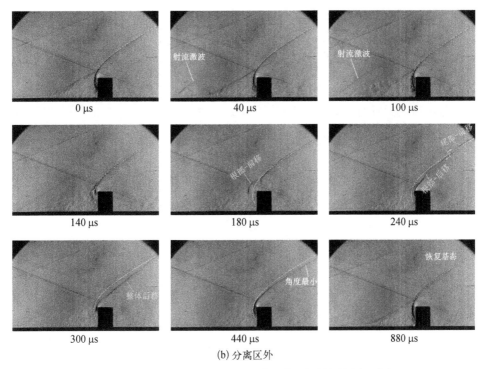

(b) 分离区外

图 3.90　激励器射流出口位于分离区内、外时控制流场对比

当激励器射流出口位于分离区内时,由于分离区内流体速度降低、压力升高,因此激励器腔体内的初始压力也较在分离区外时提高,导致激励器的击穿电压升高、放电能量增大,击穿电压从分离区外的 1.9 kV 左右增加到 3.4 kV 左右。如图 3.90(a)中放电开始后 20 μs 时刻所示,由于电弧较强,且分离区内流速较低并存在回流,电弧随气流喷出射流出口。

从作用时间上看,分离区内激励作用更早出现,在图 3.90(a)中 40 μs 时刻已经引起受控激波显著改变,在 200 μs 时刻引起的受控激波角度改变达到最大。分离区外激励时,射流及射流激波在图 3.90(b)中 40 μs、100 μs 时刻还处于发展阶段,在 140 μs 时刻才抵达受控激波,在 440 μs 时刻引起的受控激波角度改变达到最大。

在作用的初始阶段,分离区内激励的效果与分离区外类似。如图 3.90(a)中 40 μs 时刻、图 3.90(b)中 180 μs 时刻所示,由于射流温度较高提升了局部马赫数,方柱前的受控激波被消除,在射流的压迫作用下,受控激波根部抬起。不同之处是,分离区内的激励器产生的射流激波与受控激波直接融合在一起。在分离区外激励时,射流激波产生的压力扰动作用是从受控激波的上游施加干扰,干扰作用逐渐沿流向、法向扩展,以流向扩展为主。在分离区内时,压力扰动作用是从受控激波的下游施加干扰,干扰作用沿流向、法向扩展(同等重要),其作用类似于头部逆向喷流时的效果。因此,在作用的后期,两种激励方式对受控激波产生不同的作用。

分离区内激励时,如图3.90(a)中80 μs、160 μs和200 μs时刻所示,射流激波与受控激波合二为一,压力扰动作用使得激波抬起,随着干扰作用在法向扩展,激波被抬起的部分逐渐扩大,同时激波尾部角度逐渐增大,至放电开始后200 μs,观测区域内的激波被完全抬起,激波尾部的角度达到最大值(32.0°)。之后,如图3.90(a)中300 μs、400 μs时刻所示,受控激波逐渐恢复,角度逐渐减小。至720 μs时刻,受控激波基本恢复到基态位置。

分离区外激励时,受控激波在作用开始时先"短时抬起",如图3.90(b)中180 μs时刻所示。之后,受控激波主要表现为由根部逐渐扩展到整体的后移,如图中240 μs、300 μs和440 μs时刻所示。至880 μs时刻,受控激波基本恢复到基态位置。

当激励作用均发生在分离区外时,随着出口至斜劈前缘距离的改变,虽然控制作用的趋势类似,但程度有所不同。激励器射流出口位于分离区外不同距离条件下控制流场对比如图3.91所示,对应的壁面压力变化曲线如图3.92所示。其中激波发生器为60°斜劈,宽度和高度分别为15 mm和20 mm,激励器腔体体积1 000 mm³,正负极间距12 mm,放电电容640 nF,激励器射流出口直径5 mm,四种工况下射流出口与斜劈前缘的距离分别为30 mm(正处于分离点附近位置)、50 mm、70 mm和90 mm。

在射流及射流激波本身特性方面,图3.91中60 μs时刻结果显示,出口距离90 mm和70 mm两种工况产生的射流激波类似,但当出口距离由70 mm前移到50 mm时,由于更靠近压力较高的分离区,激励器腔体内的初始压力有所提升,击穿电压、放电能量增大,射流激波的强度有所增强,出口距离由50 mm前移到30 mm时,射流激波进一步加强。

在受控激波弱化程度方面,从图3.92中可知,在出口距离为50 mm时壁面压力的极值最低,出口距离30 mm、50 mm、70 mm和90 mm四种工况下,壁面压力最小值分别为14.1 kPa、6.3 kPa、13.1 kPa和14.6 kPa,相比基态工况时的压力分别降低了53.0%、79.0%、56.3%和51.3%。当出口距离由50 mm增加到90 mm时,由于在远距离移动中射流及射流激波的强度会减弱,其控制效果会变差。但是当出口距离由50 mm减小到30 mm时,控制效果也变差,分析认为这

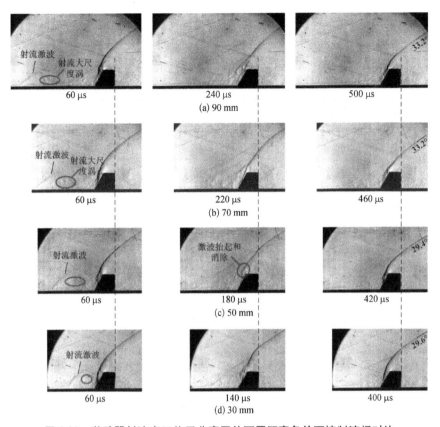

图 3.91　激励器射流出口位于分离区外不同距离条件下控制流场对比

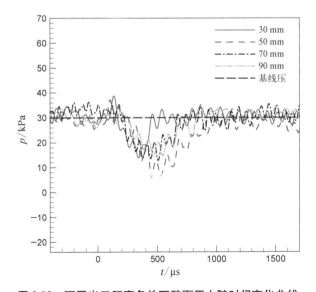

图 3.92　不同出口距离条件下壁面压力随时间变化曲线

可能与出口直径为 11 mm 时候的情况类似,即射流本身在斜劈前产生了较强的激波,如图 3.91(d)中 140 μs 时刻所示,射流喷出后很快便沿斜劈壁面升高,此时射流强度较大,因此在斜劈前产生了较强激波。

从控制作用响应特性上看,距离斜劈前缘越远,控制作用出现越快,四种工况对受控激波的抬起效果分别在 140 μs、180 μs、220 μs 和 240 μs 达到最强,对受控激波尾部角度的降低分别在 400 μs、420 μs、460 μs 和 500 μs 达到最低,如图 3.91 所示。但是图 3.92 压力变化曲线显示,在控制作用持续时间上,仍然是出口距离 50 mm 工况时最长,分析认为这可能是由于距离较远时控制效果较弱,因此衰减很快。

6. 激波发生器构型的影响

不同斜劈角度条件下的控制流场对比如图 3.93 所示,激励器腔体体积 1 000 mm³,正负极间距 12 mm,放电电容 640 nF,激励器射流出口直径 5 mm,出口中心与斜劈前缘之间距离为 50 mm。三种工况中,斜劈的宽度和高度保持一致,分别为 15 mm 和 20 mm,斜劈的角度则分别为 30°、60° 和 90°。

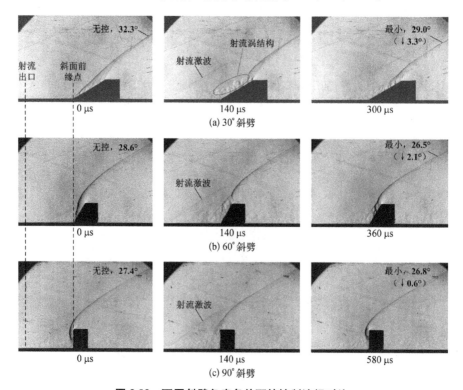

图 3.93 不同斜劈角度条件下的控制流场对比

纹影结果显示,斜劈角度越小,受控激波强度越弱,控制效果越明显,三种工况中受控激波尾部角度相比基态时最大分别降低 3.3°、2.1° 和 0.6°,并且斜劈角度越小,受控激波尾部角度达到最小的时刻越早,分别为 300 μs、360 μs 和 580 μs 时刻。从图 3.93 中 140 μs 时刻还可看到,当斜劈角度为 30° 时,受控激波基本为附体的斜激波,斜劈前缘的分离区较小,此时在斜劈壁面上可以看到明显的射流大尺度涡结构,但是当斜劈角度为 60° 时,分离已经比较严重,分离区内静温较高、静压较大,射流进入分离区后便很难分辨出来,当斜劈角度为 90°时(方柱),分离区进一步增大,射流被彻底掩盖。

7. 圆柱高度的影响

当超声速流场中圆柱体高径比达到 $h/D=1$ 时,干扰流场结构(图 3.94)发生了显著变化,分离激波、弓形激波与柱前激波相交于圆柱体前缘顶端,形成了复杂的三叉点流场。干扰流场内激波强度及波系结构的复杂程度也明显增强,圆柱体前缘形成一道强的脱体正激波,分离区内及圆柱体上方和后缘产生有各种弱激波或弱的膨胀波。分离区扩大,分离点向圆柱体上游移动,至圆柱体轴线距离增加至25 mm,弓形激波角增大至约 38°。由于尾流区湍流强度和湍流边界层厚度的增加,圆柱体下游的再附激波向上抬升,至中心平板距离增大。干扰流场结构的改变,尤其是激波强度的增加,必然会对等离子体合成射流的激波控制效果带来影响。

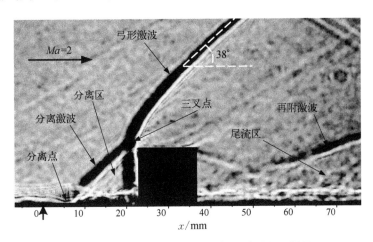

图 3.94　$h/D=1$ 时的超声速圆柱绕流流场阴影图

图 3.95 为不同激波强度条件下等离子体合成射流激波控制效果对比。等离子体合成射流激励器仍布置于圆柱体前缘、至圆柱轴线 30 mm 处,由图 3.91和图 3.94 可知,等离子体射流仍属于 U 型射流。激励器出口直径为 $d=5$ mm,

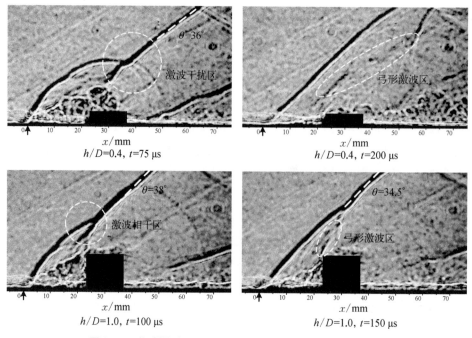

图 3.95 激励器对不同强度(圆柱高度)激波控制效果对比

射流方向均为垂直进入主流。图中所选 $h/D=0.4$ 的 $t=75\ \mu s$ 和 $200\ \mu s$ 及 $h/D=1.0$ 的 $t=100\ \mu s$ 和 $150\ \mu s$,分别对应两种圆柱高度条件下,等离子体射流基本覆盖圆柱顶部和激波控制效果最为明显的时刻。

对比激励器从放电开始到等离子体射流覆盖不同高度圆柱顶部的时刻可以发现,运动相同的距离(30 mm),$h/D=1.0$ 条件下的等离子体射流需要更长的时间,这表明更高的圆柱体自身及所产生较强激波导致的更大波后压力对射流的发展具有较大的阻碍作用,降低了射流流向速度,但射流在展向上达到的高度并没有随圆柱体高度的增加而发生明显变化,即对所选择的两种不同高径比圆柱绕流工况,高温等离子体射流可以影响的高度区域大致相同。因此,当等离子体射流覆盖两种高度圆柱顶部时,射流对弓形激波的抬升距离基本一致。在弓形激波角度改变方面,强度较弱的 $h/D=0.4$ 的弓形激波角稍有下降,变为 $36°$,而射流对 $h/D=1.0$ 圆柱绕流流场中较强的弓形激波角度几乎没有改变,但是复杂的三叉点流场结构发生了改变,圆柱上游的分离激波、分离区和柱前正激波消失。同时,由于高温等离子体射流的阻塞作用,两种工况条件下的弓形激波均发生了结构上的凸起变形。另外,在此两个不同时刻,两流场中的射流干扰激波对弓形激波强度和角度的影响作用不大,这主要是由于此时的弓形激波强度较大,而射流干扰激波还没有充分发展,相干区域的射流干扰激波和弓形激波强度差距较大,还不足以对弓形激波产生影响效果。

当 $t = 200$ μs 和 150 μs 时,等离子体合成射流对两种不同高径比圆柱绕流弓形激波的控制效果分别达到最佳,这一时刻的差别表明,等离子体合成射流控制下的高径比为 1.0 的圆柱绕流流场具有更快的发展变化过程,据此也可以推断,随着圆柱高度的增加,等离子体合成射流对圆柱绕流流场的有效作用时间将会缩短,实验结果也表明等离子体合成射流对 $h/D = 0.4$ 的圆柱绕流流场有效作用时间约为 400 μs,而对 $h/D = 1.0$ 的圆柱绕流流场有效作用时间约为 275 μs。对比两种不同高径比激波控制效果最佳的流场结构可以发现,等离子体合成射流对两种激波强度的改变作用相差悬殊。对于 $h/D = 0.4$ 的圆柱绕流流场,在等离子体射流干扰激波和近壁面射流大尺度涡结构的共同作用下,弓形激波和圆柱下游的再压缩激波强度均严重衰减,在射流干扰激波和近壁面射流的影响区域内两道激波几乎都完全消失,仅在远离圆柱体的下游上方存在有一道结构变形的弱弓形激波,此时圆柱体具有最大的激波脱体距离。但此时刻以后等离子体射流的影响作用开始衰减,流场中已经开始有新的弓形激波产生的迹象。相对而言,等离子体合成射流对 $h/D = 1.0$ 的圆柱绕流流场结构的改变较小。当 $t = 150$ μs 时,在等离子射流干扰激波和射流大尺度涡的作用下,圆柱体前缘的弓形激波完全脱体,但脱体距离小于对 $h/D = 0.4$ 时的控制。此时,圆柱绕流的弓形激波并没有消失,而是和射流干扰激波融合,一起构成了圆柱体前缘的脱体激波,弓形激波角度减小为 36.5°,即激波强度还是具有一定的减弱效果。圆柱下游的再压缩激波依然明显存在。

8. 出口角度的影响

上节结果表明不同激励器出口构型在超声速主流中会产生不同的干扰流场,形成的干扰激波强度和近壁面射流大尺度涡结构具有较大差别,这必然也会改变等离子体合成射流对激波控制的效果。以下分别选取 $d = 5$ mm、$\beta = 90°$, $d = 3$ mm、$\beta = 90°$ 和 $d = 3$ mm、$\beta = 45°$ 三种工况研究不同激励器出口构型对 $h/D = 0.4$ 的圆柱绕流激波控制效果的影响。

图 3.96 为三种不同激励器出口构型对激波控制效果的对比,其中不同工况下流场时刻的选择方式与图 3.95 的相同。由图可知当 $t = 75$ μs 时,三种不同工况下等离子体射流均已基本覆盖圆柱体顶部,即射流具有相同的流向运动距离和流向速度,根据射流流向运动距离和时间的关系,并假定射流建立的响应时间为 10 μs,可以推算射流大尺度涡结构流向速度约为 500 m/s,与马赫数 2 的超声

速主流速度大致相同。但三种不同工况下的射流大尺度结构在展向的发展并不一致,$d=5$ mm 的射流展向高度最大,$d=3$ mm、$\beta=90°$ 的次之,$d=3$ mm、$\beta=45°$ 的最小。展向高度的不同影响了高温等离子体的控制作用区域和射流通道阻塞面积,因此 $d=5$ mm 激励器控制流场的弓形激波变化最为显著,激波抬升距离、激波角度改变及激波的凸起变形量均最大,倾角分别为 $90°$ 和 $45°$ 的 3 mm 出口直径激励器的控制效果依次递减。$t=75$ μs 时,三种工况下的射流干扰激波均不能对受控弓形激波产生明显的控制效果,但三种干扰激波的强度仍表现出明显的差别,其具体表现为所形成的射流干扰激波以激励器出口为起点的切向角度依次递减,分别约为 $55°$、$52°$ 和 $50°$,具有与射流展向高度相同的变化趋势。

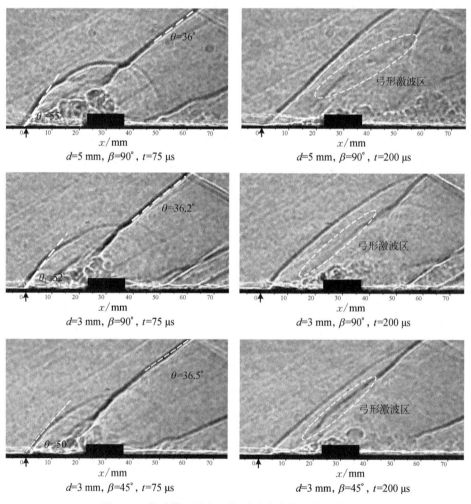

图3.96 激励器不同出口构型对激波控制效果的影响

近壁面射流大尺度涡结构影响区域及射流干扰激波强度的不同对激波控制效果的影响作用,随着受控流场的发展逐渐凸显,如图 3.96 中 $t=200~\mu s$ 时三种不同激励器控制作用下的绕流流场结构对比。

　　需要说明的是,小激励器出口直径的等离子体射流与超声速主流的干扰流场变化过程较为缓慢(图 3.96),在激波控制中,受控流场在较小激励器出口直径射流作用下的发展过程也比较慢,不易于确定 $d=3~mm$ 时两种激励器工况的激波最佳控制效果时刻。为便于比较,统一选择 $t=200~\mu s$ 时刻的流场进行激励器出口构型激波控制效果的对比分析,这种选择可以反映激励器不同出口构型实际激波控制效果的变化。由图 3.96 中 $t=200~\mu s$ 时不同受控流场的结构特性可知,三种激励器出口构型均可以有效改变弓形激波结构,具有减小激波强度、增大激波脱体距离的作用,但控制效果随出口构型的改变与 $t=75~\mu s$ 时的变化趋势一致。三种不同出口构型条件下的等离子体射流对圆柱绕流流场的作用时间分别为 $d=5~mm$ 条件下的 400 μs, $d=3~mm$、$\beta=90°$ 条件下的 575 μs 和 $d=3~mm$、$\beta=45°$ 条件下的 525 μs,这也与上面小节中等离子体合成射流与超声速主流相互作用时间随激励器出口构型的变化相一致。

　　综合图 3.96 的结果分析可以发现,在圆柱绕流激波控制中,大的激励器出口直径具有更好的控制效果。当出口直径相同时,具有较大射流倾角($\beta\leqslant90°$)的激励器控制效果更好。这也表明射流干扰激波强度和高温等离子体射流影响区域是等离子体合成射流激波控制的关键影响因素,满足上节基于等离子体合成射流激波控制的机制分析。

3.3.3　高频小能量激励器激波摆动控制特性

　　3.3.2 节中开展了基于横向等离子体合成射流的激波弱化和消除控制研究,此时的激励器放电能量一般较大(焦耳量级),因此需要较大的能源供应。本节将探讨当能源供应有限、激励器放电能量较小时,通过高频放电控制激波周期性规律摆动进行局部降热的能力和特性,其控制设想如图 3.97 所示。在冲压发动机进气道内,斜激波入射于边界层上将产生激波/边界层干扰,如图 3.97(a)所示,在飞行器外流场中,头部激波与侧翼前缘激波有时(如飞行器进行变轨拉起的短时间内)会出现激波/激波干扰,如图 3.97(b)所示,这两种干扰发生的区域一般为气动热较为集中的地方,如果干扰区一直固定在一个位置,则有可能导致局部气动热严重积累,超过防热材料烧蚀温度"阈值"发生烧蚀,防热材料局部一旦开始烧蚀,将会出现不可逆的持续恶化,即使后期热载荷下降,烧蚀仍将继续进行,从而严重破坏防热层,给飞行安全带来极大威胁。目前,在没有其他有效控制措施的条件下,飞行器防热层设计必须按照局部最大热流和最高温度极限进行设计,这就使得防热层的耐温要求很高、厚度很厚。

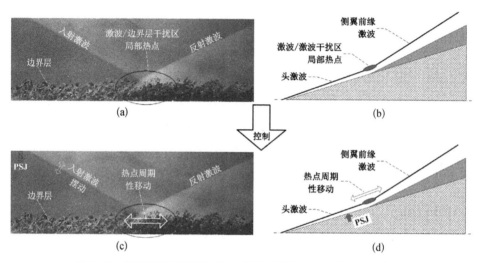

图 3.97　高频低能耗等离子体合成射流激波摆动降热方法示意图

为此,作者团队提出了一种基于高频放电控制激波周期性规律摆动进行局部降热的设想,即在进气道斜激波上游[图 3.97(c)]或靠近侧翼前缘位置[图 3.97(d)]施加高频激励,诱导进气道斜激波或飞行器头激波来回摆动,从而使得热点发生周期性移动,降低局部小区域的最大热流密度。本书基于此设想开展了激波摆动控制特性的实验研究,实验装置与 3.3.2 节基本相同,但电源系统采用了新设计的高频三电极电源。

1. 典型控制工况

实验典型控制工况的纹影显示结果如图 3.98 所示,由于各次放电的控制效果类似,选取了其中一次放电的流场进行说明,其中受控激波发生器为方柱,方柱的长宽高为 15 mm×15 mm×10 mm。实验中为比较不同工况时的激波摆动距离,将距底面(即中心平板表面)30 mm 高度处假想为受控激波的入射壁面,测量受控激波在此高度处的入射点位置变化。由于放电能量较小,因此激励器的腔体体积、射流出口直径相比大能量放电时减小,腔体体积为 250 mm³,射流出口直径 3 mm,射流出口中心与方柱前缘的距离为 40 mm。实验系统坐标系设置如图所示,坐标原点位于方柱前缘点,X 轴为流向,Y 轴为法向。

图 3.98 中 0 μs 时刻为无控状态下的基态流场,受控激波为方柱产生的弓形

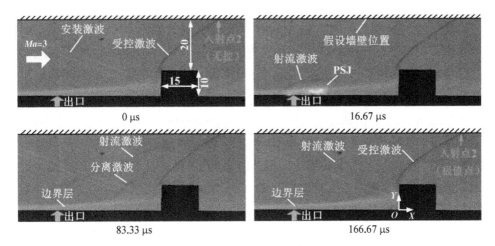

图 3.98　典型控制工况流场(单位为 mm)

激波,无控状态下的激波入射点位于 $X=23.7$ mm 左右。放电开始后 17 μs,激励器产生的射流及射流激波出现,射流中可以观察到放电产生的等离子体。放电开始后 83 μs,射流激波对受控激波产生一定扰动,受控激波入射点略向后移。放电开始后 167 μs,入射点移动距离达到最大,到达 $X=27.4$ mm 左右位置,相比基态位置后移 4.1 mm。

通过对纹影图像序列的批量处理,得到受控激波入射点流向位置随时间的变化曲线。首先对无控状态下的位置变化进行统计分析,截取的 110 ms 时间内的受控激波入射点流向位置变化曲线如图 3.99 所示,结果显示入射点平均位置位于 $X=23.67$ mm,位置变动的均方差为 $\sigma=0.302$ mm,对位置信息进行频谱分析,结果如图 3.100 所示,未发现入射点的位置变动具有明显特征频率。

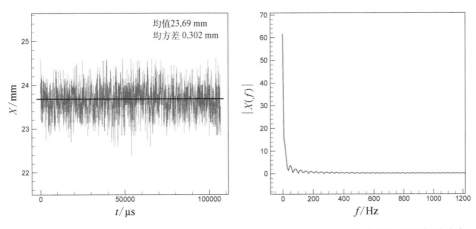

图 3.99　无控状态入射点流向位置变化曲线　　**图 3.100　无控状态入射点流向位置频域分布**

图 3.99 中典型工况的入射点位置随时间变化曲线如图 3.101(a)所示,而相同工况下放电频率 1 Hz 时的入射点位置曲线如图 3.101(b)所示。结果显示,在高频等离子体合成射流激励作用下,受控激波可以实现更大幅值的规律移动,且激波运动频率与放电频率一致,如果将 ±2σ(1.208 mm)视为无控状态下受控激波入射点振幅,则控制状态下入射点振幅(4.358 mm)扩大 3.6 倍左右。但是,当电源放电频率达到最大频率 2 500 Hz 时,还未能对激波的运动实现连续的控制,两次放电之间存成一段无控制作用期,激波仍会恢复到基态进行小幅的随机摆动。因此,从单次激励效果看,2 500 Hz 放电和 1 Hz 放电带来的扰动效果基本相同,实现的入射点位移距离相近。

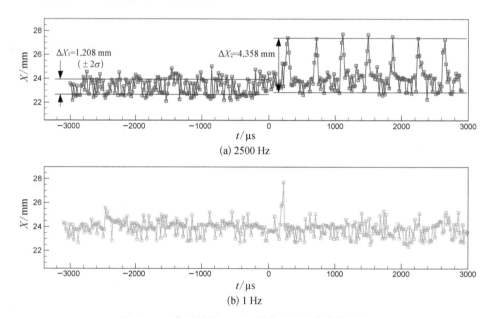

图 3.101 典型控制工况入射点流向位置变化曲线

2. 参数影响规律

图 3.102 为不同放电电容条件下控制流场对比,选用的激励器腔体体积为 500 mm³,激励器出口中心与方柱前缘距离为 50 mm,三种工况的放电电容分别为 30 nF、60 nF 和 100 nF,其他参数与 3.3.1 第 1 小节一致。结果显示,放电电容越大,射流激波角度越大、强度越强,对受控激波的扰动作用越强。当放电电容由 30 nF 增大到 60 nF 时,入射点最大位移时刻由 280 μs 提前到 240 μs,同时最大位移量扩大。当放电电容进一步增加到 100 nF 时,受控激波在控制作用下被直接消除。

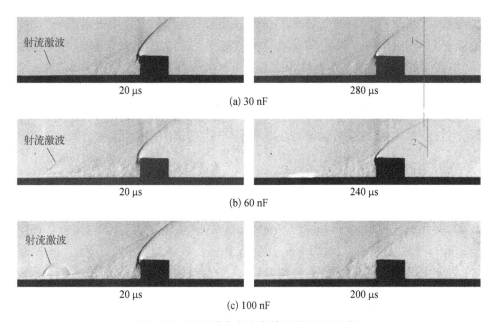

图 3.102　不同放电电容条件下控制流场对比

图 3.103 所示为不同激励器射流出口直径条件下控制流场对比,三种工况中射流出口直径分别为 5 mm、7 mm 和 9 mm,结果显示,射流激波强度随出口直

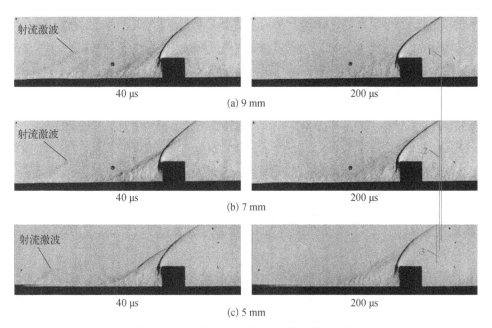

图 3.103　不同出口直径条件下控制流场对比

径而增大。由于在激波的摆动控制中,射流激波带来的压力扰动占据主导作用,高温射流的作用较小,因此,随着出口直径的增大,受控激波的位移也增大。此外,不同出口直径工况受控激波达到最大位移的时刻差别不大。

图 3.104 所示为不同出口距离条件下控制流场对比,四种工况下射流出口中心与方柱前缘的距离分别为 20 mm、40 mm、50 mm 和 90 mm。结果显示,出口距离从 90 mm 前移到 40 mm 时,控制效果由于距离的缩短而增强,受控激波入射点的最远距离从出口距离 90 mm 工况时的 23.50 mm,提高到 50 mm 工况时的 24.50 mm,进而提高到 40 mm 工况时的 25.17 mm。但是当出口距离缩小到 20 mm 时,入射点的位移幅值出现大幅的下降,入射点达到的最远距离只有 23.00 mm,甚至小于出口距离 90 mm 工况时的距离,结合 3.3.2 第 5 小节的分析,原因可能是出口距离为 20 mm 工况时,射流出口已处于分离区附近,此种位置的激励不会导致受控激波大范围的后移,但是可能由于射流出口位置还不够靠近方柱,或者射流激波的强度较弱,因此没有达到图中的效果,也未能使受控激波大幅前移。

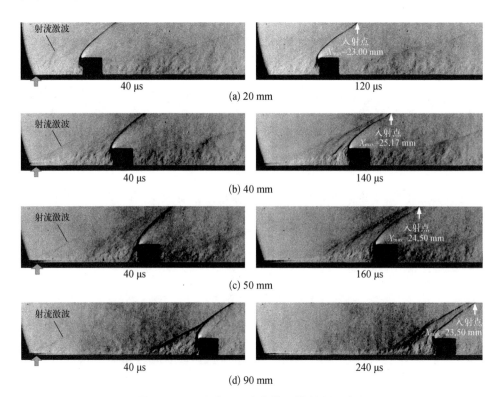

图 3.104　不同出口距离条件下控制流场对比

3.3.4　等离子体高能合成射流激波控制机制研究

高超声速飞行器表面安装的各种凸起部件会引起局部干扰,形成复杂流场,并伴随复杂激波系的产生,引起凸起物附近的压力和热流密度发生明显变化,对飞行器系统性能带来负面影响,例如降低飞行器可操纵性、提高局部壁面热流密度、增大阻力、增加气动噪声和结构动力载荷等。根据不同凸起物引起的气动干扰的不同,一般可以将干扰流场简化为不同的典型流场,例如压缩拐角流动、钝舵绕流、圆柱绕流、低台绕流或各类球体绕流等,对高超声速飞行器复杂激波系的产生和选用合适的方式实现激波的有效控制进行机制研究。

超声速流场中的圆柱绕流是高超声速飞行器表面凸起部件的一种重要流场简化形式。根据圆柱高度 h 和直径 D(高径比)的关系,圆柱绕流干扰流场又具有不同的分类[28]:① $0<h/D\leqslant1.0$ 为非半无限干扰,或称有限高度干扰,圆柱引起的干扰流场特性强烈地依赖于参数 h/D;② $1.0<h/D\leqslant2.0$ 为过渡态,干扰流场的变化呈现出渐变形态;③ $h/D>2.0$ 为半无限干扰,干扰流场特性已不再受参数 h/D 变化的影响。本章对等离子体合成射流激波控制的机制进行分析,并研究了不同 h/D、不同激励器出口构型和不同激励器布置位置对激波控制效果的影响。

有限高($0<h/D\leqslant1.0$)圆柱绕流干扰流场复杂性及产生的激波强度具有随高径比增加而增大的变化特性。为了获得典型的干扰流场,并实现激波的有效控制,以便开展等离子体合成射流激波控制的机制分析,选择对有无激励器控制的 $h/D=0.4$ 的有限高圆柱绕流流场进行对比研究。

图 3.105 为 $h/D=0.4$ 时不施加等离子体合成射流的超声速圆柱绕流流场阴

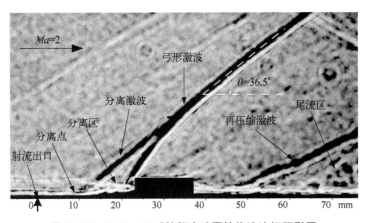

图 3.105　$h/D=0.4$ 时的超声速圆柱绕流流场阴影图

影图。从图中可以清晰看出，超声速主流绕过圆柱体，在圆柱体上游形成较强的弓形激波和分离区引起的相对较弱的分离激波，圆柱体下游还有一道明显的再压缩激波和经过圆柱体后发生转捩的边界层尾流区。图 3.105 的结果还表明弓形激波角约为 36.5°，前缘分离点至圆柱轴线距离约为 20 mm。实验中激励器出口布置于距圆柱体轴线上游 30 mm 处，因此用于激波控制的等离子体合成射流属于 U 型射流。

图 3.106 为一个激励器工作周期内，等离子体合成射流作用下超声速圆柱绕流流场发展过程。由图可知等离子体合成射流可以显著改变马赫数 2 超声速主流中，高径比 0.4 的圆柱绕流流场结构。

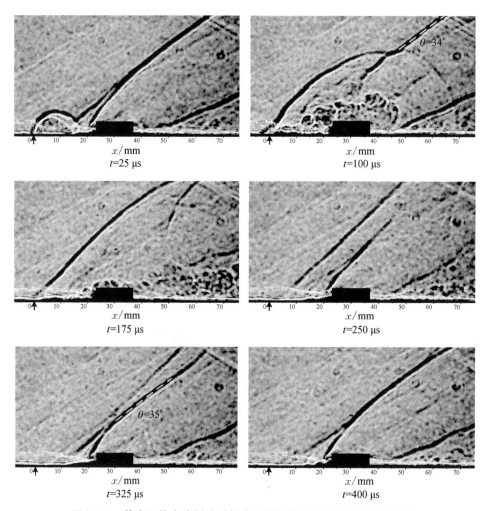

图 3.106 等离子体合成射流对超声速圆柱绕流流场控制发展过程图

当 $t = 25\ \mu s$ 时，射流产生的干扰激波和大尺度涡结构开始与圆柱前缘的分离激波相互作用，射流产生的大尺度涡结构进入到分离区内，导致分离激波位置上移，强度减弱。随着等离子体合成射流在超声速流场中的进一步发展，所产生的干扰激波影响区域增大，大尺度涡结构在流向和展向快速发展，对圆柱绕流流场的改变作用更为显著。当 $t = 100\ \mu s$ 时，圆柱已经淹没在等离子体射流产生的近壁面湍流结构中，分离区消失，弓形激波被推离近壁面，并且向上凸起，斜激波部分角度减小为约 $34°$。当 $t = 175\ \mu s$ 时，弓形激波不仅更加远离壁面，而且强度显著减弱，同时向上弯曲变形也更加明显。圆柱下游的再压缩激波也在壁面射流的作用下向上抬升、强度降低。随着时间的进行，由于等离子体合成射流自身强度的衰减，与超声速主流的相干作用强度减小，激波的控制效果也开始变弱。当 $t = 250\ \mu s$ 时，射流产生的近壁面湍流结构已经远离圆柱后缘，脱离了圆柱绕流流场的有效影响区域，射流干扰激波强度明显减弱。此时圆柱体前缘左上方开始有新的弓形激波建立，下游的再压缩激波也重新出现。当 $t = 325\ \mu s$ 时，等离子体合成射流对圆柱绕流流场的影响作用进一步减小，流场内仅有一道强度微弱的等离子体射流干扰激波，而圆柱前缘的弓形激波和下游的再压缩激波强度明显增大。此时弓形激波角增大为约 $35°$，仍小于无控制时的弓形激波角，这表明虽然等离子体合成射流强度减小，但对激波的控制效果仍然存在。当 $t = 400\ \mu s$ 时，圆柱绕流流场已经基本恢复至无射流作用的初始状态，等离子体合成射流的控制过程结束。上节可知 $400\ \mu s$ 正是 5 mm 激励器出口直径对马赫数 2 超声速主流有效干扰作用时间。

图 3.106 的结果表明，激励器所产生的近壁面湍流结构在圆柱绕流激波控制过程中具有重要的作用，例如，当 $t = 100\ \mu s$ 和 $175\ \mu s$ 时对弓形激波和再压缩激波的抬升与减弱效果。同时从图 3.106 还可以发现，受控圆柱绕流流场中，弓形激波强度最小的时刻并非近壁面湍流结构最大的时刻（例如 $t = 100\ \mu s$ 时），而是出现在近壁面湍流结构明显，同时射流干扰激波影响区域较大，并维持一定强度的时刻（例如 $t = 175\ \mu s$ 时）。受控圆柱绕流流场并没有随着近壁面湍流结构的远离（$t = 250\ \mu s$ 时）而迅速恢复至无控制的初始状态，而是又经历了大约 150 μs 才重新建立起高径比 0.4 的有限高超声速圆柱绕流典型流场。这表明基于等离子体合成射流的超声速圆柱绕流激波控制，是近壁面湍流结构和射流干扰激波共同作用的结果，即近壁面湍流会改变激波位置、形状和强度，干扰激波则具有控制效果增强和控制时间延长的作用，具体控制机制如图 3.107 所示。

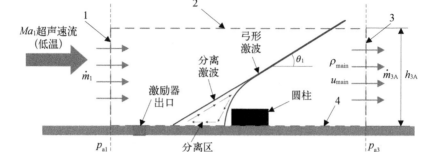

(a) 无等离子体合成射流时的超声速圆柱绕流流场结构示意图

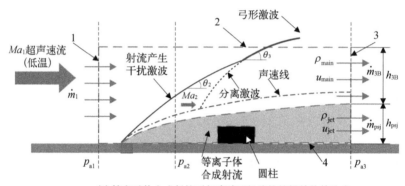

(b) 等离子体合成射流对超声速圆柱绕流流场结构的改变

图 3.107 等离子体合成射激波控制原理示意图

图 3.107(a) 为无施加等离子体合成射流时,考虑流体黏性的超声速圆柱绕流流场结构示意图。在流场中取由边界 1、2、3 和 4 组成的控制区域,如图中虚线所围部分,其中边界 1 位于激励器出口上游,边界 3 位于圆柱体尾缘下游,边界 2 与流线平行,边界 4 即为中心平板上表面。控制区域高度为 h_{3A},通过边界 1 和 3 进出控制区域的气体质量流量分别为 $\dot{m}_1$ 和 $\dot{m}_{3A}$。根据质量守恒原理:

$$\dot{m}_1 = \dot{m}_{3A} = \int_0^{h_{3A}} \rho_{\text{main}} u_{\text{main}} \, \mathrm{d}y \tag{3.41}$$

当等离子体合成射流激励器工作时,控制区域内的流动可以分为两个部分:高度为 h_{3B} 的超声速主流区和高度为 h_{psj} 的等离子体近壁面射流区。由于等离子体合成射流激励器较小的腔体体积和工作的零质量通量特性,因此可以认为通过边界 1 流入控制区域的气体质量与边界 3 流出的气体质量相等,即

$$\dot{m}_1 = \dot{m}_{3B} + \dot{m}_{\text{psj}} = \int_0^{h_{\text{psj}}} \rho_{\text{jet}} u_{\text{jet}} \, \mathrm{d}y + \int_{h_{\text{psj}}}^{h_{3B}} \rho_{\text{main}} u_{\text{main}} \, \mathrm{d}y \tag{3.42}$$

由于激励器工作过程中,腔体内的火花电弧放电会对腔内气体产生强烈的加热效果,从而使得喷出射流的温度显著提高,Ko 等[29]的实验结果即表明放电结束后 75 μs,距离激励器出口下游 1.85 mm 处射流温度高达 1 600 K。因此等离子体合成射流进入到低温的超声速主流中,在注入动量的同时还具有对局部流动明显的加热效果。首先,等离子体合成射流会增大主流干扰区域湍流边界层厚度和边界层内湍流强度,射流的大尺度涡结构也会将边界层外高动量主流卷吸进来,从而增大边界层能量,提高其抑制分离的能力,实现圆柱体上游分离区的减小或消除,从而减小激波强度和角度;其次,等离子体合成射流的加热作用,会增大近壁面射流区域当地声速,降低当地马赫数,使得声速线上移,并最终将弓形激波推离圆柱体,而激波脱体距离的增加伴随着马赫数的减小,也即激波强度和角度的减小。

根据流动系统中的热阻塞理论[30],加热会使气体流动加速,压力降低,并导致受热区域单位流通面积内的质量流量减小。受热前后单位流通面积的质量流量之比为

$$\varepsilon = \frac{\dot{M}_{\text{heat}}}{\dot{M}_{\text{unheat}}} = \frac{1}{\sqrt{1 + \dfrac{s_0}{c_p T}}} \qquad (3.43)$$

式中,s_0 为单位气体质量的加热量;c_p 为比定压热容;T 为未加热时的气体温度。

假定激励器工作过程中火花电弧放电对气体的加热过程为定容加热,则单位气体质量的加热量可表示为

$$s_0 = c_v(T_0 - T) \qquad (3.44)$$

式中,c_v 为比定容热容;T_0 为加热后的气体温度。若取 $T_0 = 1\,600$ K,超声速风洞静温为 $T = 163$ K,则 h_{psj} 区域内有无等离子体射流时的质量流量之比 ε 可以简化为

$$\varepsilon = \frac{1}{\sqrt{1 + \dfrac{c_v(T_0 - T)}{c_p T}}} \approx \frac{1}{\sqrt{1 + 9\dfrac{c_v}{c_p}}} \qquad (3.45)$$

163 K 温度条件下空气定容和比定压热容之比约为 0.72,据此求得 $\varepsilon \approx 0.36$。因此,由于等离子体合成射流的热效应,在有激励器工作时,h_{psj} 高度内的等离子体合成射流质量流量约为无射流注入的 1/3,根据式(3.40)和式(3.41),

h_{3B} 通道内将会有更多的气体流过,从而产生强烈的压缩作用,并使得弓形激波凸起变形。

射流干扰激波对圆柱绕流激波控制的作用机制则是基于超声速气流中激波前后的压强的变化关系。对于图 3.107(a)中无射流干扰激波情况,弓形激波前后的压强比为

$$\frac{p_{a3}}{p_{a1}} = \frac{2k}{k+1} Ma_1^2 \sin^2\theta_1 - \frac{k-1}{k+1} \tag{3.46}$$

当流场中出现射流干扰激波时,干扰激波前后的压强比为

$$\frac{p_{a2}}{p_{a1}} = \frac{2k}{k+1} Ma_1^2 \sin^2\theta_2 - \frac{k-1}{k+1} \tag{3.47}$$

此时,弓形激波前后压强比变为

$$\frac{p_{a3}}{p_{a2}} = \frac{2k}{k+1} Ma_2^2 \sin^2\theta_3 - \frac{k-1}{k+1} \tag{3.48}$$

由于超声速气流中斜激波法向分量必定为超声速,即 $Ma\sin\theta > 1$,因此经过斜激波后的气流压力升高,即式(3.47)中 $\frac{p_{a2}}{p_{a1}} > 1$,同时由式(3.46)~式(3.48)可知:

$$\frac{p_{a3}}{p_{a1}} > \frac{p_{a3}}{p_{a2}} \tag{3.49}$$

即由于射流干扰激波的作用,圆柱绕流弓形激波前后压强比减小,压差降低,从而使弓形激波强度减弱。

综合以上分析,等离子体合成射流的激波控制机制可以归纳为以下三个方面:

(1)射流对近壁面湍流边界层厚度、湍流强度的增强和能量的注入,提高了边界层抑制流动分离的能力,减小分离区大小,降低激波强度;

(2)射流温度的升高增大了近壁面射流区域当地声速,降低当地马赫数,使声速线向上抬升,即增加了弓形激波的产生高度,又降低了激波强度,而气体升温的热阻塞效应会增大射流区域外的气体质量流量,造成对弓形激波的压缩,使弓形激波产生凸起变形;

(3)射流干扰激波的引入会引起圆柱绕流流场中弓形激波前后压差的减小,从而降低激波强度。

3.4　小结

本章针对高超声速飞行器进气道压力恢复性能和起动性能,开展了基于自持式合成双射流的主动流动控制研究,分析了自持吸吹式合成双射流激励器布置参数、结构参数和驱动参数对超声速进气道流动控制效果的影响规律;开展了等离子体高能合成射流激波调制的数值模拟和实验研究,详细分析了横向射流与主流的干扰特性,获得了不同斜劈、圆柱、方柱下的激波控制规律,明晰了等离子高能合成射流在激波调制中的作用机制。

参考文献

[1] 王翼.高超声速进气道起动问题研究.长沙:国防科学技术大学,2008.

[2] 李祝飞.高超声速进气道起动特性机理研究.合肥:中国科学技术大学,2013.

[3] 赵一龙.高超声速进气道分离流动建模及不起动机理研究.长沙:国防科学技术大学,2014.

[4] 方传波.基于主动射流的超声速进气道起动特性数值模拟研究.长沙:国防科学技术大学,2009.

[5] 何鹏,董金钟.合成射流方向布局对 S 形进气道分离控制的效应.航空动力学报,2015,30(2):306-314.

[6] 南向军.宽马赫数二维曲面压缩高超声速进气道设计.火箭推进,2015,41(1):43-49.

[7] Grossman K R, Cybyk B Z, VanWie D M. Sparkjet actuators for flow control. AIAA Paper, 2003-57, 2003.

[8] Grossman K R, Cybyk B Z, Rigling M C, et al. Characterization of sparkjet actuators for flow control. AIAA Paper, 2004-0089, 2004.

[9] Narayanaswamy V, Raja L L, Clemens N T. Characterization of a high-frequency pulsed-plasma jet actuator for supersonic flow control. AIAA Journal, 2010, 48(2):297-305.

[10] Caruana D, Bappicau P, Hardy P, et al. The "Plasma Synthetic Jet" actuator aero-thermodynamic characterization and first flow control applications. AIAA Paper, 2009-1307, 2009.

[11] Anderson K. Characterization of spark jet for flight control. New Brunswick: Rutgers, The State University of New Jersey, 2012.

[12] 王林.等离子体高能合成射流及其超声速流动控制机理研究.长沙:国防科学技术大学,2014.

[13] 何霖.超声速边界层及激波与边界层相互作用的实验研究.长沙:国防科学技术大学,2011.

[14] 王登攀.超声速壁面涡流发生器流场精细结构与动力学特性研究.长沙:国防科学技术

大学, 2012.

[15] Emerick T M, Ali M Y, Foster C H, et al. Sparkjet actuator characterization in supersonic crossflow. AIAA Paper, 2012 – 2814, 2012.

[16] Ben-Yakar A, Hanson R K. Ultra-fast-framing schlieren system for studies of the time evolution of jets in supersonic crossflows. Experiments in Fluids, 2002, 32(6): 652 – 666.

[17] Ali M Y, S. Alvi F, Kumar R, et al. Studies on the influence of steady microactuators on shock-wave/boundary-layer interaction. AIAA Journal, 2013, 51(12): 2753 – 2762.

[18] Gruber M R, Nejad A S, Chen T H, et al. Mixing and penetration studies of sonic jets in a mach 2 free-stream. Journal of Propulsion and Power, 1995, 11(2): 315 – 323.

[19] Spaid F W. Two-dimensional jet interaction studies at larger values of Reynolds and Mach numbers. AIAA Journal, 1975, 13(11): 1430 – 1434.

[20] Spaid F W, Zukoski E E. A study of the injection of gases from transverse slots with supersonic external flows. AIAA Journal, 1968, 6: 205 – 212.

[21] Narayanaswamy V, Raja L L, Clemens N T. Characterization of a high-frequency pulsed-plasma jet actuator for supersonic flow control. AIAA Journal, 2010, 48(2): 297 – 305.

[22] Murugappan S, Gutmark E. Control of penetration and mixing of an excited supersonic jet in supersonic crossflow. Physics of Fluids, 2005, 17(10): 106101.

[23] 李素循. 激波与边界层主导的复杂流动. 北京: 科学出版社, 2007.

[24] 马汉东. 超声速/高超声速绕凸起物流动特性研究. 北京: 北京航空航天大学, 1997.

[25] 王林. 等离子体高能合成射流及其超声速流动控制机理研究. 长沙: 国防科学技术大学, 2014.

[26] Zhou Y, Xia Z X, Luo Z B, et al. Effect of three-electrode plasma synthetic jet actuator on shock wave contro. Sci China Tech Sci, 2017, 60(1): 146 – 152.

[27] Viswanath P R. Shock wave turbulent boundary layer interaction and its control: a survey of recent developments. Sadhana, 1988, 12(1/2): 45 – 104.

[28] 马汉东. 超声速/高超声速绕凸起物流动特性研究. 北京: 北京航空航天大学, 1997.

[29] Ko H S, Haack S J, Land H B, et al. Analysis of flow distribution from high-speed flow actuator using particle image velocimetry and digital speckle tomography. Flow Measurement and Instrumentation, 2010, 21(4): 443 – 453.

[30] 过增元, 赵文华. 电弧和热等离子体. 北京: 科学出版社, 1986.

第4章

超燃冲压发动机燃烧室掺混增强主动控制

4.1 引言

燃料增强、混合及其稳定燃烧是超燃冲压发动机燃烧室有待取得突破的核心研究问题。研究表明,利用主动流动控制方法可以有效增强燃料和空气的掺混。

4.2 合成射流超声速混合层控制

4.2.1 合成双射流超声速混合层控制特性

1. 超声速钝后缘混合层流场结构及不稳定特性

1) 超声速钝后缘混合层流场结构特征

图 4.1 展示了在压力匹配即隔板后缘上下尾缘压力相同的情况下,某时刻的瞬时流场图像,与理论分析得到的流场结构吻合。流动从隔板后缘处分离,产生膨胀波,分离流继续向下游发展形成自由剪切层流,而后上下两股剪切层流在再附点处相遇,发展为再发展混合层。同时由于上下流体之间的再压缩作用,在再附点附近形成再附激波。再发展混合层由于上下速度不同,产生强烈的剪切作用,形成大尺度涡结构,并逐渐破碎为小涡,以达到上下侧流体动能交换的目的。

从图 4.1 还可以看出,由于安装凸台及实验段壁面的存在,其产生的壁面凸台激波及再附激波与壁面边界层产生的激波边界层干扰。值得注意的是,激波边界层干扰只出现在低速侧。而流场的下部再附激波和边界层的干扰没有诱导

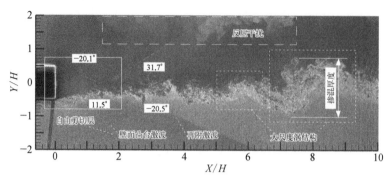

图 4.1　超声速钝后缘混合层流场 NPLS 图像

出类似的流动结构,作者认为是由于需要隔板上下静压匹配的原因,上流道的总压(21.77 kPa)小于下流道的总压(101.33 kPa),在相同的背压情况下,上部流场的抗反压能力较弱,更容易激发起激波边界层干扰的不稳定。

　　进一步观察图 4.1 发现,再发展混合层从刚开始阶段就已经是湍流状态,这与赵玉新[1]研究的超声速混合层流动存在很大区别。如图 4.2 所示,典型的超声速混合层流动在初始阶段 0~70 mm,流动表现为层流特性,上下侧流动的速度差异并未引起动量的交换;70~160 mm 区域,流动才因 K-H 不稳定性而形成涡结构,之后涡进一步发展破碎,成为完全的湍流。超声速钝后缘混合层的再发展混合层明显没有层流状态,再附点后的流动已经表现为近似完全的湍流状态。然而随着混合层的进一步发展发现,完全湍流有卷起涡的趋势,如图 4.1 虚线框所示。本书认为这与典型超声速混合层 K-H 涡形成的机制相同,同时与圆柱绕流研究中的二次涡也有一定联系,更多的解释还需要进一步的研究。

图 4.2　相对马赫数为 0.24 典型超声速混合层 NPLS 图像,高度 40 mm,长度 230 mm[1]

　　首先,研究再附点后湍流形成的原因,为此放大图 4.1 中实线框的近尾迹区,如图 4.3 所示。由于上侧流体亮度较低,流场结构不清晰,主要通过下侧流体说明问题。从图 4.3 可以看出,隔板下壁面的来流边界层为层流状态,从隔板后缘分离后,与回流区的低速流体之间形成自由剪切层,其实质上也是一种混合层。不过由于下侧为超声速流动,回流区内为亚声速流动,自由剪切层具有很大的速度梯度,即很大的对流马赫数。在初始阶段,刚脱落的分离流也表现出与一般超声速混合层一样的层流段,不过很快就发展出涡结构。在再附点前,自由剪切层的湍流度已经很高。在再附点处,上下两股自由剪切层汇合,这一过程势必会进一步增加流动的湍流度。同时由于流动再压缩形成的再附激波与再附点的相互作用,类似于激波边界层干扰[2],进一步增强了流动的湍流度,使得再附点后的再发展混合层从一开始就是近似完全的湍流状态。

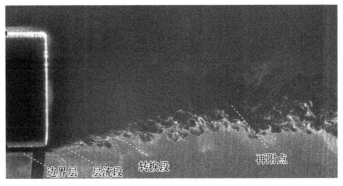

图 4.3　近尾迹流场图像

再次观察图 4.1,图像整体呈现上半部分暗,下半部分亮的特点,二者在中间位置由于剪切作用形成混合层。呈现明暗的原因在于下半部分流动的速度高,静温低,在压力匹配情况下,流动的密度大,其包含的纳米粒子相对较多,使得激光在这一区域的散射强度增强,CCD 相机获得更多光,从而表现为亮区。这一明暗特点也是评判掺混效果的一个重要准则,即明暗区域相互交错的范围,如图 4.1 中虚线框内定义的掺混厚度表征了当地的掺混效果。

另一点需要说明的是实验中出现的斜条纹,主要分为两类:一类是隔板下后缘处明暗相间的条带,这是由于激光在上后缘尖点处大部分被反射,没有透过玻璃隔板;另一类则是下侧流场中广泛存在的斜条纹,实际上也存在于上侧流场中,产生的原因目前尚不清楚。作者通过多次对比实验发现以下初步结论:① 斜条纹普遍存在,且不随着流场的变化而变化,表现出定常性;② 斜条纹不是由于玻璃表面洁净程度引起的;③ 实验附近并没有强电磁环境,不存在电磁干扰;④ 斜条纹的形成不是相机和光路的原因,通过与同实验台[仅实验段(包括玻璃)不同]的测量结果对比发现,其他并没有此类问题出现;⑤ 玻璃的厚度恰好为激光的半波长导致流场中出现干涉条纹这一原因也存在问题,形成的干涉条纹应该为横条纹,而实验中为竖的斜条纹;⑥ 斜条纹与玻璃放置的方法及大小没有关系,在展向和流向基于纳米粒子的平面激光散射(nano-tracer planar laser scattering,NPLS)NPLS 图像中均观察到这一现象。在此基础上,作者认为斜条纹的产生是由于玻璃内部结构,但还需要进一步说明。幸运的是这一斜条纹并不影响流场结构,仅给之后的图像处理带来了一定的难度。

2) 超声速钝后缘混合层流动不稳定特性

(1) 流向场结构的敏感性。图 4.4 展示了在同一次实验下的两个不同时刻的超声速钝后缘混合层流场结构,其中图 4.4(b) 即为图 4.1,两幅图都具流场特征,但其在发展混合层却存在很大区别。从再发展混合层的精细结构上来看,图 4.4(a)中再发展混合层主要由小尺度涡结构组成,流动发展完全,再发展混合层限制在一个较小的范围内;而图 4.4(b)中再发展混合层则存在明显的大尺度涡结构,再发展混合层发展的区域相较于图 4.4(a)扩大了近一倍。在再附点处,两个时刻的流动都表现出杂乱的湍流状态,然而随着流动的发展,其再发展混合层的流动形态却表现出不同的特点,图 4.4(a)延续了再附点的湍流特性,再发

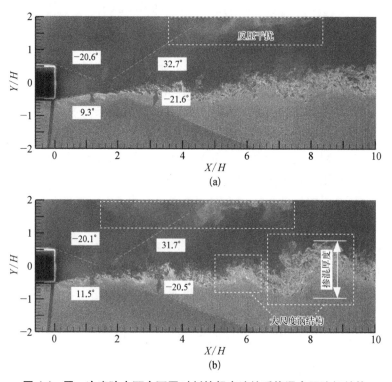

图 4.4 同一次实验中两个不同时刻的超声速钝后缘混合层流场结构

展混合层一直处于湍流状态,而图 4.4(b)却发生了自组织的现象,由湍流状态发展为拟序的涡结构。这一现象在典型的超声速混合层中也曾被发现过,称为二次涡。目前对于二次涡的形成原因仍没有定论,作者认为这一点像是混沌理论中一维逻辑斯蒂映射在不断周期倍分岔迭代解不断增加的过程中,存在迭代解收敛于少数几个值的情况,即从无序到有序的转变过程[3]。二次涡的形成就是流动非线性控制方程在初边值条件作用下表现出的由无序向有序转变的过程。

再发展混合层与典型混合层一样,对于初边值条件具有很高的敏感性。对于超声速钝后缘混合层,其自由剪切层和再附激波具有明显的边界,可以作为流场结构定量的标准用于研究边值条件对再发展混合层的影响。

图 4.4 两幅图像中标注了自由剪切层和再附激波与水平线的夹角(以逆时针为正),其角度相差很小,然而引起的再发展混合层在流场结构上却存在很大差别,这正是再附混合层敏感性的重要体现。对于自由剪切层,由于上流道密度低,上流道自由剪切层的自动识别较为困难。通过观察发现,两道再附激波的交点位置近似为流场的再附点位置,相比于激波角度,再附点位置具有更好的评价标准,故本节最终选择通过再附激波识别方法获得再附点的位置,作为流场的定量标准用于研究超声速平板尾流的不稳定特性。

(2) 再附激波与再附点识别方法。再附点的定义最早源于边界层的研究中,但再附点的准确定义目前仍未形成统一的标准[4]。本书研究的超声速钝后缘混合层流动,从便于定量的角度考虑,以再附激波的交点作为再附点的定义。激波作为流场参数在波阵面上发生突跃变化形成的压缩波,反映在 CCD 相机所获得的图片上,其图片灰度表征着流场的密度信息,可以通过识别图像中灰度梯度最大的位置,以此获得激波的准确位置。然而对于实际的拍摄图像而言,背景、椒盐等噪声使得识别的灰度梯度最大值位置可能不是激波位置,导致激波识别错误。同时注意到,相比于下流道,上流道的来流马赫数仅为 1.37,其再附激波强度明显较弱,给识别带来很大的挑战。

对于椒盐噪声,通过设定相应的阈值可以排除椒盐亮点对于灰度梯度识别的影响。为了解决背景噪声和上流道的弱激波结构给激波识别带来的问题,采用高阶梯度的方法,即计算该点前后一定数量点的灰度差值,以此扩大在激波处的灰度梯度,从而提高激波的识别能力。图 4.5 为采用这种方法识别的结果,可以看出主要的识别点都在激波上,然而由于噪声干扰的影响,一些识别点明显偏离激波所在位置。

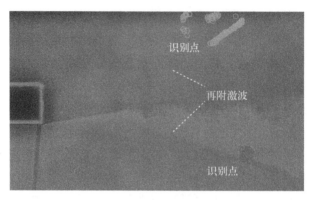

图 4.5　灰度梯度识别激波

从图像中可以看出,识别点分布不均匀,此时若采用传统的最小二乘方法拟合再附激波直线,会导致存在很大的差别。本文采用随机抽样一致(random sample consensus,RANSAC)算法[5],通过随机采样的方法,识别直线的内点,建立更加准确的直线模型。图 4.6 给出了 RANSAC 的程序框图,其主要的思想就是寻找包含最多内点数的模型方程。

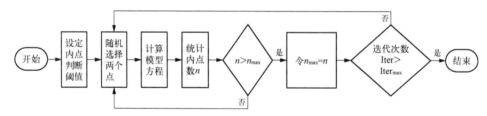

图 4.6　RANSAC 程序框图

算法在选取构造模型方程的两个点时,为了尽可能发掘出包含最多内点的,采用随机选择的方法。现在讨论这一方法的数学原理。

假设数据集中属于模型方程阈值范围带内的内点数为 $N_{inliers}$,内点在数据集 N 中的比例为 $t = N_{inliers}/N$。对于拟合直线问题,需要选取两个点。这两个点中,至少有一个是外点的概率为 $1 - t^2$。对于 k 次随机抽样,都没有找到全是内点的情况的概率为 $(1 - t^2)^k$,则得到正确解的概率为

$$P = 1 - (1 - t^2)^k \tag{4.1}$$

对于本节激波结构识别问题,其内点占比 t 在 70% 左右,经过 10 次迭代即可得

到 $P>99.9\%$。为了保证识别精度,设置最大迭代步数为 10 000,判断阈值设为
1.0,并通过多次识别使再附点相对于隔板厚度的位置偏差在 2% 以内。图 4.7
为对一张实验图像采用 20 次 RANSAC 算法识别激波与再附点的结果,绿色五
角星所示的位置为 20 次再附点的最小包络圆中心,其关于隔板厚度的无量纲直
径为 0.018,满足识别精度要求。

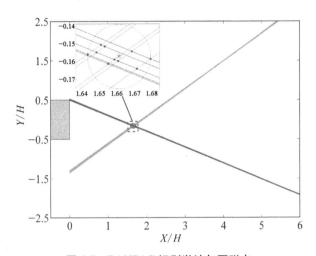

图 4.7　RANSAC 识别激波与再附点

（3）再附点不稳定性。图 4.8 给出了单次实验中 100 张 NPLS 图像再附激
波与再附点识别结果。与图 4.4 中所标注尺寸相同,低速侧的再附激波角总体
上都要大于高速侧,但两侧再附激波角的变化范围相当。低速侧的再附激波角

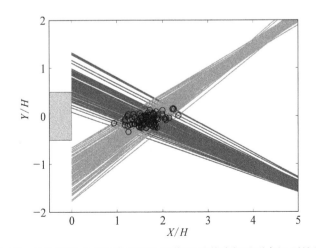

图 4.8　单次实验中 100 张 NPLS 图像再附激波与再附点识别结果

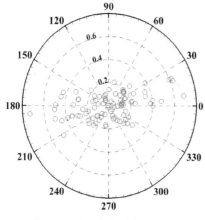

图 4.9 再附点极坐标分布图

范围在 $[18.43°, 27.51°]$，高速侧再附激波角范围在 $[-39.09°, -28.81°]$。由于线条过于密集，图 4.8 中仅可以看出再附点集中于尾迹的中心区域，主要在流向上离散分布，在纵向的离散程度不大。为了更加清楚地展示再附点的分布规律，以所有再附点平均中心为极点，绘制再附点分布的极坐标图，如图 4.9 所示。

在极坐标图中，再附点分布呈现集群特性，为此作者统计了到极点一定距离内的再附点百分比（表 4.1），可以看出随着距离的增大包含再附点百分比增加速度越来越慢，距离由 0.5 增加到 0.6，百分比仅增加 2%。结合图 4.9 中再附点的分布也发现，到极点距离大于 0.5 的再附点分布过于分散。作者认为这是由识别方法的误差引起的，故在以后的分析中将其舍去。

表 4.1 到极点一定距离内的再附点百分比

到极点距离	包含再附点百分比/%
0.2	56
0.3	76
0.4	85
0.5	94
0.6	96

根据上述分析，重新制作再附点的极坐标图，如图 4.10 所示。在排除误差因素后，明显发现基于之前图 4.8 得出的初步结论并不完全正确。再附点在纵向的分布范围为 $[-0.2484, 0.2107]$，流向分布范围为 $[-0.4838, 0.4917]$。从数值上看流向分布是纵向分布的两倍左右，但并没有呈现出明显的条带，采用最小二乘法拟合直线的相关系数仅为 0.07，不符合直线方程的拟合要求。由此可得，在现实验条件下，再附点分布具有空间不稳定特性，且流向不稳定性强

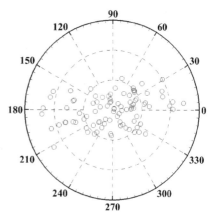

图 4.10 修正的再附点极坐标分布图

度更大。

由于采用 NPLS 技术,采集的图像时间间隔远大于流场的特征时间,使得再附点的分布特性不具备时间相关性,无法进行时间维度的分析,缺乏对于再附点分布时间特性的研究。今后的实验中,可以利用高速摄影技术,进一步完善这一方面的研究。

(4)再附点不稳定性对再发展混合层发展的影响。对于超声速流场,其控制方程的主要数学性质为双曲型,表现为流场下游的扰动无法对流场上流产生影响,但流场上游的扰动在流场下游却存在影响锥。本小节讨论再附点不稳定性对于流场下流再发展混合层的影响,希望可以找出再发展混合层敏感性的表征规律,为今后混合层的控制提供依据。

以图 4.1 所标注的掺混厚度作为再发展混合层掺混效果的评价依据,采用边缘检测的方法得到同一组数据的掺混厚度,并利用隔板厚度进行无量纲化。图 4.11 给出了经误差排除后的掺混厚度频数直方图。掺混厚度呈现近似的正态分布,经计算其均值为 1.478 7,在峰值附近。这一分布规律说明,掺混厚度主要集中在一个范围内,并在一些扰动作用下产生振荡。

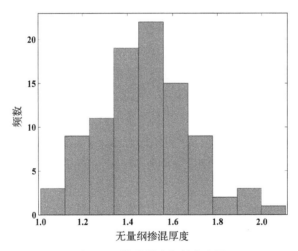

图 4.11　掺混厚度频数直方图

对于超声速钝后缘混合层流动而言,包括来流扰动在内的多种因素都可能影响到再发展混合层的不稳定性,但对于实验而言这些因素都难以定量。作为再发展混合层的起点,再附点的不稳定性对再发展混合层的不稳定性具有重要的作用。图 4.12 给出了再发展混合层掺混厚度在再附点上的分布图,试图寻找

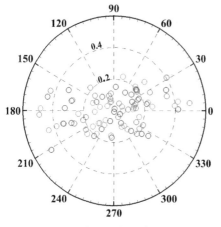

图4.12 再发展混合层掺混厚度在
再附点上的分布图

再附点分布特点与再发展混合层掺混厚度之间的规律。

将掺混厚度从大到小排列,依据频数占比分为三个部分,前 30%、中 40%、后 30%,即掺混厚度按大小分为三组,$1.0108 \leqslant \delta < 1.3871$、$1.3871 \leqslant \delta < 1.5591$、$1.5591 \leqslant \delta \leqslant 2.1075$,在图 4.12 中的颜色分别对应为蓝、绿、红。蓝绿红三种颜色在再附点分布图上相互交错,并没有出现明显的集群现象,这说明再附点位置的不稳定性对再发展混合层的不稳定性的影响作用很小,也即说明再发展混合层对于再附点位置变化不具有较强的敏感性。这一点与初步的猜想大相径庭,不能用再附点不稳定性作为再发展混合层不稳定性的客观表征,对再发展混合层的不稳定特性还需要从其他方面进一步研究。

2. 合成双射流流场控制特性

本小节主要研究前面所提两种流动控制方式[主动式和自持式(图4.13)]对超声速钝后缘混合层的控制能力。振动膜片作为两者的重要组成部分,是产生控制射流的主要途径,通过膜片的振动达到压缩腔体体积的目的,从而在出口处形成射流,因此膜片参数的选取至关重要。腔体的几何参数保持一致,二者的差异仅表现射流口位置上。膜片长度二者也保持一致,振动频率取为 $f_v = 500\ \mathrm{Hz}$,振幅设为 $A = 1.0\ \mathrm{mm}$。仿真设置:计算步长为 $\mathrm{d}t = 1 \times 10^{-7}\ \mathrm{s}$,单步迭代50次,要求每步迭代误差小于 10^{-3},计算总时长为 $T = 6 \times 10^{-3}\ \mathrm{s}$。

1)流场结构对比

首先考察两种流动方式对于流场结构的影响,图4.13给出了五个工况下瞬时流场密度云图对比图,分别为(a)无流动控制组件、(b)主动式膜片不振动、(c)主动式膜片振动、(d)自持式膜片不振动、(e)自持式膜片振动。

图4.13中(a)、(b)、(d)三者都没有膜片的振动,只在几何结构上存在差异。通过对比可以发现,(a)和(b)流场结构几乎没有太大的区别,涡特性也几乎相同,说明隔板上下表面的 1.0 mm 小孔对流场影响很小。但图4.13(d)中,再发展混合层的涡结构明显变大,且在再附点附近出现小激波结构[6],说明此时的涡结构已经很强,与激波相互作用产生一系列的小激波结构。同时注意到,相

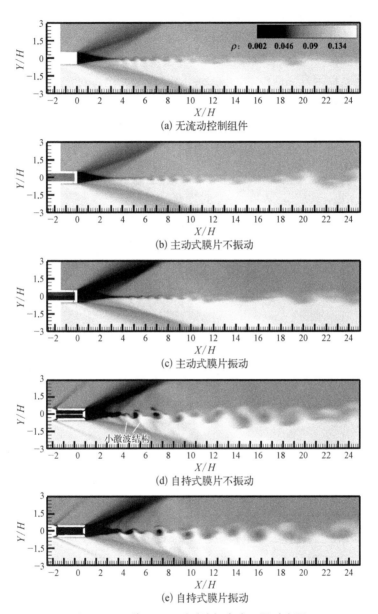

图 4.13　五种工况下瞬时流场密度云图对比图

比于主动式图 4.13(b),自持式图 4.13(d)在隔板上下表面的引流口形成明显的
激波结构。

　　图 4.13(b)和图 4.13(c)及图 4.13(d)和图 4.13(e)为主动式和自持式是否
开启膜片振动的流场对比,由图可见膜片振动对瞬时流场结构的影响并不大,图

像的差异主要是时间不同引起的。为了衡量膜片振动的影响需要从平均量和流场的不稳定特性等其他方面展开分析。

为了说明自持式对超声速钝后缘混合层产生如此大的作用效果,图4.14给出了自持式膜片不振动情况下近尾迹区瞬时速度云图,可以看出在隔板后缘上的两个出口形成喷射射流,速度近200 m/s,与分离形成的自由剪切层相互作用,导致再附点位置流动产生很大的摆动特性,从而在再发展混合层一开始就产生大涡结构。

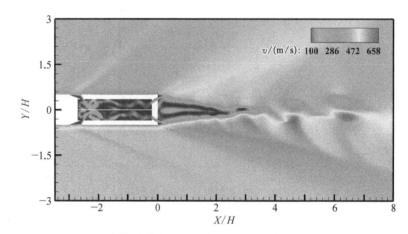

图4.14 自持式膜片不振动情况下近尾迹区瞬时速度云图

2)尾迹流动特性对比

通过流场结构的对比发现,自持式相比于主动式具有更好的作用效果,但对于膜片振动的影响无法得出,本小节从尾迹特性的角度考虑,以组分厚度作为掺混效果的评价指标。

图4.15给出了五种工况下掺混厚度的变化曲线图,分别为(a)无流动控制组件、(b)主动式膜片不振动、(c)主动式膜片振动、(d)自持式膜片不振动、(e)自持式膜片振动。由于涡结构发展更加充分,自持式两种工况(d)和(e)的再发展混合层增长速度明显高于其他三种工况。主动式工况(b)和(c)仅在再发展混合层的初期表现出较高的增长率,但随着流动的发展增长率提前降低,导致再发展混合层后期的掺混厚度与无控制组件工况下相近。

对于膜片振动的影响,通过比较(b)和(c)及(d)和(e)发现,其作用的效果不同,对于主动式起到一种增强的作用,而对于自持式则表现出抑制再发展混合层的发展。两者膜片的振动频率和幅值都相同,出现这种相反的控制效果的原

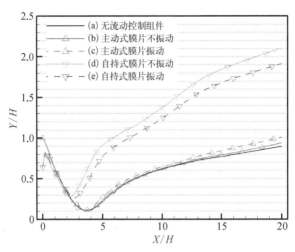

图 4.15　五种工况下掺混厚度的变化曲线图

因,作者认为主要是两者结构的不同,其流场的特征频率不同,在相同频率控制射流表现出的共振或抑制现象。如果这一假设成立,通过改变振动膜片的频率就能达到有效控制再发展混合层,实现一种控制方式达到增强和抑制的双重控制效果,因此还需要通过其他方式对假设加以验证。

同时注意到,对于自持式工况,由掺混厚度表征的再附点位置有所前移,这点与设计初衷存在差异。自持式隔板后缘射流口采用斜向设计,希望"推开"分离产生的自由剪切层,应当会导致再附点后移,而实际情况却恰恰相反。为了解释这一问题,给出两种控制方式下近尾迹区瞬时下侧组分云图,如图 4.16 所示。通过对比发现,主动式自由剪切层表现出层流流特性,而自持式已经出现明显的涡卷起结构,并逐渐发展。作者认为正是这种自由剪切层的转捩导致上下层组分

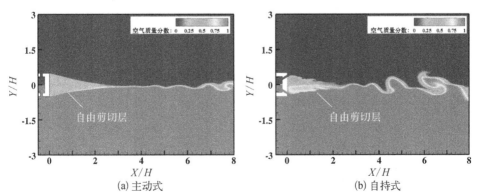

图 4.16　两种控制方式下近尾迹区瞬时下侧组分云图

掺混加剧,从而使得再附点前移。

3）非定常频谱特性对比

在上一小节中提到,流场特征频率不同可能是膜片振动对再发展混合层产生不同作用效果的主要原因,本小节从流场的频谱特性方面展开分析,考察这一假设的正确性。通过分析,可以看出隔板两侧流场的非定常特性虽然幅值不同但变化趋势相同,具有准相似规律,因此在之后的分析中只对上侧监测点进行频谱分析。

（1）主动式。针对主动式控制方式,由于其流场结构与无控制组件的超声速钝后缘混合层流场相近,实际上膜片不振动情况下,二者几乎相当。采用相同的监测点分布,如图 4.10 所示,同时在上下射流的出口中心位置各设置一监测点,为 Probe-0。图 4.17 给出了主动式膜片振动情况下主要监测点的功率谱密度

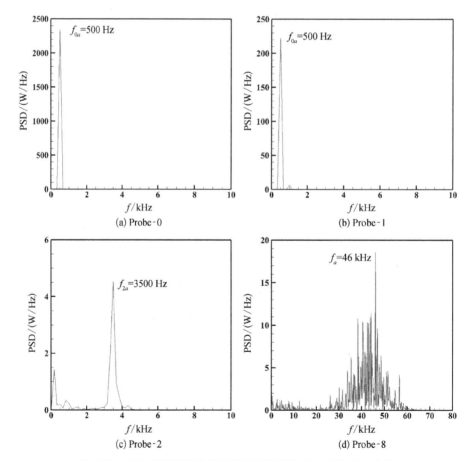

图 4.17　主动式膜片振动情况下主要监测点的功率谱密度曲线

曲线。从图中可以看出,射流出口只存在一个主频 f_{0a} = 500 Hz,与膜片的振动频率相同,表明由于膜片振动的确在出口处形成周期性控制射流。由于只有单一频率,其功率谱密度较大。

主频 f_{0a} = 500 Hz 在隔板后缘边界层内监测点 Probe-1 的功率谱密度中仍占据主导地位,但其强度相比于 Probe-0 降低了一个数量级,而在 Probe-3 中,f_{0a} = 500 Hz 的主频已经不再是频率脉动的主要成分,且强度几乎降为 0。由膜片产生的控制信号,经历边界层及拐角分离流,其频率的控制信号强度已经很弱,说明这一过程存在抑制控制信号的因素,作者认为这就是膜片振动作用效果不明显的重要原因。

注意到 Probe-2 处的主频与无控制情况下相当,强度也基本持平,这是图 4.18

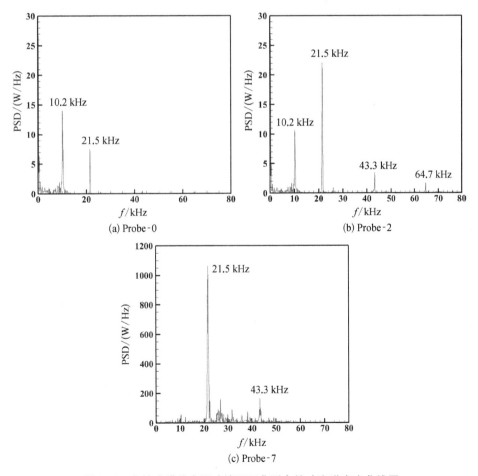

图 **4.18**　自持式膜片未振动情况下典型点的功率谱密度曲线图

中在回流区掺混厚度变化规律基本相同的主要原因。Probe-8 处主频为 $f_a =$ 46 kHz，比无控制的频率 $f = 43$ kHz 要高，但强度仅为无控制的一半，这使得二者在再发展混合层后期存在差异。这一差异必然是膜片振动引起的，但对于单一膜片振动算例，很难从频谱特性上得出相关结论。

（2）自持式。自持式单边腔体有两个射流口，位于隔板上下表面的为射流入口，隔板后缘的为射流出口。射流入口主要起到引流作用，射流出口为实际的控制部件。采用与主动式相似的监测点布置方法，在上下射流出口处分别布置一个监测点，为 Probe-0，坐标为 $(0.05, \pm 0.38)$，此时射流刚好喷出还未与自由剪切层交汇。

图 4.18 展示自持式膜片未振动情况下典型点的功率谱密度曲线图，相比于主动式，在隔板后缘自由剪切层前期和控制射流出口，Probe-2 和 Probe-0 处，就已经产生高频脉动，这导致在自由剪切层位置流动就发生转捩，大大增强了流动前期的不稳定性。在 Probe-7 处流场的特征频率功率谱密度达到最大，比主动式有所提前，且强度达到 1 000 W/Hz，是主动式的 20 倍，因此自持式在再发展混合层发展的后期掺混厚度仍具有较高的增长率。图 4.19 对膜片振动情况下进行了频谱分析，相比于未振动情况其功率谱密度曲线变化趋势与主动式相似，只在频率和幅值上产生了相应的变化。

通过对主动式和自持式膜片不振动与振动情况下的功率谱密度对比分析发现，膜片振动在近射流出口的监测点对功率谱密度曲线影响较大，但在再发展混合层处其作用相对较小，作者认为这是由于膜片的驱动频率仅为 500 Hz，与流场的特征频率相差太大，无法实现对流动不稳定性的控制作用。由于时间关系，对于高驱动频率的膜片仿真还在进行中，相关结论还需要进一步研究证实。

3. 合成双射流控制流场 DMD 分析

通过 DMD 方法分析发现，主动式相比于无控情况下没有太大区别，本小节主要对自持式控制方式进行分析。

图 4.20 给出了利用 DMD 方法对自持式流场进行分析得到的各模态极限环，各模态在极限环上的分布特点与无控情况类似，流动发展呈现规律性。但由之前的分析可知，自持式相比于无控情况，其再发展混合层的掺混厚度高出两倍。

各模态的频率及其振幅关系如图 4.21 所示。可以明显看出，主动式各频率的模态振幅要大于无控情况下，比值也在 2 左右，作者认为这正是主动式掺

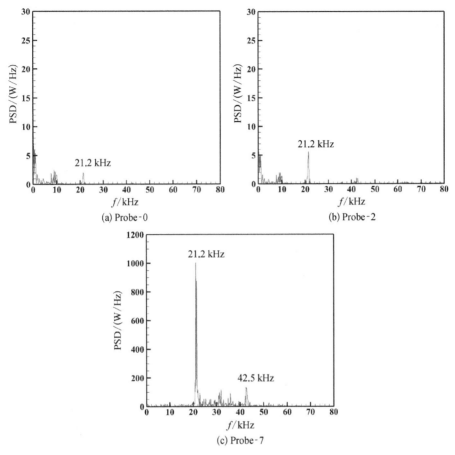

图 4.19　自持式膜片振动情况下典型点的功率谱密度曲线图

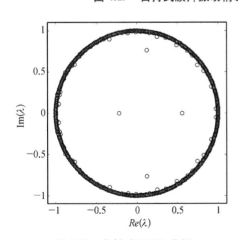

图 4.20　自持式 DMD 分析
得到的极限环

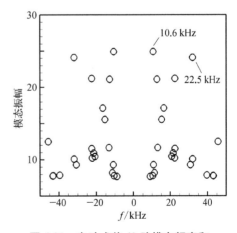

图 4.21　主动式前 40 阶模态频率和
对应模态振幅关系图

混特性大于无控情况的原因。同时由图 4.21 可得,主动式的特征频率为 $\pm 10.6\,\text{kHz}$ 和 $\pm 22.5\,\text{kHz}$,这与在隔板后缘和再发展混合层处获取的主要特征频率一致。

图 4.22 给出了这两个对称模态的标量场云图。首先观察频率 $\pm 22.5\,\text{kHz}$ 对应的对称模态标量场云图,是在再附点处产生交替的正负组分源,只是主动式的再附点要更加靠前。产生的组分源随着流动的发展而扩大,其上下侧位置逐渐错开并导致分离。通过分析可知,这一模态正是导致混合层产生涡结构的关键原因,这与在再发展混合层位置 Probe-7 点处由功率谱密度曲线获得的主频为 $21.5\,\text{kHz}$ 相互印证。同时注意到 $\pm 22.5\,\text{kHz}$ 对应的标量场强度很高,这也验证了主动式的控制效果。

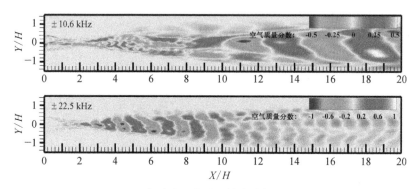

图 4.22 主动式两个对称模态的标量场云图

观察频率 $\pm 10.6\,\text{kHz}$ 对应的对称模态标量场云图,其结构较为复杂,在 $X/H = 4\sim 8$ 段甚至产生了浪花状结构,之后出现大片的交错正负能量源。将定常模态叠加分析,得到图 4.23,发现在再发展混合层前期变化相对不规则,但后期出现涡结构。分析结构,可知这一频率信号由来流产生,在再发展混合层初期被抑制,但随着流动的发展逐渐占据主导地位。

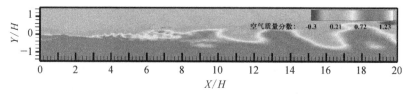

图 4.23 耦合频率 $\pm 10.6\,\text{kHz}$ 模态和定常模态的标量场云图

为了验证这一说法,图 4.24 给出 Probe-11 点处的功率谱密度曲线,由图可见,频率 10.3 kHz 的功率谱密度超过频率 21.2 kHz,占据主导地位,这与 DMD 分析的结果一致,也说明前文中关于膜片频率过低导致流动控制不明显假设的合理性,回流区和再发展混合层构成一个高通滤波器,只有高频控制信号才能通过。目前这些结论都是由膜片单一频率振动情况下得到的,进一步论证还需要更加系统的仿真实验结果加以说明。

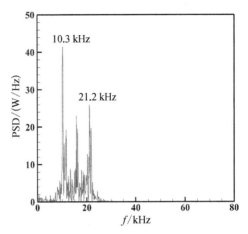

图 4.24　自持式 Probe-11 点处的功率谱密度曲线

4.2.2　等离子体高能合成射流超声速混合层控制特性

1. 典型流场控制特性

超声速混合层广泛存在于超燃冲压发动机燃烧室、超声速飞行器发动机尾喷管处及超声速飞行器外表面凹腔处,因而具有十分重要的应用价值。

在超燃冲压发动机的应用中,燃料和氧化剂的快速掺混可以减小燃烧室的长度和提高燃烧效率。由于燃料和空气在燃烧室内停留时间较短,如何快速实现燃料和氧化剂的混合是实现超燃冲压发动机的关键技术。

超声速飞行器发动机在尾喷管出口喷出的气流和外界气体形成的混合层是产生噪声来源,出于环保和舒适性要求,需要降低噪声。对于军事用途来说,发动机排出的尾气是高温气体,降低飞行器的红外特征有助于提高飞行器的隐身性能,因此也需要通过超声速混合层快速掺混来降低噪声和红外特征。

此外,在超声速飞行器的外表面一般会为内埋式空投设备设计一个凹腔。这样在凹腔处就会形成一个剪切层,为保证设备的顺利投放和降低飞行器的阻力和气动热,此时也需要混合层的快速增强混合。

相对于亚声速混合层,超声速混合的混合层增长率增长缓慢。随着压缩性增强的混合难度越来越大,研究超声速混合层增强混合的方法具有十分重要的实际意义。

增强混合的方式都是基于加快失稳,加快诱导涡结构的原理设计的。混合增强的方式可以分为主动增强和被动增强[7]。被动增强一般通过改变尾缘结构来实现。常见的被动混合增强构型有波瓣、锯齿和其他特殊几何形状。主动增强是向流场周期性地注入能量,常见的方式有机械振动、合成射流和放电激励[8-14]。被动增强混合虽然具有简单易行的特点,但是不能根据实际情况改变。较被动增强混合方式而言,主动增强混合方式可以弥补这一缺陷,并且能在增强混合的同时降低损失。虽然主动增强混合是较为有效的增强混合方式,但传统的主动增强混合手段仍存在能量较低、需要外带起源、频率响应慢等方面的不足。

等离子体合成射流是一种弥补上述缺陷的有效手段,其具有能量密度高、响应速度快、无需额外的气源和没有机械部件的优势,因而是一种前景诱人的流动主动控制方式。等离子合成射流激励器由约翰·霍普金斯大学应用物理实验室于2003年首次提出。等离子体合成射流激励器的放电是在一个开有出口孔缝的小腔体内,所产生的等离子体并不与受控流场直接接触,而是通过加热腔内气体,使其增压膨胀并高速喷出,实现对流场的控制。等离子体合成射流已经应用在亚声速混合层增强混合中。Hardy实验研究了等离子合成射流对亚声速射流的控制,实验结果表明等离子体合成射流诱导出涡结构使得射流剪切层变厚。Huet采用数值仿真方法研究了等离子体合成射流对亚声速射流的流动控制,实现了降低噪声。Chedevergne等[14]采用实验加数值仿真的手段研究了等离子体合成射流对马赫数为0.6高雷诺数射流流动控制。Qitai Eri采用数值仿真的手段研究了等离子体合成射流对射流剪切层的混合增强,研究表明由等离子体合成射流产生的涡结构和射流的拍打是混合增强的关键。

Narayanaswamy对等离子体合成射流控制超声速流场进行了研究,说明等离子体合成射流可以控制超声速流场。目前等离子体合成射流应用在超声速混合增强方面还未见报道。

Dimotakis和Gurtmark将混合层的混合过程划分为三个阶段,第一阶段为大尺度的湍流结构使得非旋转流体被卷吸进入混合区内,而混合层的增长率一般是指这一阶段的增长率,可称为总体增长率(global growth rate)。第二阶段的混合是湍流的小尺度混合,也称为混合转换(mixing transition)。大尺度湍流的破碎及湍流脉动(turbulence stirring),增加了混合流体的界面。最后一个阶段是分子混合(molecular mixing)。第一个阶段是后面两个阶段的基础和前提。因此,为了增强混合,首先要做的是产生大尺度的涡结构。本书利用等离子体合成射流射速快、能量大的特点,试图产生大尺度涡结构,实现混合层增长率的增大,进而实现混合。

本书研究等离子体合成射流对超声速混合层产生的影响。本节将使用 NPLS 系统观测 PSJ 对超声速剪切层的影响。实验捕捉到了三个方向截面的流场精细结构,分析了等离子体合成射流增强混合掺混特性,并且对垂直于展向截面的流场结构进行了时空分析。

2. 实验设备

实验使用的超声速风洞与王前程[15]和冯军红[16]使用的风洞相同,如图 4.25 所示。实验段长为 400 mm,高度为 60 mm,宽度为 200 mm。为消除流向压力梯度,风洞的上下壁面有 1° 的张角。10 mm 厚度的隔板从风洞入口到喷管出口将风洞从中间分为两部分。风洞上侧喷管马赫数为 1.37,风洞下侧喷管马赫数为 2.39,根据对流马赫计算公式

$$Mc = \frac{v_1 - v_2}{a_1 + a_2} \tag{4.2}$$

对流马赫数为 0.3,具体参数见表 4.2。上侧气流的总压调节器可在实验段实现静压匹配的。

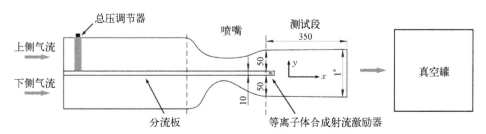

图 4.25　超声速混合层风洞示意图(单位为 mm)

表 4.2　压力匹配情况下校测流场参数

马赫数	$v/(\text{m/s})$	T/K	T_0/K	$\mu/(10^{-5}\ \text{m}^2/\text{s})$
1.37	405.16	218.39	300	1.431 2
2.39	567.18	139.87	300	0.963 5

等离子体合成射流的详细原理介绍参考文献[17]和[18]。图 4.26 是安装有等离子体激励器阵列的隔板示意图。X、Y、Z 分别代表流向、横向、展向。激励器安装在距离隔板尾端约 15 mm 处,实现对上侧气流的扰动。激励器由圆柱形放电腔体和一对电极组成。电极选用直径为 1 mm 的钨针,以提高电极的抗放电烧蚀能力。放电电极之间的距离为 1 mm。圆柱形放电腔体的直径为 12 mm,高度为

6 mm,体积为 678.24 mm³,有一个直径为 2.5 mm 的射流孔,如图 4.27 所示。电源采用的高压脉冲电源最大输出电压为 10 kV,脉冲频率为 1~100 Hz,放电最大电流超过 250A,单次脉冲最大输出能量为 20 J。放电时的电压和电流分别通过 Tecktronic P6015A 型高压探头(带宽 75 MHz,衰减比 1 000∶1),并通过 Tecktronic DPO3014 型数字示波器(带宽 100 MHz,采样频率 2.5 GS/s)进行采

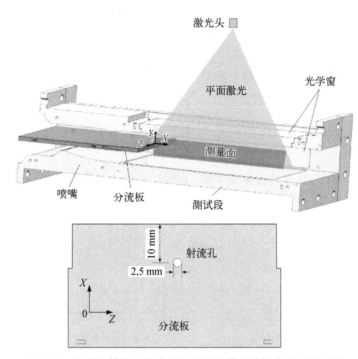

图 4.26 安装有等离子体合成射流激励器的隔板在风洞的位置

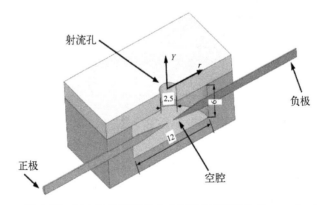

图 4.27 两电极等离子体合成射流激励器(单位: mm)

集,本次实验使用的放电电容为 640 nF。击穿电压为 4.12 kV,根据电容能量的计算公式

$$E = \frac{1}{2}CU^2 \tag{4.3}$$

可以推测电容能量为 5.43 J。

实验使用 NPLS 系统来获取流场的精细结构。NPLS 系统是由赵玉新等[19]基于瑞利散射原理开发出来的。NPLS 系统包含有如下部分。双腔 Nd：YAG 激光器,波长为 532 nm,单次脉冲的能量为 350 mJ,脉冲宽度为 6 ns;一台跨帧 CCD 相机,像素为 4 008×2 672;一台控制激光器和相机的同步控制器;一台纳米粒子发生器;一台计算机。TiO$_2$有效直径为 42.5 nm,松弛时间为 66.3 ns,因而被选为示踪粒子。TiO$_2$最大优势在于对小尺度的脉动有较好的跟随性。流场图片的灰度图与纳米粒子的浓度成比例。纳米粒子的浓度又与密度成比例,所以流场图片的灰度值可以反映密度场。本次实验获取了三个方向垂直截面的流场精细结构。

NPLS 的最大工作频率为 2 Hz,但是相机的曝光时间仅为 6 ns,等离子体合成射流激励器作用在流场的时间远小于 1 ms。等离子体合成射流的扰动需要一段时间之后才能传输到观测区域中间方便观测。为满足上述的要求,NPLS 需要在等离子体合成射流激励器工作一段时间之后再开启工作。用一台信号源发生器触发等离子体合成射流激励器,延时一段时间触发 NPLS 系统。NPLS 拍摄区域具体时序见图 4.28。激光片光在射流孔的中心。拍摄区域为隔板后 0~150 mm 区域,面积为 150 mm×60 mm。

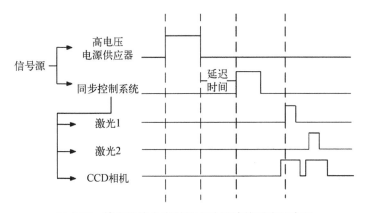

图 4.28　等离子体合成射流实验系统的时序示意图

3. 结果分析

1）流向方向对混合层的影响

图 4.29 中可以看到混合层向上倾斜(低速侧)。这是因为混合层的卷吸上

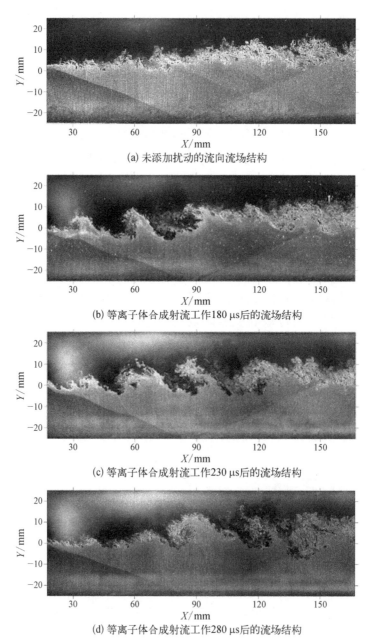

(a) 未添加扰动的流向流场结构

(b) 等离子体合成射流工作180 μs后的流场结构

(c) 等离子体合成射流工作230 μs后的流场结构

(d) 等离子体合成射流工作280 μs后的流场结构

图 4.29　不同延时时间的等离子体合成射流扰动流场结构图

下是不对称的,低速侧的卷吸量大于高速侧的卷吸量。在混合层 $X = 80$ mm 处有一道激波,混合层经过激波后继续向上偏折。当等离子体合成射流工作后,这道激波被消除。

图 4.29 中可以清晰地看出等离子体合成射流在超声速混合层横向方向可以产生较大的扰动,并且可以看出产生大尺度结构的同时,涡结构内部会出现絮状物,这个结构出现可以较快地实现均匀混合。随时间的推移,扰动逐渐向下游转移,涡结构开始破碎,涡的破碎程度及絮状物都比未受扰动的流场要大。由此可以表明,等离子体合成射流不仅可以诱导出大尺度结构,同时也可以促进两股气流的均匀混合。

图 4.30 中可以看出随着展向位置远离射流孔,等离子体合成射流对混合层的影响逐渐减弱。在 $Z = 5$ mm 时还可以看到明显的扰动。在 $Z = 10$ mm 处,尽管扰动小于 $Z = 5$ mm 处,但是仍然可以发现产生涡尺度要大于未受扰动的流场。

图 4.31 是两幅等离子体合成射流扰动流场的 NPLS 结果,图 4.31(a)与图 4.31(b)两者之间的时间间隔为 50 μs。从图中观察可以得出大尺度涡结构 1 比大尺度涡结构 2 窄。大尺度结构被认为变细了,尽管它被拉长。变细的原因是大尺度涡结构内部气体与外界进行热交换,温度降低后压力也降低,因而缩小。至于大尺度涡结构变长,是由于周围的大尺度涡结构增长。

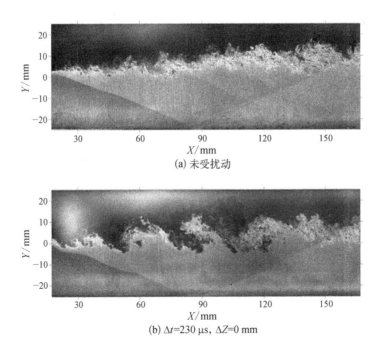

(a) 未受扰动

(b) $\Delta t = 230$ μs, $\Delta Z = 0$ mm

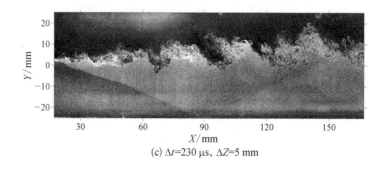

(c) Δt=230 μs, ΔZ=5 mm

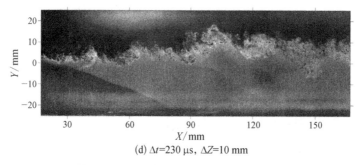

(d) Δt=230 μs, ΔZ=10 mm

图 4.30　同一时刻不同位置的 NPLS 图像

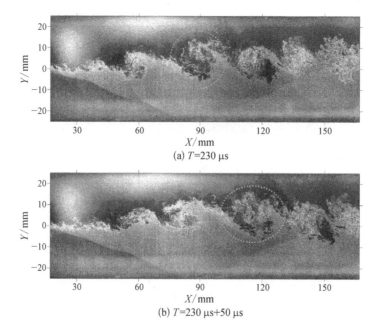

(a) T=230 μs

(b) T=230 μs+50 μs

图 4.31　时间间隔为 50 μs 的一对图像

图 4.31 中还可以发现在上下两股流体中夹着黑色带状结构,推测这是从激励器中喷出的射流,由于气体过度膨胀造成密度极低,所以这股气流比上下两股气体的灰度值要低很多。由于中间气流的密度与上下两股气流的密度较大,根据以往文献的研究,密度比较大的混合层厚度较大,可以推测这样的结构也有助于混合增强。

2）对展向流场的影响

图 4.32 中可以观测到射流尾迹中的间歇性大尺度结构。同时发现等离子体合成射流随流场向下游的移动,其对流场的影响在展向减弱的趋势,并且流向上大尺度结构也开始变小。

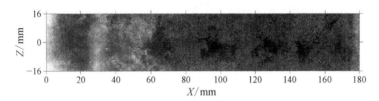

图 4.32　$Y=0$ mm XOZ 面的 NPLS 结果

3）流向垂直截面流场

图 4.33 中可以看出等离子体合成射流的扰动明显。流向截面等离子体合成射流是一个圆柱形射流。射流内部有许多的絮状物,这种结构有助于均匀混合。同时可以看出,等离子合成射流在展向作用范围有限。

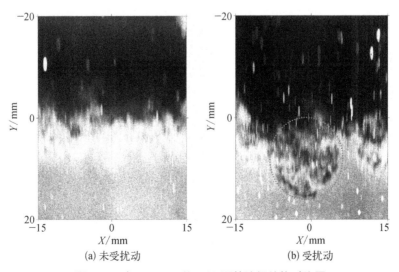

(a) 未受扰动　　　　　　　　(b) 受扰动

图 4.33　在 $X=6$ cm 处 YOZ 面的流场结构对比图

4）混合层厚度

混合层厚度是判断是否实现混合层增强的一个重要指标。本小节对比三个不同的延时时刻及未受扰动情况下的混合层厚度。NPLS 结果先通过局部阈值处理,再进行 canny 算子的边缘检测,最终混合层从 NPLS 结果中提取出来混合层界面,如图 4.34 所示。我们认为混合层的厚度应该是由涡结构的大小来反映的,因此测量了混合层中涡结构的横向尺度。图 4.35 为不同延时时刻及未受扰动的混合层厚度对比结果。从图中可以看出,延时 230 μs 的混合层厚度大于延

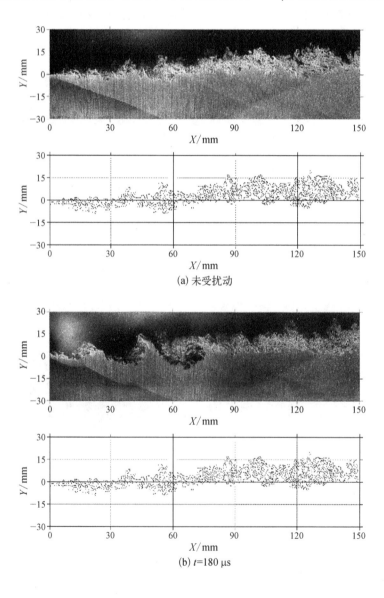

(a) 未受扰动

(b) t=180 μs

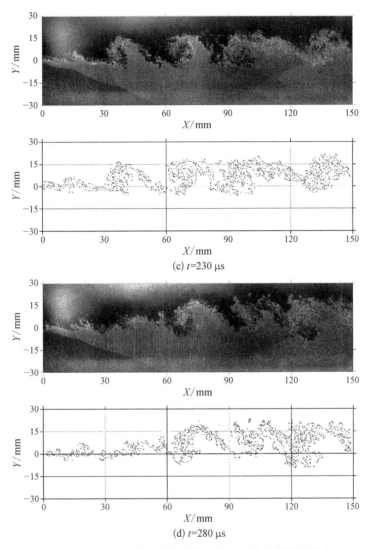

(c) $t=230\,\mu s$

(d) $t=280\,\mu s$

图 4.34　超声速混合层流动结构三次延迟的边缘检测图像

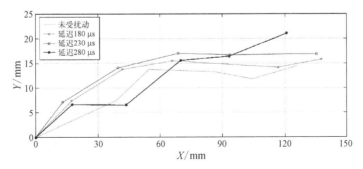

图 4.35　不同延迟时间下混合层厚度变化规律

时 180 μs，延时 180 μs 混合层厚度大于未受扰动时的混合层厚度。当延时 280 μs 的时候，扰动向下游移动，上游既没有大尺度的涡结构，小尺度涡结构也较少，因而上游混合层厚度甚至比未受扰动情况下的厚度还小。但是在下游延时 280 μs 的混合层厚度明显增大，最大增加了约 33%。扰动过后可能会抑制混合层的增长。可以根据扰动作用时间来确定两次扰动的时间间隔，为连续脉冲扰动设置频率提供了参考。总的说来，等离子体合成射流可以明显增加混合层的厚度。

5）混合层分形维数

分形维数是描述不规则曲线破碎程度的几何量。分形维数越大说明曲线破碎越严重，也就表明混合层中小尺度涡结构脉动强度越剧烈。计算分形维数的方法有很多，计盒维数是其中一种较好的分形度量方法。所谓计盒维数是指：为计算一个平面集 F 的盒维数，可以构造一些边长为 δ 的正方形（盒子）覆盖该平面集，然后计算不同 δ 值的"盒子"与 F 相交的个数 $N_\delta(F)$，盒维数就是当 $\delta \to 0$ 时，$N_\delta(F)$ 增加的对数速度，集合 F 的分形维数用公式可以表述为

$$\mathrm{Dim}(F) = \frac{\log(N_\delta(F))}{-\log(\delta)} \qquad (4.4)$$

将 NPLS 结果图像沿着流向划分为 15 个区域，每个区域为 10 mm。图 4.36 为分形维数计算结果。图中可以看出，四个工况的分形维数值相近。总体来看未受扰动的分形维数值最大。延时 $t = 180$ μs 时，在 $X = 30$ mm 处产生大尺度涡结构，对应在分形维数曲线图中，此处分形维数值较低。延时 $t = 230$ μs 和 $t = 280$ μs 时刻的分形维数的波动主要发生在大尺度涡结构附近。在大尺度涡结构的左侧小尺度涡结构较多，在大尺度涡结构的右侧小尺度涡结构较少。总的说来，扰动无法提高分形维数值，也就是说无法增加小尺度涡结构脉动强度。

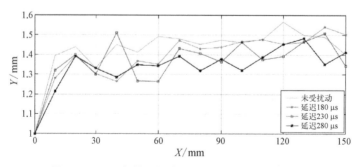

图 4.36　不同条件下超声速混合层的分形维数分布

6）结论

本节对等离子体合成射流激励器阵列超声速剪切层增强混合的特性进行了实验研究。等离子体合成射流诱导的大尺度涡结构被 NPLS 成功捕获。基于这些结果认为等离子体合成射流可以有效增强混合。等离子体合成射流诱导的涡结构有特殊的演化机制，气体温度升高，导致气体膨胀，继而导致涡结构增大，温度降低后，大尺度涡结构尺寸又会有所收缩。通过分析三个方向流场结构，可以获知在本节的条件下，等离子体合成射流对流场的横向有较大的扰动，但是对展向的作用有限，此结论对于以后设计激励器阵列对流场的扰动有参考价值。当等离子体合成射流工作时，在隔板尾端产生的激波会暂时消失，进而减少混合层的偏折度。

4.3　自持式合成双射流凹腔流场控制

4.3.1　激波增压自持式合成双射流对凹腔性能影响研究

1. 无控状态下凹腔流场特性

计算中无量纲长度单位取为凹腔深度 D，无量纲时间单位 $t_c = D/U_\infty$，U_∞ 为来流平均速度。在 $Ma = 2$ 时无控状态速度云图和压力等值线图如图 4.37 所示，凹腔的剪切层起始于凹腔前缘，再附于凹腔后壁，剪切层与凹腔后壁存在强烈的撞击作用，出现明显的撞击激波，使得剪切层具有复杂的非定常行为。由于剪切层与后壁直接相互作用，在后壁上缘形成一个明显高压区，同时凹腔外的部分流体流入凹腔，在凹腔内形成低速回流区，回流区由充满整个区域的大涡和前驻点附近的小涡构成。

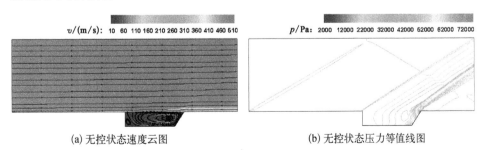

(a) 无控状态速度云图　　　　　　　　　(b) 无控状态压力等值线图

图 4.37　无控状态下凹腔速度和压力云图

凹腔的质量交换率是研究凹腔掺混的重要参数，近年来受到广泛关注[20,21]，质量交换率 $\dot{m}$ 是指单位时间内凹腔内的流体与主流之间交换的质量，驻留时间

τ 是指卷入凹腔内部的气体在凹腔内的驻留时间,两者成函数关系: $\tau = m/\dot{m}$,其中 m 为初始时刻凹腔内组分的总质量,计算中为了更好地观察凹腔内气体的交换过程,先计算凹腔非定常流动,将某一计算稳定时刻凹腔内的气体标记,组分随时间的变化过程,即为凹腔内气体与主流的交换过程。图 4.38 给出了凹腔内气体组分的演化图,其对应的时刻分别为 t_0、$t_0 + 25t_c$、$t_0 + 50t_c$、$t_0 + 100t_c$,其中 t_0 为定义腔内组分的初始时刻。

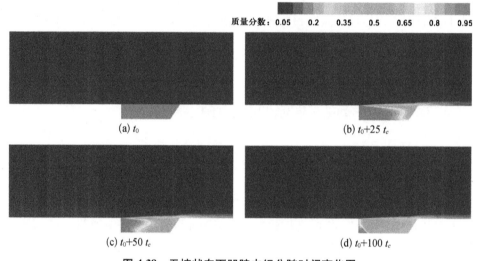

图 4.38 无控状态下凹腔内组分随时间变化图

从凹腔内气体质量的演化图可以看出,凹腔上部和后缘附近质量衰减较快,而凹腔前缘壁下部区域质量衰减较慢,这是因为凹腔内的气体与外流质量交换主要是通过剪切层的卷吸作用及剪切层与凹腔后壁的撞击作用实现的,其中,凹腔后壁与剪切层的相互作用对质量交换的影响占主导地位。对于凹腔内的大部分气体,可以通过低速回流区与外部流场进行质量交换,但从流线图可以看出,回流区由充满整个区域的大涡和前驻点附近的小涡构成,即与剪切层相互作用的大回流区没有经过前缘下部,所以凹腔前缘下部气体质量衰减最慢。

根据凹腔的质量交换特性,将自维持合成双射流激励器安装于凹腔,通过自维持射流加快低凹腔前壁附近气体与主流的交换速率,从而达到提升凹腔的掺混性能的效果。

2. 出口位置对凹腔性能的影响

激波增压式自维持合成双射流激励器(图 4.39)主要是利用凹腔后缘激波产生的高压区,其中激励器入口位于凹腔后缘壁上侧,激励器出口位于凹腔底部前侧,出口和入口宽度均为 2 mm,高度为 4 mm,激励器腔体宽度为 50 mm,深度为 10 mm,膜片半径为 23 mm。自维持合成双射流的振动膜片运动规律如下:

$$Y = A\left(1 - \frac{x^2}{R^2}\right)\sin(2\pi ft - \varphi) \tag{4.5}$$

其中,Y 为振膜上点的坐标值;A 为振膜的振幅;x 为膜片上的点距圆心的距离;R 为膜片的半径;f 为振动膜的振动频率;t 为流场的演化时间;φ 为延迟相位角。计算时自维持合成双射流激励器膜片的振动幅值为 1 mm,频率为 1 000 Hz。

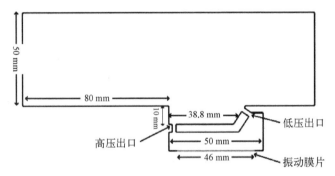

图 4.39 带自维持合成双射流激励器的凹腔结构图

计算域主体采用结构网格,为了配合动网格使用,合成双射流腔体内采用非结构网格,具体如图 4.40 所示,在计算流场中,凹腔和自维持合成双射流内部流场比较复杂,为了捕捉流场特征,对流场局部区域内的网格进行加密,网格量约为 16 万。合成双射流激励器的振膜采用弹性光顺和局部重构结合的动网格方法进行模拟,所以腔体内的网格为非结构网格,以实现膜片的振动计算。

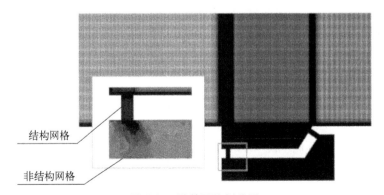

图 4.40 计算网格划分图

在超声速凹腔的流场中,将自维持合成双射流的高压入口布置于凹腔后缘壁上侧,一方面可以利用其压力梯度驱动形成自维持射流,另一方面可以削弱剪切层与后壁面直接撞击带来的不利影响。为了探究自维持合成双射流对凹腔性能的影响,对激励器的出口布置在凹腔底部前侧、凹腔底部中间(与凹腔底部呈45°),以及后壁下侧三种工况进行了计算分析,出口位置具体安放如图 4.41 所示,算例设置见表 4.3。

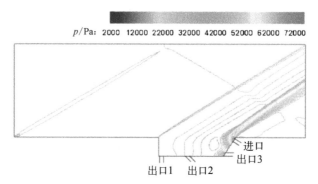

p/Pa: 2000 12000 22000 32000 42000 52000 62000 72000

图 4.41　自维持合成双射流激励器入口和出口位置分布图

表 4.3　激励器出口算例说明

算　例	Case0	Case1	Case2	Case3
出口位置	无控状态	出口 1	出口 2	出口 3

图 4.42 给出了四种不同工况下凹腔的质量衰减曲线,图中纵坐标为标准化后质量,以初始时刻凹腔内的质量为单位量,横坐标为无量纲时间,表 4.4 为不同条件下凹腔的驻留时间,且以无控状态凹腔的驻留时间和质量交换率为基准进行单位化处理。对比四种工况下凹腔的质量衰减曲线可以发现,激波增压式自维持合成射流激励器能够有效提升凹腔的质量交换率,流体在凹腔内的驻留时间大大减小。初始时,出口布置于不同位置的质量衰减率基本相同,都大于无控状态下凹腔的质量衰减曲线的斜率,随着时间的推移,出口 2 和出口 3 两种工况下的衰减曲率逐渐减小,最终与无控状态基本平行,表 4.4 定量地对比了四种不同工况下凹腔质量交换率和驻留时间,结果表明自维持合成双射流激励器出口位于出口 2 时,对凹腔的掺混效果最好,能够使凹腔的质量交换率提升 49%。

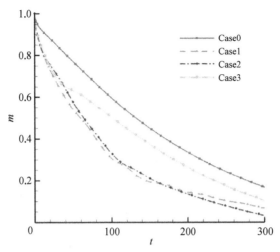

图 4.42 $L/D = 3.88$ 凹腔内质量衰减变化图

表 4.4 不同出口时凹腔的驻留时间和质量衰减率

算 例	驻留时间	质量交换率
Case0	1	1
Case1	0.786	1.272
Case2	0.670	1.492
Case3	0.843	1.186

  为了研究不同出口下自维持合成射流对凹腔质量交换特性的影响,图 4.43 给出了自维持合成射流激励器控制下凹腔的速度云图和流线图。从图中可以看出,自维持合成双射流激励器能利用凹腔后缘与凹腔底部之间的压力差,形成高速自维持合成射流对凹腔流场进行控制。

  当射流出口位于凹腔底部前侧时,在压力差的作用下形成很强的自维持射流,出口射流的平均速度约为 150 m/s,射流能够穿透凹腔内的低速回流区,与凹腔上层的剪切层相互作用,一方面,形成的高速自维持合成射流能将前壁附近气体带出凹腔;另一方面,射流与凹腔上部剪切层撞击,使得剪切在展向迅速发展,剪切层的卷吸作用得到加强,提升了凹腔的质量交换特性。

  对于射流出口位于凹腔底部中间的工况,射流速度能够达到 160 m/s,由于射流与主流撞击时的角度大于 90°,射流对剪切层的冲击更强,从流线图可以看出,由于自维持射流在凹腔中部形成一个虚拟外形,将凹腔分割为三个回流区,其中凹腔前侧上部形成一个回流区,加快了凹腔前壁附近组分与外界的质量交

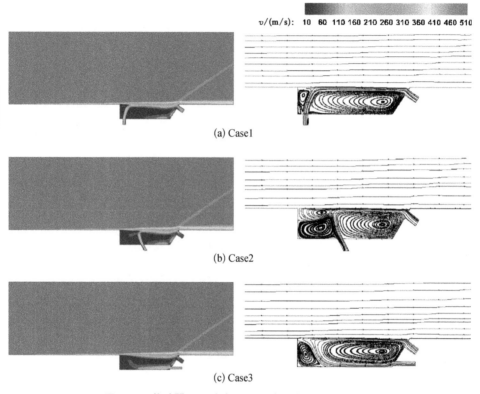

(a) Case1

(b) Case2

(c) Case3

图 4.43 激励器不同分布下凹腔的速度云图及流线图

换,此外,由于后部回流区减小,回流区的流速将增加,使得剪切层能够在相同的时间内带走更多的质量,所以 Case2 组分的驻留时间最短。

当出口位于凹腔后壁底侧时,自维持射流注入回流区底层,回流区底侧的能量增加,使得回流区速度加快,并向凹腔前壁发展,由于回流区的速度增大,相同时间内回流区能够带走的质量也越多,加快了凹腔与主流的质量交换,由于该工况不存在射流与剪切层的相互作用,所以质量衰减曲线较平滑。图 4.44 给出了 Case0 和 Case3 两种工况下,横坐标为 $X = 15$ mm、20 mm、25 mm 时凹腔内气体的速度分布,从图中可以看出,在所测量的三个位置,加入自维持合成射流激励器后凹腔的回流速度和凹腔上层剪切层的速度都大于无控状态下的速度,即凹腔内回流区的能量得到增强,快速流动有利于凹腔内气体的交换。

3. 驱动参数对凹腔性能的影响

驱动电压和驱动频率是自维持合成双射流的重要参数,通过控制输入电信号的电压和频率可以控制压电陶瓷膜片的振幅和频率,压电陶瓷振动膜片的振

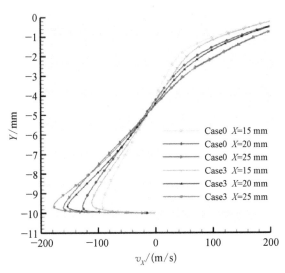

图 4.44 凹腔内速度剖面图

动作用可以增加射流能量,同时调制射流的频率和涡量特征。

为了研究驱动参数对凹腔性能的影响,本小节将激励器出口安装于出口 1 位置,表 4.5 给出了不同频率和不同振幅算例的具体参数。

表 4.5 激励器驱动参数

算 例	振幅/mm	频率/Hz
Case4	0	0
Case5	0.5	1 000
Case6	1	500

图 4.45 为不同振幅和频率下凹腔质量衰减曲线,通过比较 Case0、Case1、Case4、Case5 可以得到,加入自维持合成双射流可以有效提升凹腔的质量交换率,当振动幅值从 0 mm 升至 1 mm 时,凹腔的质量衰减曲线并没有太大变化,但随着振幅的增大,曲线的波动增加。通过比较 Case1、Case4 和 Case6 可知,当振动频率由 0 Hz 升至 1 000 Hz 时,凹腔的质量变化率基本无变化,但能够使衰减曲线产生波动。综上所述,在一定范围内增大振动膜片的振幅和频率都不能明显提升凹腔的质量交换特性,较大振幅和频率能使凹腔的质量衰减曲线产生波动,即能在一定范围内起到调制凹腔质量交换特性的作用。

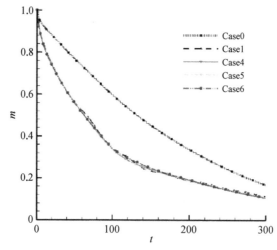

图 4.45　不同驱动参数时凹腔质量衰减曲线

4. 不同构型凹腔特性的影响

对于不同的超燃冲压发动机,其凹腔构型也不相同。为了适应不同的燃烧室凹腔需求,探究自维持合成双射流激励器对不同凹腔构型质量交换特性的控制效果,本节对比了长深比分别为 $L/D=3.88$ 和 $L/D=7.76$ 两种构型凹腔的质量交换特性,其中深度 $D=10$ mm,后缘倾角为 $56.25°$,具体算例设置见表 4.6。

表 4.6　$L/D=7.76$ 凹腔的出口分布

算　例	出口位置
Case7	无控状态
Case8	出口 1
Case9	出口 2

图 4.46 给出了不同长深比凹腔的质量衰减曲线,可以看出凹腔长深比对凹腔与主流的交换有影响。通过比较 Case0 和 Case7 发现,随着凹腔长深比的增大,凹腔的质量衰减减缓,由表 4.7 中的驻留时间显示表明 $L/D=7.76$ 的凹腔驻留时间要大于 $L/D=3.88$ 的凹腔,虽然随着凹腔长深比增大,剪切层得到充分发展,其卷吸作用增强,但由于 $L/D=7.76$ 的凹腔内气体的总质量是 L/D 的两倍,所以长凹腔内气体的驻留时间更长,这与文献[8]所得的结论一致。对比无控状态和自维持激励器控制下凹腔质量衰减曲线可以得到,加入激励器后能大幅提升凹腔的质量流率,且出口位于出口 1 和出口 2 位置控制效果几乎相同,都能使凹腔的质量交换率提升一倍多。对于 $L/D=7.76$ 的凹腔,其长度为 $L/D=3.38$ 的两倍,

前壁处有较多质量交换率较低的气体,而自维持射流能够加快该区域流体的质量交换率,所以随着凹腔长深比增大,自维持合成双射流激励器的控制效果更明显。

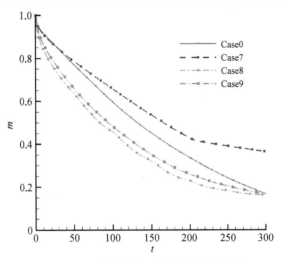

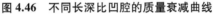

图 4.46　不同长深比凹腔的质量衰减曲线

表 4.7　$L/D = 7.76$ 凹腔的驻留时间和质量衰减率

算　例	驻留时间	质量交换率
Case7	1	1
Case8	0.472	2.117
Case9	0.464	2.152

5. 宽速域内自维持激励器对凹腔性能的影响

为了提升超燃冲压发动机的工作性能,需要其在较宽的速域内工作。本小节研究了在不同来流条件下自维持合成双射流对凹腔质量交换率的影响,保持来流总温和总压不变,只改变来流的马赫数,所选的计算模型为自维持合成双射流出口位于出口 1,具体算例设置见表 4.8。

表 4.8　来 流 马 赫 数

算　例	来流马赫数	出口位置
Case10	3	无控状态
Case11	3	出口 1
Case12	4	无控状态
Case13	4	出口 1

图 4.47 为不同马赫数下凹腔的质量衰减曲线,从图中可以看出,来流马赫数对凹腔与主流的质量交换率影响较大。随着来流速度的增加,剪切层很快掠过凹腔,使得剪切层发展不充分,且与凹腔后壁的相互作用面积减小,凹腔内质量衰减减缓,使得驻留时间增加。从表 4.9 中的结果可以得到,自维持合成双射流激励器能在较宽速域改善凹腔的质量交换特性。

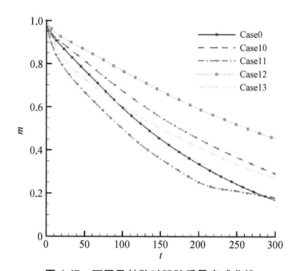

图 4.47　不同马赫数时凹腔质量衰减曲线

表 4.9　不同马赫数时凹腔的驻留时间和质量交换率

算　例	驻留时间	质量交换率
Case10	1	1
Case11	0.711	1.407
Case12	1	1
Case13	0.766	1.305

图 4.48 为激波增压式自维持合成射流不同马赫数下射流的速度,随着马赫数的增加,流入激励器的流体动能增加,其形成的自维持射流速度也随之增加,速度的增加提升了射流带走低交换率组分的能力,所以高马赫数下激励器对凹腔质量流率的提升效果更明显,但随着马赫数的增大,剪切层的发展越不充分,使得高马赫数下凹腔的质量交换率的改善效果有所下降。

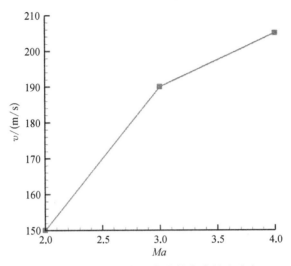

图 4.48　不同马赫数时自维持合成射流速度

4.3.2　动能增压自持式合成双射流对凹腔性能的影响

4.3.1 节分析了激波增压式自维持合成双射流对凹腔质量交换特性的影响，其中激波增压式自维持合成双射流主要是利用剪切层与凹腔后缘壁撞击产生的激波形成的压力梯度驱动形成射流。新型动压式合成双射流激励器则是利用来流动压形成自维持合成射流对超声速流场进行控制，本小节将探究其对凹腔性能的影响。

1. 动压式自维持合成双射流激励器

新型动压式自维持合成双射流激励器的工作原理是通过激励器动压进口引入一股高速来流，并经压电膜片振动，通过"借力过程"（高速来流冲压）和"调制过程"（压电膜片的振动）的作用，形成一股用于高速流场控制的高能射流。

对于动压式自维持合成双射流激励器的增压性能，由伯努利方程

$$p + \frac{1}{2}\rho u^2 + \rho g z = E(S) \tag{4.6}$$

可知对于完全气体，势能 $\rho g z$ 可以忽略，此时流场内任意两点的压力差为

$$\Delta p = p_2 - p_1 = \frac{1}{2}\rho(u_1^2 - u_2^2) \tag{4.7}$$

对于动压式自维持合成双射流激励器，其腔体内的压力增加可以表示为

$$\Delta p = \frac{1}{2}k\rho u_\infty^2 = kp_\text{d} \tag{4.8}$$

其中,u_∞ 为来流速度;p_d 为来流动压;k 为动压利用系数,其值域为$(0,1)$。

图 4.49 给出了不同海拔来流动压随马赫数的变化关系,由图可见,随着马赫数的增加来流动压明显增大,尤其是在低空区域几乎是按指数关系上升。例如飞行器在 10 km 高度工作时,大气静压仅有 1 200 Pa,而工作马赫数为 5 时,气体动压可达 21 000 Pa,动能增压效果达到 17.5 倍。因此对高速气体动压的有效使用,可得到高动能自维持合成射流。

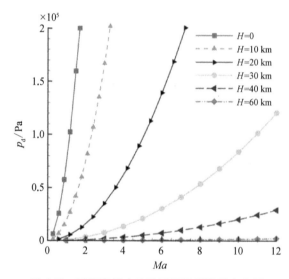

图 4.49 不同海拔来流动压随马赫数的变化图

2. 计算模型及网格划分

凹腔的计算模型与前面小节相同,动压式自维持合成射流激励器布置于凹腔上游,其中动压入口位于燃烧室壁面上,且从外向内收缩,目的是增大对高动能来流的收集,通过对无控状态下凹腔内质量的交换特性研究可知,凹腔内质量衰减最慢的区域为凹腔前缘壁下侧,为了加速凹腔内部与主流的质量交换,设计了三种不同的射流出口,分别位于凹腔上游、凹腔前壁下侧和凹腔底部前侧,具体尺寸如图 4.50 所示。

动压式自维持合成双射流的网格划分如图 4.51 所示,为了配合动网格的使用,采用结构网格和非结构结合的混合网格对计算域进行划分,为了保证计算精度要求,对部分区域进行加密处理。

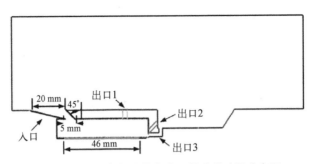

图 4.50　动压式自维持合成双射流激励器分布图

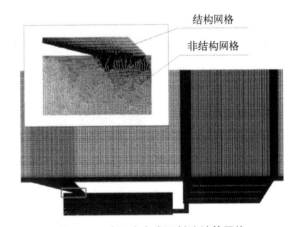

图 4.51　动压式合成双射流计算网格

　　计算采用与 4.3.1 节相同的边界条件和湍流模型,激励器振动膜片的频率为 1 000 Hz,振幅为 1 mm,具体算例设置见表 4.10。

表 4.10　动压式激励器出口位置分布

算　例	出口位置
Case14	出口 1
Case15	出口 2
Case16	出口 3

3. 动压式合成双射流对凹腔性能影响

　　图 4.52 为不同出口激励器控制下凹腔内气体质量分数的演化过程,计算中无量纲长度单位取为凹腔深度 D,无量纲时间单位 $t_c = D/v_\infty$,v_∞ 为来流平均速度。其对应的时刻分别为 t_0、$t_0 + 25t_c$、$t_0 + 50t_c$、$t_0 + 100t_c$,其中 t_0 为定义腔内组分的初始时刻。

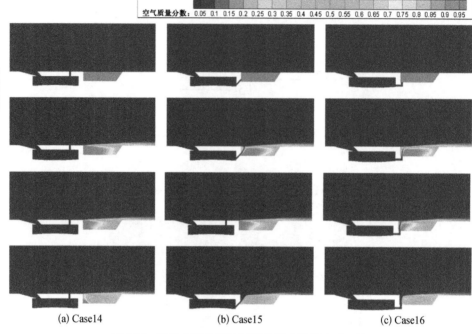

空气质量分数: 0.05 0.1 0.15 0.2 0.25 0.3 0.35 0.4 0.45 0.5 0.55 0.6 0.65 0.7 0.75 0.8 0.85 0.9 0.95

(a) Case14　　　　　　　(b) Case15　　　　　　　(c) Case16

图 4.52　不同出口位置控制下凹腔内质量衰减云图

对比 4.3.1 节无控状态下凹腔内气体的质量演化过程可以发现,动压式自维持合成双射流激励器出口位于凹腔上游时,凹腔的质量几乎与无控状态下一致;当激励器出口位于凹腔前缘壁下侧时,从凹腔内气体的质量演化图可以看出,动压式自维持合成双射流能够在出口形成一股射流,且射流能够快速将无控状态凹腔质量交换较慢的气体带走,从图 4.52 中可以看出,经过 $100t_c$ 后,凹腔前缘附近的气体基本交换完;当激励器出口位于凹腔底部前侧时,能够和出口位于前缘下侧达到同样的效果。

图 4.53 给出了凹腔的质量随时间的衰减曲线,可以得到动压式自维持合成双射流出口位于凹腔上游时,激励器对凹腔质量交换率影响不大,当激励器出口位于出口 2 和出口 3 时,可以提升凹腔内气体与主流的交换特性。为了定量地衡量激励器对凹腔质量交换特性的影响,表 4.11 给出了计算得到的凹腔驻留时间和质量交换率,同样以无控状态凹腔的驻留时间和质量交换率为基准进行单位化处理。在三种出口位置中,出口位置位于凹腔前缘壁下侧时质量交换率提高最大,提升量为 18.6%。

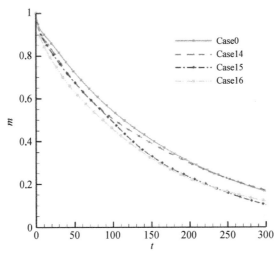

图 4.53 不同出口时凹腔的质量衰减曲线

表 4.11 不同出口位置凹腔驻留时间和质量交换率

算 例	驻留时间	质量交换率
Case14	0.987	1.013
Case15	0.843	1.186
Case16	0.866	1.155

图 4.54 给出了动压式合成双射流控制凹腔流动特性的速度云图,从图中可以得到,对于激励器出口位于凹腔上游的工况,出口处并不能形成自维持射流,这主要是由于出口处压强大,激励器入口和出口之间并不能形成压力差。当激励器出口布置于凹腔前缘壁下侧和凹腔底部前侧时,自维持合成双射流能够形成射流,通过计算,射流速度分别为 90 m/s 和 80 m/s。在这两种工况下,凹腔与主流的交换率提升的原因主要包括两个方面:一方面是射流的快速流动带走凹腔前缘壁底部的气体;另一方面是射流冲击剪切层使得剪切层在展向迅速发展,

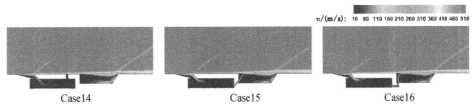

$v/(m/s):$ 10 60 110 160 210 260 310 360 410 460 510

Case14   Case15   Case16

图 4.54 不同出口时凹腔内速度云图

从而增强卷吸带走凹腔内部组分。由于 Case15 的自维持合成射流速度大于 Case16 的射流速度，即 Case15 的射流带走凹腔内部组分的速度更快，有剪切层的相互作用更强，所以 Caes15 的凹腔质量交换更快。

4. 两种激励器性能比较

激波增压式自维持合成双射流激励器和动压式自维持合成双射流激励器具有相同的基本构型，都是由单膜双腔四出口构成，但两者产生射流的驱动力来源是不同的。对于激波增压式自维持合成双射流激励器，其驱动力主要是利用剪切层与凹腔后缘壁撞击产生的高压区域与凹腔内部低压区形成的压力差，而动压式自维持合成双射流激励器则是通过在凹腔上游开设动压口收集高动能来流，使得腔体内压强升高，从而在出口处形成射流喷出。

Case1 和 Case16 分别为两种激励器出口位置相同的工况，对比其质量交换率可知，在激励器出口位于凹腔底部前侧时，激波增压自维持合成双射流激励器的控制效果要优于动压式自维持合成双射流激励器，主要是因为 Case1 的自维持射流速度大于 Case3 的射流速度，带走凹腔前缘组分更快速，且对剪切层的冲击作用更强，使得剪切层发展更为充分，从而质量交换更快。

计算结果表明，两种激励器都能有效地提高凹腔内组分与主流的质量交换特性。对于激波增压式自维持合成双射流激励器，其入口和出口都位于凹腔壁面上，对凹腔原有构型改变较大，且激励器入口位于凹腔后缘壁上侧，使得剪切层与凹腔的撞击作用减弱，该部分的质量交换减小。对于动压式自维持合成双射流激励器，由于其动压口位于凹腔上游，对凹腔构型的改变量较小，且不影响凹腔壁面与剪切层的相互作用，有利于凹腔的质量交换，但由于动压口处会形成膨胀波与斜激波，增加了燃烧室内流场的畸变程度，会对发动机的性能产生不利的影响。

4.4 小结

本章针对冷流条件下凹腔流场特性展开了数值模拟研究，分别提出了激波增压式自维持合成双射流激励器和动压式自维持合成双射流激励器两种控制方式对凹腔的流场进行改善，主要结论如下。

（1）激波增压式自维持合成双射流激励器能够充分利用剪切层与凹腔后壁相互撞击产生的高压区，通过"借力打力"，形成高速自维持射流对凹腔流场进行控制,将质量交换较弱区域的组分带走。对于长深比 $L/D=3.88$ 的凹腔,激励器出口位于凹腔底部中间位置时,控制效果最好,能够使质量交换提升 49%;随着凹腔长深比的增加,自维持合成双射流激励器对凹腔质量交换率控制效果得到提升,对于长深比 $L/D=7.76$ 的凹腔,其质量交换率最大能够提升 115%;自维持合成双射流激励器能够在较宽速域内改善凹腔的性能,在来流马赫数分别为 2、3、4 时,凹腔的质量交换率都能提升 30% 以上,有利于超燃冲压发动机适应各种飞行条件,为凹腔的设计改进提供新思路。

（2）采用了一种利用来流动压的动压式自维持合成双射流激励器,该激励器通过收集高动能的来流,形成自维持射流对凹腔流场进行控制。由于激励器的动压口位于燃烧室壁面,所以对原有凹腔构型的改变量较小,相比于自维持合成双射流激励器,动压式合成双射流激励器形成的自维持射流速度更小,所以控制效果相对较差,在所计算工况下,最高只能使质量流率提升 18.6%。

参考文献

[1] 赵玉新.超声速混合层时空结构的实验研究.长沙:国防科学技术大学,2008.
[2] 陈植.超声速后台阶湍流结构试验及其相关技术研究.长沙:国防科学技术大学,2010.
[3] 徐泽西."蝴蝶效应"和"混沌理论".百科知识,2009.
[4] 冯军红.超声速钝后缘混合层增长特性及混合增强机理研究.长沙:国防科学技术大学,2016.
[5] Fischler M A, Bolles R C. Random sample consensus:A paradigm for model fitting with applications to image analysis and automated cartography. ACM, 1981.
[6] 赵玉新,易仕和,何霖,等.激波与湍流相互作用的实验研究.科学通报,2007,52(2):140-3.
[7] Eri Q, Hong L, Li T, et al. Numerical simulations of mixing enhancement in subsonic jet using high-momentum synthetic jets. Journal of Propulsion and Power, 2016, 32(6):1095-1103.
[8] Raman G, Rice E J. Supersonic jet mixing enhancement using impingement tones from obstacles of various geometries. AIAA Journal, 2012, 33(2):454-462.
[9] Adelgren R G. Axisymmetric jet shear-layer excitation by laser energy and electric arc discharges. AIAA Journal, 2005, 43(4):776-796.
[10] Samimy M, Kim J H, Kastner J, et al. Active control of high-speed and high-Reynolds-number jets using plasma actuators.Journal of Fluid Mechanics, 2007, 578:305-330.
[11] Lin K, Yan H. Numerical simulation of supersonic shear layer with plasma actuator. Frontiers in Fluid Mechanics Research, 2015, 126:44-48.
[12] Davis S A, Glezer A. Mixing control of fuel jets using synthetic jet technology:Velocity field measurements[R]. Reno:AIAA, 37th Aerospace Sciences Meeting and Exhibit, 1999.
[13] Chen Y, Liang S, Aung K, et al. Enhanced mixing in a simulated combustor using synthetic

jet actuators[R]. Reno: AIAA, 37 th Aerospace Sciences Meeting and Exhibit, 1999.

[14] Chedevergne F, O. Léon, Bodoc V, et al. Experimental and numerical response of a high-Reynolds-number M = 0 : 6 jet to a plasma synthetic jet actuator.International Journal of Heat and Fluid Flow, 2015, 56: 1 - 15.

[15] Wang Q C, Wang Z G, Lei J, et al. Characteristics of mixing enhanced by streamwise vortices in supersonic flow. Applied Physics Letters, 2013, 103(14): 144102.

[16] Feng J H, Shen C B, Wang Q C, et al. Experimental and numerical study of mixing characteristics of a rectangular lobed mixer in supersonic flow. The Aeronautical Journal, 2014, 119(1216): 701 - 725.

[17] Zhou Y, Xia Z X, Luo Z B, et al. Effect of three-electrode plasma synthetic jet actuator on shock wave control. Science China Technological Sciences, 2016, 60(1): 146 - 152.

[18] Zhou Y, Xia Z X, Luo Z B, et al. A novel ram-air plasma synthetic jet actuator for near space high-speed flow control. Acta Astronautica, 133, 2017, 133: 95 - 102.

[19] Zhao Y X, Tian L F, Yi S H, et al. The fractal measurement of experimental images of supersonic turbulent mixing layer. Science China Physics, Mechanics & Astronomy, 2008, 51(8): 1134 - 1143.

[20] 汪洪波,孙明波,吴海燕,等.超声速燃烧凹腔质量交换特性的混合 RAN/LES 模拟.航空动力学报,2010,25(1): 41 - 46.

[21] 孙明波.超声速来流稳焰凹腔的流动及火焰稳定机制研究.长沙: 国防科学技术大学, 2008.

第5章

高超声速飞行器气动力控制

5.1 引言

减阻是高超声速飞行器面临的重要问题,本章采用自持式合成射流、等离子体高能合成射流对高超声速流场中压缩拐角流场、钝头体流场进行控制,通过弱化激波强度,实现阻力的大幅降低。

5.2 自持式合成射流高超声速流场压缩拐角斜激波控制

5.2.1 自持式合成双射流高超声速流场压缩拐角斜激波控制

1. 流场控制特性

压缩拐角流动中所包含的分离、剪切和再附等复杂结构和激波边界层相互作用会对飞行器的外部流场产生重要影响,进而影响飞行器的整体气动性能。作为一种典型的可压缩湍流,压缩拐角在学术研究和工程应用中均具有十分重要的价值,长期以来一直受到研究人员的高度关注。图5.1展示了压缩拐角流动的示意图。

图5.2为斜劈角度为25°时,观察流场的纹影图,图中展现了整个流场的发展过程及流场特征,可以明显地看出在逆压梯度的影响下,边界层逐渐由薄变厚的过程,由于来流与平板前缘相互作用,在观测区的上方存在一个前缘马赫波,该马赫波越过斜劈,根据超声速流场的特性,其对斜激波的影响只在两激波交点的下游,对观测流场的影响非常小。

来流与斜劈相互作用在斜劈上侧形成一道斜激波,测量得到激波与平板的夹角为35.12°,根据激波关系式:

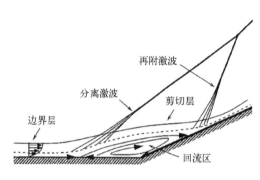

图 5.1 压缩拐角流动示意图

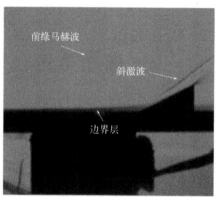

图 5.2 斜劈角度为 25°时无控纹影图

$$\rho_1 v_1 = \rho_2 v_2 \tag{5.1}$$

$$(\rho_1 - \rho_2) v_{1n} = \rho_2 (v_{2n} - v_{1n}) \tag{5.2}$$

$$v_{1n} = v_1 \sin\beta \tag{5.3}$$

$$v_{2n} - v_{1n} = -\frac{v_1 - v_2}{\sin\beta} \tag{5.4}$$

如图 5.3 所示，v_1、v_2 分别为斜激波前和斜激波后速度；ρ_1、ρ_2 分别为激波前后的密度；v_{1n}、v_{2n} 为速度的法向速度；β 为激波与平面的夹角；α 为斜劈角度，根据上述关系式，可得到 β 和 α 的关系

$$\frac{\tan\beta}{\tan(\beta - \alpha)} = \frac{v_{1n}}{v_{2n}} = \frac{\rho_1}{\rho_2} = \frac{(\gamma - 1)Ma^2\sin^2\beta}{2 + (\gamma - 1)Ma^2\sin^2\beta} \tag{5.5}$$

$$\tan\alpha = 2\cot\beta \frac{Ma^2\sin^2\beta - 1}{Ma^2(\gamma + \cos 2\beta) + 2} \tag{5.6}$$

当斜劈角度为 25°时，根据式(5.5)和式(5.6)，在来流为马赫数为 5 时，计算得到激波角度的理论值为 35.78°，略大于实验测得的激波角度，其误差在 2%以内，可认为实验值与理论值吻合，误差的主要来源一方面是实验测量激波角不准确，另一方面是由于前缘马赫波对实际流场产生了微小的干扰。

图 5.4 为斜劈角度为 36°时，流场的纹影图。当斜劈角度为 36°时，在逆压梯

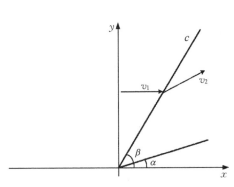

图 5.3　斜激波角度关系示意图

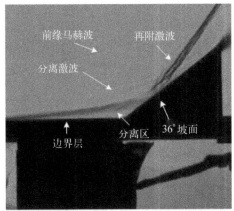

图 5.4　斜劈角度为 36°时无控纹影图

度的影响下,随着位置的增长,边界层的厚度渐渐增加,由于逆压梯度过大,在拐角处边界层出现了分离,在分离区上游出现了较弱的分离激波,流体在斜劈坡面上某一位置再附,形成一道较强的再附激波,明显强于斜坡角度为 25°时的斜激波,这是由于在相同的来流条件下,随着压缩拐角角度的增加,激波强度越大,表现在纹影图上即激波密度更大、图像更黑,经过测量,该工况下激波与平面的夹角为 51.42°,而通过理论计算得到的角度为 51.56°,实验值和理论值基本吻合。

2. 参数规律影响研究

1）自维持合成双射流激励器驱动参数对压缩拐角激波控制研究

驱动电压和驱动频率是自维持合成双射流的重要参数,通过控制输入电信号的电压和频率可以控制压电陶瓷膜片的振幅和频率,压电陶瓷振动膜片的振动作用可以增加射流能量,同时调制射流的频率和涡量特征。根据文献[1],激励器的振动幅度较小,在可压缩流条件下对流场影响较小,本小节着重研究激励器驱动频率对流场的影响。

实验时激励器出口位置距离斜坡底边 20 mm,出口尺寸为 15 mm×5 mm,激励器入口对准来流,入口尺寸为 24 mm×5 mm,固定激励器膜片的振动幅值,即固定输入电压为 220 V,在实验的过程中调节激励器的振动频率。

图 5.5 为激励器频率 0~10 000 Hz 的流场纹影图,从图中可以看出,自维持合成双射流能够有效地收集来流的动压,来流在激励器前体内减速增压,使得腔体内形成一个高压区,在高压区的驱动下,射流从激励器出口喷出,并与平板上部的流场相互作用,形成一道激波。与图 5.2 无控状态下对比,在自维持合成双

射流激励器控制下,斜面上的激波基本消除,可知在斜劈角度为 25°时,激励器对压缩拐角产生的激波起到很好的控制作用。观察流场随激励器频率变化可以看出,激励器频率的改变对流场的作用很小,流场的纹影图基本无变化,由此可以得到自维持合成双射流对压缩拐角激波的控制主要的能量来源为来流动能。

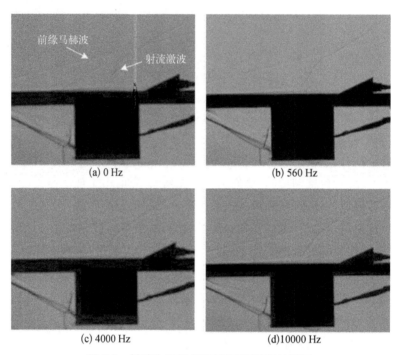

图 5.5　斜劈为 25°时不同频率下流场纹影图

图 5.6 为斜劈角度为 36°时,激励器不同频率下压缩拐角流场的纹影图,从图中可以看出,自维持合成双射流激励器仍能收集来流,并在出口处形成自维持射流,射流与来流相互作用形成一道激波,但纹影图中斜劈再附激波仍然存在,通过与图 5.4 无控状态下纹影图对比发现,自维持合成双射流只能削弱再附点附近激波强度,对整个流场的影响较小,即自维持合成射流的控制能力是有限的,通过对比不同频率下流场的纹影图,同样可以得到激励器频率的改变对流场的作用很小,自维持合成双射流对压缩拐角激波的控制主要的能量来源为来流动能的结论。

2) 自维持合成双射流激励器入口尺度对压缩拐角激波控制的影响

由本节的结果可知,自维持合成双射流的能量来源主要是来流动能,而激励器的入口的尺寸影响着来流的收集量,本小节将探究激励器不同入口尺寸对压

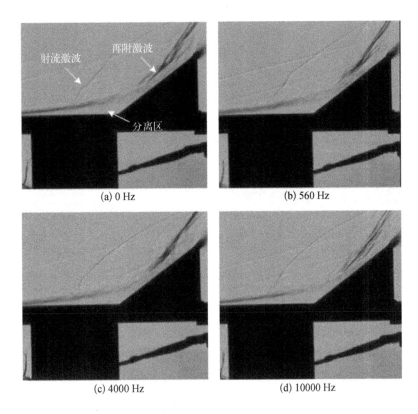

图 5.6　斜劈为 25°时不同频率下流场纹影图

缩拐角的控制效果。

图 5.7 为激励器入口尺寸分别为 0 mm×0 mm、5 mm×4 mm 和 5 mm×24 mm 时的纹影图。从图中可以看出,当激励器的入口为 0 mm×0 mm 时,此时来流无法进入激励器,激励器缺少能量来源,所以无法形成自维持射流,与图 5.2 相比,流场变化不明显。当入口尺寸为 5 mm×4 mm 时,如图 5.7(b)所示,由于入口尺寸较小,能够通过入口进入激励器的来流较少,此时激励器能够形成的自维持射流较弱,射流与平板的夹角为 21.42°,该射流只能对斜劈产生的斜激波起到一定的扰动作用,不能消除激波。当入口尺寸为 5 mm×24 mm 时,激励器能够收集较多来流,形成的自维持射流穿透力较强,与来流相互作用形成的激波角度为 55.42°,此时斜劈上的斜激波基本消除。

图 5.8 为将传感器安装于斜劈中部测得的斜劈表面压力变化图,可以看出,在无控状态下,斜劈的表面压力为 7.7 kPa,相比与无控状态下,自维持合成双射流控制能够有效降低壁面的表面压力,在入口尺寸为 5 mm×4 mm 时,斜劈表面测量点的压

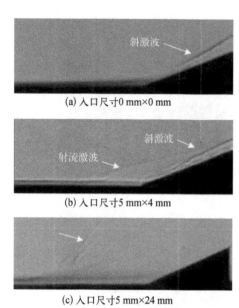

图 5.7 不同入口尺寸时压缩拐角纹影图

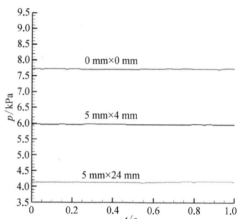

图 5.8 不同入口尺寸条件下斜劈
中点平均静压变化图

力为 6 kPa，入口尺寸为 5 mm×24 mm 时，斜劈表面测量点的压力为 4.12 kPa。在超声速流动中，来流经过激波后，其马赫数会减小，波后压力增加，当加入自维持合成射流后，对于入口尺寸为 5 mm×4 mm 的工况，一方面来流经过射流激波后马赫数会减小，另一方面射流激波与斜激波相互作用，使得斜激波得以削弱，从而使得斜劈表面压力减小，在入口尺寸为 5 mm×24 mm 的工况下，压缩拐角产生的斜激波被完全消除，所以该工况下壁面表面压力最小，能使压力减小 46.5%。

5.2.2 自持式等离子体高能合成射流高超声速流场压缩拐角斜激波控制

1. 自持式激励器原理性验证

1）增压效果理论分析

为评估腔体增压等离子体合成射流激励器可行性，分析其腔体增压效果，将腔体增压激励器简化为图 5.9 所示模型：高压气源气体经过一个收缩喷管进入激励器腔体，激励器腔体内气体经过一个收缩喷管喷入外界大气。在计算时引入以下基本假设：

（1）气体为理想气体,气体常数为 287.06 J/(kg·K)不变,比热比为 1.4 不变;

（2）流动为一维等熵定常可压缩流动;

（3）由于研究中气流的马赫数较小,因此忽略气动热的作用,认为激励器腔体内气体总温与高压气源气体总温相同,两者都等于外界大气温度;

（4）在激励器腔体内忽略气流流速,认为气流是滞止的,气体的总压等于静压。

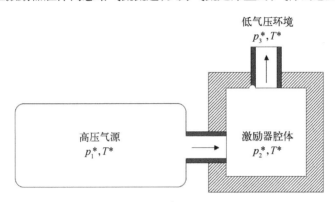

图 5.9　补气式激励器增压效果简化分析模型

其中假设(4)的引入具有较大的不确定性,为了分析其影响,开展三维定常可压缩流的数值仿真,其中激励器腔体直径 11 mm、高度 16 mm,高压气源气体经过直径 3 mm 管道从激励器腔体侧面流入,激励器出口直径 3 mm,高压气源气体静压为 101 325 Pa(一个标准大气压),外界低气压环境气体静压为 10 000 Pa。数值仿真得到的激励器腔体对称面上速度、总压及静压分布如图 5.10 所示。数值仿真结果显示,在高压气源到激励器腔体入口处,进气气流以较大的速度喷入,但气流到达壁面后速度迅速降低,然后以较低的速度在腔体内环流。出气气流的速度仅在激励器出口附近很小的区域内才变得显著。在激励器腔体内的大部分区域气流速度较小,平均气流速度约为 41 m/s,平均气体总压(约为 82 400 Pa)与气体静压(约为 80 600 Pa)之间的差别小于 2.2%,因此初步判断假设(4)带来的计算误差相对较小,下文实验与计算结果的对比也印证了这一点。

在满足假设的情况下,可以理论计算得到不同条件下激励器腔体内的气压大小,以及进气、出气的质量流量,计算方法如下。

（1）已知高压气源、激励器腔体内及低气压环境的气体总压分别为 p_1^*、p_2^*、p_3^*,总温均为 T^*,进气口及出气口的截面积分别为 A_{in}、A_{out},气体常数 $R=$ 287.06 J/(kg·K),比热比 $\gamma = 1.4$,收缩管道的临界压强比为

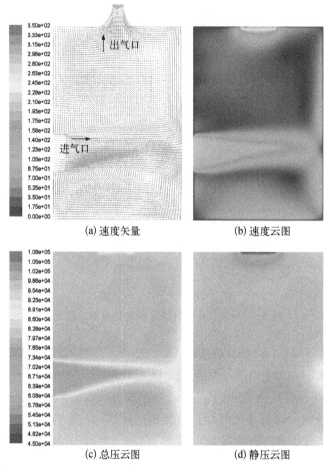

图 5.10 补气式激励器腔体内速度及压力分布数值仿真结果

$$\beta_{cr} = \left(\frac{2}{\gamma + 1} \right)^{\frac{\gamma}{\gamma - 1}} \tag{5.7}$$

对于进气口,气流的马赫数为

$$Ma_{\text{in}} = \begin{cases} \sqrt{\dfrac{2}{\gamma - 1} \left[\left(\dfrac{p_1^*}{p_2^*} \right)^{\frac{\gamma - 1}{\gamma}} - 1 \right]}, & \dfrac{p_1^*}{p_2^*} < \dfrac{1}{\beta_{\text{cr}}} \\ 1, & \dfrac{p_1^*}{p_2^*} \geqslant \dfrac{1}{\beta_{\text{cr}}} \end{cases} \tag{5.8}$$

速度因数为

$$\lambda_{in} = Ma_{in} \sqrt{\frac{\gamma + 1}{2 + (\gamma - 1)Ma_{in}^2}} \tag{5.9}$$

流量函数为

$$q(\lambda_{in}) = \left(\frac{\gamma + 1}{2}\right)^{\frac{1}{\gamma - 1}} \cdot \lambda_{in} \cdot \left(1 - \frac{\gamma - 1}{\gamma + 1}\lambda_{in}^2\right)^{\frac{1}{\gamma - 1}} \tag{5.10}$$

因此,进气口的质量流量为

$$q_{in} = \sqrt{\frac{\gamma}{R}\left(\frac{2}{\gamma + 1}\right)^{\frac{\gamma + 1}{\gamma - 1}}} \cdot \frac{p_1^* A_{in}}{\sqrt{T^*}} \cdot q(\lambda_{in}) \tag{5.11}$$

（2）同理,对于出气口,气流的马赫数为

$$Ma_{out} = \begin{cases} \sqrt{\frac{2}{\gamma - 1}\left[\left(\frac{p_2^*}{p_3^*}\right)^{\frac{\gamma - 1}{\gamma}} - 1\right]}, & \frac{p_2^*}{p_3^*} < \frac{1}{\beta_{cr}} \\ 1, & \frac{p_2^*}{p_3^*} \geqslant \frac{1}{\beta_{cr}} \end{cases} \tag{5.12}$$

速度因数为

$$\lambda_{out} = Ma_{out} \sqrt{\frac{\gamma + 1}{2 + (\gamma - 1)Ma_{out}^2}} \tag{5.13}$$

流量函数为

$$q(\lambda_{out}) = \left(\frac{\gamma + 1}{2}\right)^{\frac{1}{\gamma - 1}} \cdot \lambda_{out} \cdot \left(1 - \frac{\gamma - 1}{\gamma + 1}\lambda_{out}^2\right)^{\frac{1}{\gamma - 1}} \tag{5.14}$$

因此,出气口的质量流量为

$$q_{out} = \sqrt{\frac{\gamma}{R}\left(\frac{2}{\gamma + 1}\right)^{\frac{\gamma + 1}{\gamma - 1}}} \cdot \frac{p_2^* A_{out}}{\sqrt{T^*}} \cdot q(\lambda_{out}) \tag{5.15}$$

（3）对于腔体增压等离子体合成射流激励器,在未放电情况下,当流动达到定常状态时存在以下关系:

$$p_1^* \geqslant p_2^* \geqslant p_3^* \tag{5.16}$$

$$q_{in} = q_{out} \tag{5.17}$$

根据以上关系,当高压气源、激励器腔体内及低气压环境的气体总压三个未知量中有两个确定时,便可以近似求解第三个。

首先针对图 5.10 数值仿真工况进行了计算,理论计算得到的进气、出气质量流量随激励器腔体内气压的变化曲线如图 5.11 所示,两曲线的交点即该工况下激励器腔体内实际气压,结果约为 81 800 Pa,与数值仿真结果接近。为分析高压气源气压与外界气压相对变化情况下的工作特性,将压力进行无量纲化处理,视外界气压为一个单位压力。图 5.12 所示为随着高压气源气压(无量纲化)

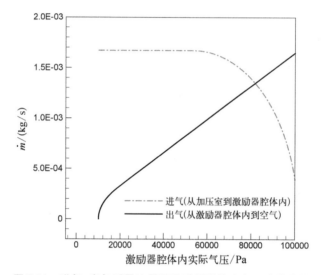

图 5.11　进气、出气质量流量随激励器腔体内气压变化曲线

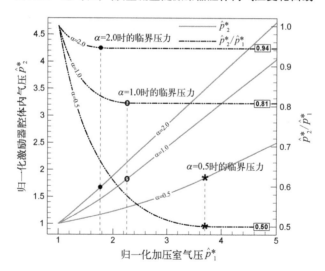

图 5.12　激励器腔体气压(无量纲化)随高压气源气压(无量纲化)变化曲线

的增大,激励器腔体气压(无量纲化)的变化曲线,并展示了不同进、出口管路截面积比 ($\alpha=$ 2、1、0.5)的影响。理论计算结果表明,当高压气源气压略大于外界气压时,随着高压气源气压的增大,激励器腔体气压呈加快增长趋势。当高压气源气压超过一定"临界增压压力"后,激励器腔体气压随高压气源气压按一定"增压比例"线性增长。随着进、出口管路截面积比 α 的增大,增压比例提高、临界增压压力减小,这将使增压式激励器控制效率提高、可控性改善。但是 α 过大也会导致放电后的气体回流严重,因此需要综合考量对 α 进行合理设计。

综上理论与数值计算可得,采用高压气源供气可以提升激励器腔体压力,有效改善激励器工作性能;激励器腔体压力对高压气源气压具有较好的跟随性,而激励器腔体压力直接决定着击穿电压、放电能量,进而决定射流的强度,通过调节进气压力可以产生不同强度射流,相比于调整电容大小、腔体体积、电极间距的方式,这种调节方式相对容易控制。

2)增压效果及射流流场特性实验研究

(1)实验装置。腔体增压等离子体合成射流激励器实验装置系统示意图如图 5.13 所示,实验系统通过一个低压仓模拟高空低气压环境,通过外部大气压气

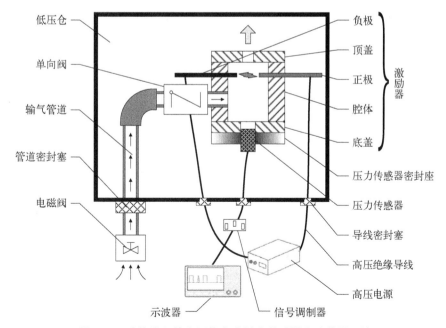

图 5.13　腔体增压等离子体合成射流激励器实验装置系统

体模拟高压气源,利用一个大气压的气体为低压仓中的激励器供气。低压仓结构尺寸为 320 mm×320 mm×640 mm,内部尺寸足够大以保证激励器工作过程中不会引起仓内气体的回流,影响射流流场的建立和测量。为保证实验的安全性,低压仓下底面安装电木绝缘底座。输气管道、激励器电源导线和电压-电流测试装置通过低压仓底部开有的小孔进入低压仓内,并通过输气管道密封塞、导线密封塞及硅胶密封,保证低压仓的密封性和导线与低压仓接触的绝缘性。

等离子体合成射流激励器由腔体、顶盖、底盖、电极组成,由耐高温、导热及绝缘性较好的六方氮化硼加工而成。顶盖上开有射流出口,底盖上开有压力传感器测量孔。腔体上开有同一平面上的若干个直径 1 mm 的小孔,用于插入电极,另外在腔体上开有一个较大的供气孔,用于输入外部高压气体。

压力传感器采用上海天沐 NS-3 小型压力传感器,压力传感器及安装示意图如图 5.14 所示。传感器量程为绝压 0~400 kPa,响应时间 1 ms,测量精度 0.3% F.S,输出信号为 0~5 V 电压信号,输出信号经过配套的信号调制器后输出到示波器进行采集。压力传感器头部采用 M5×0.5 的螺纹进行连接,采用橡胶密封圈增强密封性。由于激励器所用的材料六方氮化硼强度较小,不适合加工和连接螺纹,因此增加不锈钢制作的传感器固定座,固定座与激励器底盖之间采用硅橡胶连接和密封,这样既保证激励器底部良好的绝缘性,又可以较好地固定传感器。

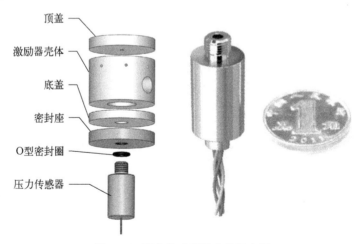

顶盖

激励器壳体

底盖

密封座

O 型密封圈

压力传感器

图 5.14　压力传感器及安装示意图

供气系统由电磁阀、输气管道、单向阀等组成。电磁阀控制供气系统的通断,实验中采用 Parker 公司生产的两位两通常闭式铜制电磁阀,响应时间约 20 ms,供电电压 220 V。输气管道采用不锈钢无缝圆管,管道外径 0.25 in,壁厚 0.035 in,内径 0.18 in(约 4.6 mm),为了连接方便加入一些管径及弯道转接头。在接近激励器供气入口的管路上接入一个单向阀,目的是尽可能减少激励器工作过程中腔体内的气体回流进入供气管道。

(2) 腔体增压特性。首先开展激励器未放电时的自增压效果实验。实验时首先打开真空泵进行抽气,同时通过压力传感器和气压计监测仓内气压变化。当气压下降到一定值时,为电磁阀充电,电磁阀打开,开始对激励器腔体供气。激励器顶盖出口直径为 2 mm,侧面进气入口直径约 4.6 mm。

图 5.15 所示为其中一次实验时的激励器腔体压力变化曲线,以及此时的高压气源气压曲线。高压气源气压基本保持为 101 kPa。在低压仓工作,电磁阀未打开时,激励器腔体内压力约为 22 kPa。电磁阀打开后,激励器腔体内压力上升,经过约 60 ms,压力恢复稳定,此时可以看到腔体内压力与高压气源气压已十分接近。

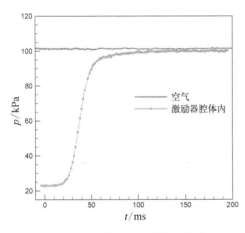

图 5.15　充气过程激励器腔体内
压力变化曲线

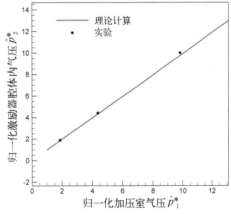

图 5.16　腔体气压(无量纲化)与高压气源气压
(无量纲化)关系理论计算与实验对比

图 5.16 所示为高压气源气压(无量纲化)与激励器腔体压力(无量纲化)实验结果与上文理论计算方法所得结果的对比。三次实验中低压仓的压力分别约为 10 kPa、22 kPa 和 54 kPa,高压气源气压绝对值保持 101 kPa 不变。结果表明,实验与理论计算结果比较接近,但实验结果略大,分析认为误差主要原因可能是出气损失较大,导致实际出气质量流量低于计算出气质量流量。在低压仓压力为 10 kPa(无量纲化高压气源气压等于 10.1)时误差最大,约为 2.6%。

（3）射流流场特性。为了比较充气及未充气条件下高能合成射流性能的差异,分析充气对射流性能的影响,采用高速阴影技术获得放电开始后不同时刻射流流场图像,如图 5.17 所示,其中(a1)~(a4)表示电磁阀关闭、未充气条件下的射流流场,(b1)~(b4)表示充气条件下的射流流场。两种条件下激励器的尺寸结构相同,低压仓内气压约为 50 kPa。

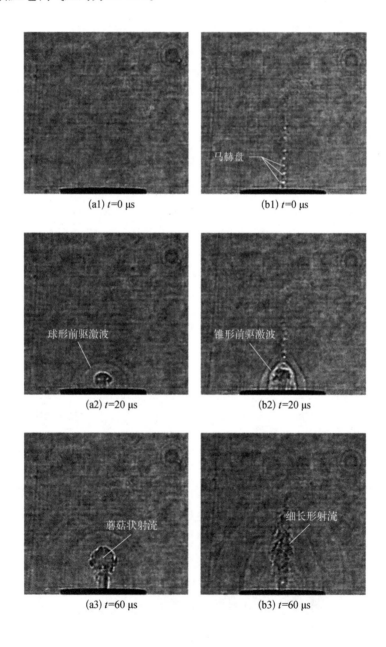

(a1) t=0 μs　　　　(b1) t=0 μs

马赫盘

(a2) t=20 μs　　　　(b2) t=20 μs

球形前驱激波　　　　锥形前驱激波

(a3) t=60 μs　　　　(b3) t=60 μs

蘑菇状射流　　　　细长形射流

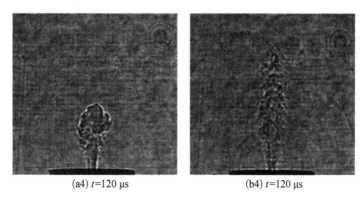

(a4) *t*=120 μs　　　　　　(b4) *t*=120 μs

图 5.17　充气及未充气时射流流场演化过程

图 5.17(a1)和(b1)代表激励器未工作条件下的基态流场。在充气条件下，可以看到射流出口处的微小先导射流，由于激励器腔体内和低压仓内的压强比接近 2，达到了拥塞临界压力，因此激励器出口处射流达到了声速，在图 5.17(b1)中可以观察到射流形成的马赫盘结构。

图 5.17(a2)和(b2)为放电开始后 20 μs 时刻的流场图像，可以看到在未充气时射流形成的激波为球形，在充气时激波变为类似锥形激波。比较 20～120 μs 时刻的流场图像，可以看到，在充气作用下，高能合成射流的速度明显加快。图 5.18 显示了射流穿透高度随时间变化曲线，根据相邻两时刻之间射流移动距离估算，充气及未充气条件下的射流峰值速度分别约为 507 m/s 和 256 m/s。

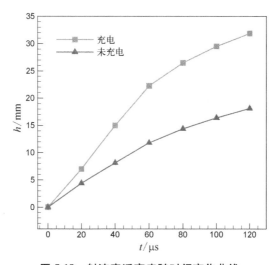

图 5.18　射流穿透高度随时间变化曲线

分析认为射流速度的提高有两个主要原因：一是充气条件下激励器腔体气压增高导致击穿电压增大，从而放电能量增加；二是先导射流的存在对等离子体合成射流具有一定携带作用，并且在先导射流作用下，等离子体合成射流从较宽的蘑菇云状转变为较细的尖锥形，射流能量集中于流向，在周向的耗散减小。

2. 自持式激励器高超声速流场工作特性

1）实验装置

风洞实验在中国空气动力学研究发展中心马赫数 5 高超声速风洞（FD-30B）进行，该风洞是一座高压下吹–直热式加热–真空吸气式常规高超声速风洞，运行时间大于 30 s。对于纹影成像，来自储罐的高压空气通过加热器、稳定段和出口直径为 500 mm 的拉瓦尔喷管进入实验段。对于平面激光散射（planar laser scattering，PLS）成像，需要在稳定段前添加 CO_2 作为示踪粒子。实验段完全封闭，有两个直径 400 mm 的嵌入式玻璃窗用于光学观测。放置在实验段内的中心平板模型位于自由来流的中心位置。对于本次实验，自由来流的滞止压力和温度分别为 0.5 MPa 和 360 K。

图 5.19 所示为中心平板的结构示意图。等离子体合成射流激励器固定在平板下面。在平板中插入一个带有直径为 3 mm 激励器出口孔的绝缘可互换出口板。本实验中使用的坐标系原点位于出口孔的中点，X 轴的正方向为自由来流的方向。出口孔与自由来流方向夹角为 α 角（定义为俯仰角），侧滑角为 0°。在本实验中，等离子体合成射流用于控制位于 $X = 20$ mm 处的压缩斜面产生的再附激波。压缩斜面角度为 25°，高度为 18.65 mm。压缩斜面的展向跨度为 15 mm，因此产生的流场是三维的，压缩斜面展向跨度的选择应使得单个激励器能够覆盖整个压缩斜面。

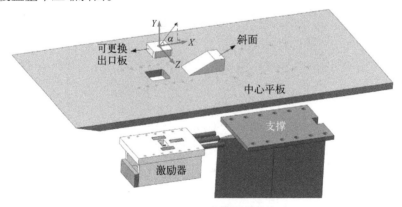

图 5.19　中心平板布置示意图

自持式等离子体合成射流激励器的结构如图 5.20 所示。通过安装孔将采用立体光固化成形技术 3D 打印制成的绝缘激励器主体固定到平板上,激励器主体粘接到孔板上以形成小的放电腔体。为了模拟二次流的形成,在放电腔体的下方设计了集气腔。由于高速自由流的滞止,在放电腔体和集气腔之间建立了压力梯度,从而使得二次流通过充气管(长度 20 mm,直径 2 mm)形成。为了控制集气腔中的压力(通过测压管测量)并控制二次流的质量速率,在集气腔入口的上游放置可互换挡板,以改变入口高度 h。

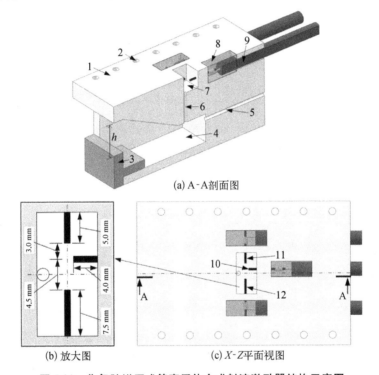

图 5.20　集气腔增压式等离子体合成射流激励器结构示意图

1. 激励器基体;2. 安装螺纹孔;3. 挡板;4. 集气腔;5. 测压管;6. 充气管;7. 放电腔体;
8. 绝缘密封腔;9. 高压绝缘线;10. 点火电极;11. 负极;12. 正极

由于二次流的存在使得放电腔体内压力升高,放电易于发生在放电腔体外静压较低的区域。为了防止这种情况,将钨电极和绝缘导线之间的连接置于填充有环氧绝缘胶的绝缘灌封腔中。触发电极连接到一个在低电流下输出 20 kV 的脉冲电路,阳极连接到由直流电源供电的电容器的一端($C = 0.16$ μF),电容器的另一端和阴极与地线连接。当触发电极脉冲放电时,在触发电极-阴极间隙上产生微弱的触发放电。这种低能量触发放电产生一个较大的电子池,使得连续充电电容器能够放电,并在阳极和阴极之间形成大的主电流放电,从而加热腔体内空气。

流场观测采用高速纹影和 $Z=0$ 平面的 PLS 成像。纹影系统的光源采用碘钨灯。纹影图像使用 Photron SA5 高速相机(频率 43 200 Hz)采集。PLS 的激光片光由双脉冲 Nd:YAG 激光器产生(波长 532 nm,脉冲能量 430 mJ)。PLS 图像通过 2 048×2 048 像素的跨帧 CCD 相机获得,同步控制器用于控制同步放电和相机。压力由 NS-2 绝压传感器测量(量程 0~400 kPa,精度±0.3%),电压通过高压探头测量(Tektronix P6015A,量程 0~20 kV),0~30 A 的小电流通过电流计(Tektronix TCP312A,量程 0~30 A)获得,大电流通过 Rogowski 线圈测量(Pearson 4997,0~20 kA),电压、电流和压力信号都通过示波器(Tektronix DPO3014)记录。

2)典型控制工况

图 5.21 中所示为没有空气供应和放电的基准流场,集气腔完全关闭,因此没有二次流进入到放电腔体,并且在出口孔周围没有形成射流。压缩斜面前的边界层基本保持着层流状态,在压缩斜面角附近观察到一个小的分离区,但分离激波强度很弱,较难分辨,在分离区的下游形成再附激波。

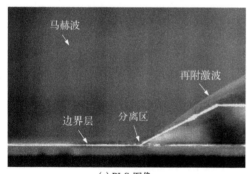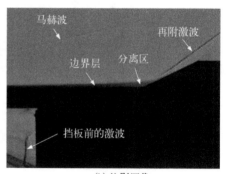

(a) PLS 图像   (b) 纹影图像

图 5.21 基准流场

图 5.22 和图 5.23 所示为集气腔增压等离子体合成射流与高超声速横向来流以及斜面再附激波的典型相互作用。在此工况下,集气腔内的供气压力约为 82 kPa。俯仰角为 90°。如图 5.22 所示,PLS 图像捕获了相互作用的两个典型时刻(放电前和放电后的 140 μs)。可以看出,在放电前,由于充气作用,在压缩斜面上游形成稳定射流及其诱导激波。与基准工况相比,再附激波的强度显著减弱。图 5.22(b)给出了激波位置标注,在充气作用形成的定常射流作用下,再附

激波更接近于壁面位置,激波角从 31°下降到 30°左右,部分激波发生扭曲或直接消除。

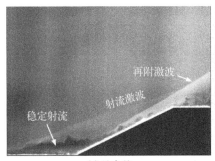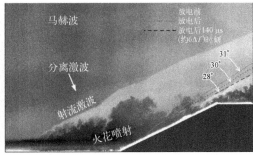

(a) 放电前　　　　　　　　　　(b) 放电后140 μs(大约6ΔT)时刻

图 5.22　受控流场典型时刻 PLS 图像

(其中红色、蓝色和黑色曲线标记了三种不同条件下的再附激波的位置)

图 5.23 给出了一系列的纹影图像,显示了相互作用的流场演化过程。在放电触发后的 ΔT(表示高速相机的拍摄间隔,约为 23.15 μs)时刻,放电引起的激励效果开始出现,产生了一个比定常射流更强的脉冲射流。射流激波根部的角度明显增大(45°~58°)。在 $4\Delta T$ 时刻,激励效果向下游移动,射流激波的高度升高,斜面再附激波开始受到影响,在放电产生的脉冲射流作用下,再附激波被进一步消除,激波角减小到约 28°。在 $7\Delta T$ 时刻,射流激波的高度和再附激波的消除均达到峰值。之后再附激波开始迅速恢复。射流激波的高度也开始下降,但高度下降恢复过程相对较慢,直到约 $50\Delta T$ 时刻,射流激波最终返回基准工况状态。

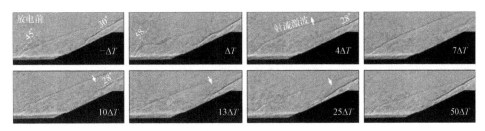

图 5.23　受控流场不同时刻纹影图像(高速相机拍摄间隔 $\Delta T \approx 23.15$ μs)

3) 充气压力及出口俯仰角的影响

本小节研究充气压力 p_s 和俯仰角 α 的影响,如表 5.1 所示,包含前述典型工况(表 5.1 中工况 5-5)在内共开展了 6 个不同参数工况下的实验,其中工况

5-1、5-4、5-6 不同时刻的纹影图像如图 5.24 所示,对于工况 5-2 和 5-3,由于未观察到流场出现明显扰动,因此未在图 5.24 中显示。

表 5.1　集气腔增压式激励器风洞实验工况

工　况	俯仰角/(°)	充气压力/kPa	击穿电压/kV	电容能量/mJ
5-1	135	0	0.40	13.0
5-2	45	0	0.33	8.7
5-3	90	0	0.33	8.7
5-4	90	45	2.00	320.0
5-5	90	82	2.50	500.0
5-6	90	210	3.20	819.2

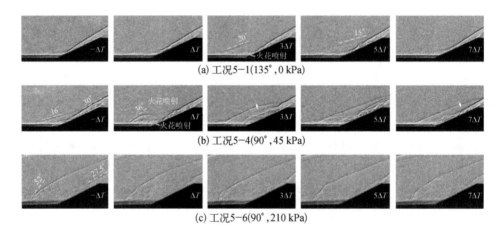

(a) 工况5-1(135°,0 kPa)

(b) 工况5-4(90°,45 kPa)

(c) 工况5-6(90°,210 kPa)

图 5.24　工况 5-1、5-4、5-6 不同时刻的纹影图像

实验结果表明,在没有充气的情况下,由于击穿电压 U_b 非常低,能量沉积很少,单次放电的总能量消耗小于 13 mJ,对于 45°或 90°俯仰角的激励器,等离子体合成射流非常弱,在纹影实验中没有观察到任何激励。对于 135°俯仰角的激励器,激励变得稍强一点,如图 5.24(a)所示,可以观察到弱射流激波,再附激波有微弱的变形,这一方面是因为当激励器出口方向与来流之间的角度变为钝角时,激励器放电腔体将被来流增压,从而导致击穿电压升高,放电能量和等离子体合成射流速度增加;另一方面,随着俯仰角的增大,等离子体合成射流与来流之间的相互作用变得更强。

工况 5-3 至 5-6 对不同充气压力的影响进行了对比分析。由图 5.23 和图 5.24(b)(c)可知,正如所预期的,随着充气压力的增加,充气形成的定常射流及其射流激波变得更强,并且由于放电腔体压力的增加,击穿电压和输入能量也增加。然而,随着充气压力的增加,放电带来的等离子体合成射流激励作用并不总是更强。如图 5.23 和图 5.24(b)所示,当充气压力为 45 kPa 和 82 kPa 时,放电引起的等离子体合成射流激励作用确实变得更为显著。但是图 5.24(c)表明,当充气压力增加到 210 kPa 时,放电似乎对流场没有影响,除了图 5.24(c)中的图像之外,对放电触发前后约 2.4 s 内捕获的图像进行了仔细观察,但也未发现显著扰动。

为了分析 210 kPa 充气压力时激励器的工作异常现象,进行风洞外的静态条件实验。图 5.25 所示的激励器被置于压力可调低压仓中,为了捕获放电的图像,放电腔体的一侧壁被石英玻璃代替,但放电腔体、射流出口和充气管的尺寸以及电极的位置与工况 5 − 3 至 5 − 6 完全相同。低压仓的压力设定为风洞实验的静压(约 950 Pa),借助高压气缸、管道、压力调节阀对等离子体合成射流激励器腔体进行不同气压的填充。

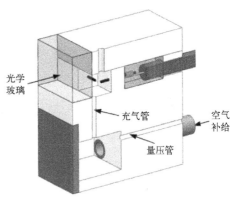

图 5.25　低压环境静态实验的激励器结构示意图

图 5.26 所示为放电腔体的图像,图 5.27 所示为不同充气压力条件下放电的电压、电流波形。当充气压力为 0 kPa 时,放电为辉光放电,放电更加弥散化,等离子体电晕几乎填充在整个腔室中,在阳极和阴极之间有一个等离子体核心通道。电压、电流不同于三电极等离子体合成射流激励器所通常具有的欠阻尼振荡轨迹[2],电流曲线呈脉冲状,峰值电流约为 25 A,击穿后电压的下降比脉冲电弧放电更为缓慢。

当充气压力为 45 kPa 和 82 kPa 时,放电变成具有典型振荡电压、电流曲线的脉冲电弧放电。放电图像中可以观察到明亮的等离子体电弧。随着充气压力的增加,击穿电压、峰值电流和输入能量增加,电弧变得更亮、更粗。此外,随着充气质量流量的增加,充气气流对电弧的冲击变得更强,电弧的形状变得更加弯曲。

当充气压力为 210 kPa 时,充气气流的影响变得非常强烈,电弧变得极度扭曲和微弱,更重要的是,电弧只存在于阳极和触发电极之间。电压、电流的测量表明,通过阴极的电流几乎为零,然而有一个负电流通过触发电极。以上结果表

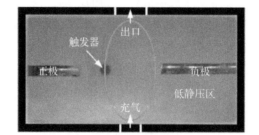

(a) 无放电图像

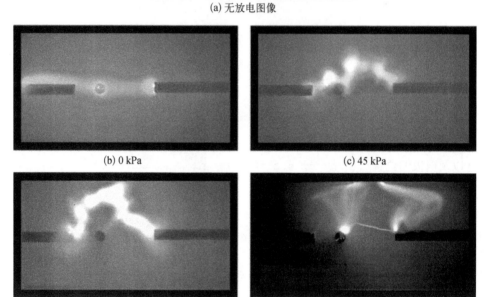

(b) 0 kPa

(c) 45 kPa

(d) 82 kPa

(e) 210 kPa

图 5.26　放电腔体图像((a)为无放电图像,(b)~(e)为不同充气压力时放电图像)

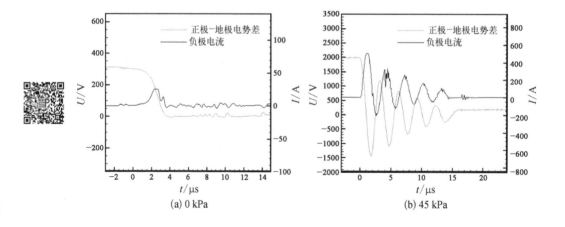

(a) 0 kPa

(b) 45 kPa

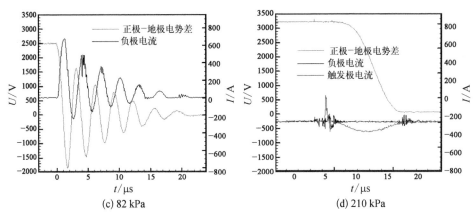

(c) 82 kPa　　　　　　　　　(d) 210 kPa

图 5.27　不同充气压力条件下放电的电压、电流波形

明,在供气压力 210 kPa 时,主放电不再发生在阳极和阴极之间,而是发生在阳极和触发电极之间。分析认为,当充气压力为 210 kPa 时,因为充气气流具有很高的速度,所以在阳极和触发电极之间产生一个相对低静压区[图 5.26(a)]。与周围的空气相比,低静压气体具有更强的导电性(也即更差的绝缘性),这使得阳极和触发电极之间的击穿变得更容易。由于触发电极不直接接地,而是通过电阻和电感较大的线圈(即触发放电电路中变压器的副边绕组)连接,所以此时主放电特性与正常阳极和阴极放电时的特性完全不同。能量沉积变得非常缓慢,并且线圈带来的大附加电阻导致输入能量大量消耗。在这种情况下,等离子体合成射流激励器所需的快速和大量的能量沉积无法获得,因此,如图 5.26(c)中所示,放电激励对流场未能产生明显干扰。

5.3　等离子体高能合成射流头部喷流控制

5.3.1　钝体头激波控制特性

1. 实验装置

高超声速风洞头部喷流的实验装置如图 5.28 所示,实验中未进行气动力的测量,因此实验所用的钝头体头锥直接固定于中心平板上,中心平板通过腹支撑固定于实验段内。由于高超声速风洞来流的总压要大大高于超声速风洞,因此流场中物体的受力要大很多,采用尾支撑固定中心平板时,中心平板会出现较大的振动,振动一方面会将传感器损坏,另一方面会改变实验件和中心平板的攻角,导致较大的实验误差,采用腹支撑时振动会减小很多,并且腹支撑的后部更容易走线。为了避免受力较大,高压导线、传感器连接线等要紧贴中心平板固定,然后从腹支撑的后面引出流场。高超声速风洞来流的总温(约 360 K)也要略高于超声速风洞,因此也必须考虑导线、钝头体、固定胶等的耐温性。

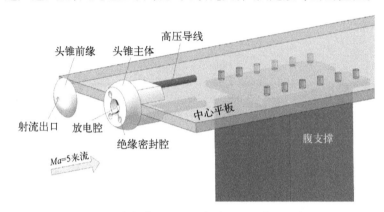

图 5.28　高超声速风洞头部喷流实验装置示意图

钝头体由头锥主体和头锥前缘两部分组成,两者通过硅橡胶粘接后可以组成一个直径 50 mm 的半球体。头锥主体上加工有放电腔体,头锥前缘上开有直径为 4 mm 的射流出口。头锥及其在高超声速风洞中的安装情况如图 5.29 所示。由于高超声速风洞中静压很低,而放电腔体内经过来流充填后静压较高,因此放电倾向于在放电腔体外面产生。为了促使放电只能发生于放电腔体内,在其他部分需要进行良好的绝缘处理,其中钨棒电极与高压导线焊接的地方是绝缘的重点之一,如图 5.29 所示,焊接端被放置于一个小腔体内(绝缘密封腔),在安装完导线和电极并将两者焊接后,用环氧树脂绝缘灌封胶将此腔体完全填充。

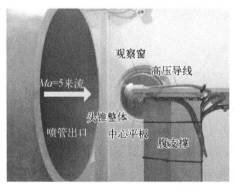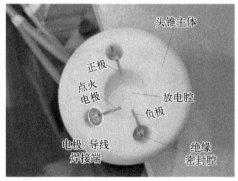

图 5.29　高超声速风洞头部喷流实验装置实物图

2. 流场特性分析

高超声速风洞头部喷流的实验工况汇总见表 5.2,共进行了不同来流总压条件下的三次实验。来流马赫数等于 5,来流总压分别为 0.15 MPa、0.30 MPa 和 0.50 MPa,静压分别为 284 Pa、567 Pa 和 945 Pa,来流总温和静温分别约为 360 K 和 60 K,通过激波关系式计算得到的正激波波后的参数如表 5.2 中所示,由于射流出口正好位于头部正激波后,因此放电腔体内的压强和温度应该接近于正激波后的总压和总温。三种工况下,放电腔体内的气压分别约为 8.22 kPa、16.44 kPa 和 27.41 kPa,在正负电极间距固定的条件下,空气击穿放电的电压随气压而升高,三种工况下的击穿电压分别为 1.32 kV、1.94 kV 和 2.61 kV。

表 5.2　高超声速风洞头部喷流实验工况

工况	来流马赫数	来流总压/MPa	来流静压/Pa	来流总温/K	来流静温/K	正激波后马赫数	正激波后总压/kPa	正激波后静压/kPa	正激波后静温/K	击穿电压/kV	电容能量/J
5-7	5.0	0.15	284	360	60	0.415 2	9.26	8.22	348	1.32	0.70
5-8	5.0	0.30	567	360	60	0.415 2	18.52	16.44	348	1.94	1.51
5-9	5.0	0.50	945	360	60	0.415 2	30.86	27.41	348	2.61	2.72

图 5.30 所示为未放电情况下钝头体基态流场,其中图 5.30(b)和(d)为本次实验中马赫数 5.0 高超声速流场不同总压条件下的基态流场,图 5.30(d)中还显示了本实验所采用的直角坐标系,其中坐标系的原点位于半球形钝头体的顶点处,X 轴正方向(流向)为来流方向,Z 轴正方向(法向)为垂直于水平面向上方向。图 5.30(a)所示为钝头体在马赫数 2.95 超声速流场中的基态流场,为了进行比较,超声速流场头激波的位置在图中用白色虚线表示。由图可知,与超声速基态流场相比,高超声速基态流场中头激波的脱体距离减小(5.5 mm 减小为 4.6 mm),同时头激波的曲率减小,因此在观测区域末端的激波角度减小(57.0° 减小为 50.4°)。对于高超声速流场不同来流总压,头激波的位置的形状基本一致,但是纹影显示的激波清晰度存成差别。图 5.31 所示为不同来流总压条件下基态纹影流场像素灰度值(无量纲化)沿 X 轴方向的分布,由图可知,不同总压下沿 X 轴正向灰度开始降低的位置基本相同(大约在-15 像素点位置),这表明激波的位置大体相同,但是来流总压较高时,激波前后的灰度比显著增大,低灰度像素区间的宽度更大。这是由于随着来流总压的增大,在总温固定的条件下,

流体的密度增大,尽管激波前后密度比基本相同,但是激波前后密度差的绝对值增大,因此平行光偏折角度增加。

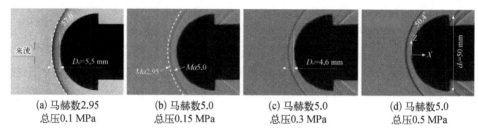

(a) 马赫数2.95
总压0.1 MPa

(b) 马赫数5.0
总压0.15 MPa

(c) 马赫数5.0
总压0.3 MPa

(d) 马赫数5.0
总压0.5 MPa

图 5.30　基态流场纹影图像对比

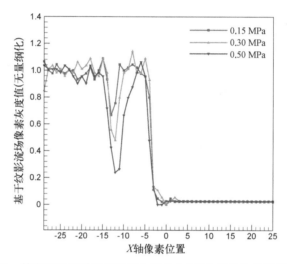

图 5.31　基态流场 X 轴线无量纲灰度分布(横坐标单位为像素点数)

图 5.32 所示为施加放电后的控制流场演化过程,其中触发放电时刻为 0 时刻,ΔT 为高速摄影两幅图像之间的时间间隔(1/43 200 Hz≈23.15 μs),图 5.32(a)为 $\Delta T \sim 5\Delta T$ 的演化流场,图 5.32(b)为 $6\Delta T \sim 12\Delta T$ 的演化流场。

由图可知,在 ΔT 时刻,放电产生的等离子体已从放电腔体内喷出,等离子体的发光强度随着来流总压的升高而增强。此外,随着与出口之间距离的增加,等离子体中的部分带电粒子发生复合反应,离子的密度降低,发光强度减弱,颜色由红色或黄色向蓝色过渡。等离子体合成射流的喷出使得头部激波中间部分凸起,与超声速流场中的现象类似,在初始喷射阶段,射流未能覆盖整个钝头体,仅仅对出口局部区域产生干扰,因此干扰控制模式为"局部凸起模式",局部凸起激波与原激波之间形成环形的激波/激波干扰结构。在 $2\Delta T$ 时刻,随着射流

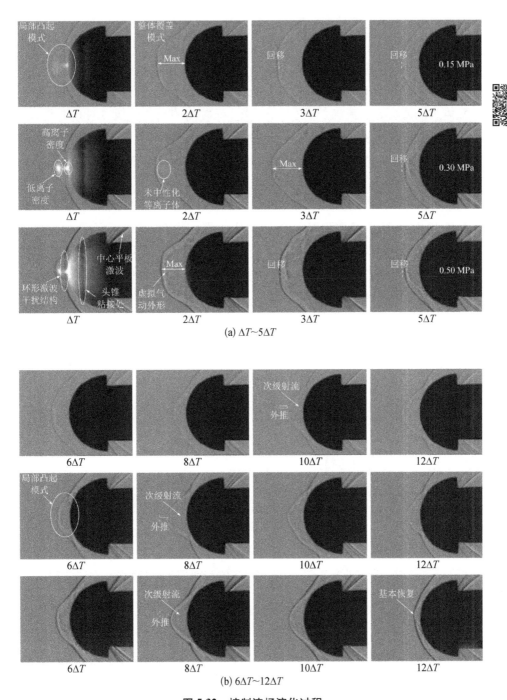

(a) $\Delta T \sim 5\Delta T$

(b) $6\Delta T \sim 12\Delta T$

图 5.32　控制流场演化过程

速度增大,钝头体头激波被进一步向上游推移,由于射流覆盖范围的扩大,喷射出来的高温气体在钝头体表面形成虚拟气动外形,使得头激波整体前移,干扰控制模式转变为"整体覆盖模式"。放电产生的等离子体在与外部中性粒子混合后迅速发生复合反应,流场中仅剩少量未中性化的带电粒子。

为了对比不同工况中激波位置变化的差异,图5.33中显示了三种工况下钝头体头激波顶点的流向位置(X轴坐标)随时间的变化曲线。对比发现,从最大激波脱体距离来看,来流总压0.30 MPa工况时等离子体合成射流的控制效果最佳,这是由于随着来流总压的增大,激励器的击穿电压(决定了放电能量)和产生的射流强度相应增大,但同时来流的能量也会增大,因此对于头激波的控制存在一个较优的来流总压范围。如图5.32、图5.33所示,对于来流总压0.15 MPa、0.30 MPa和0.50 MPa三种工况,头激波顶点的最大前移位置分别为 $X = -19.5$ mm、-21.1 mm和-17.2 mm,对于0.15 MPa和0.50 MPa工况,最大前移出现的时刻较早,约在$2\Delta T$,而对于0.30 MPa工况,由于前移的距离较远,因此最大前移出现的时刻略晚,约在$3\Delta T$。

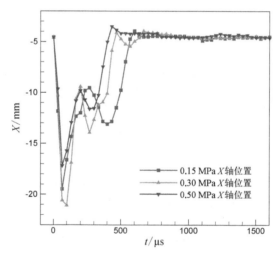

图 5.33　头激波顶点流向位置(X轴坐标)随时间变化曲线

在头激波顶点前移达到峰值后,随着射流强度的减弱和高温气体虚拟气动外形的不断耗散,头激波开始回移,如图5.32中$3\Delta T \sim 6\Delta T$时刻结果所示,当控制效果减弱到一定程度后,干扰控制模式又回归到"局部凸起模式"。与超声速情况类似,对于头部逆向喷流,在一次放电后会有多级射流产生,对于来流总压较大的0.30 MPa和0.50 MPa工况,二级射流出现较早,约在$8\Delta T$,对于来流总压较小的 0.15 MPa 工况,由于回填的质量流率较低,因此二级射流出现的较晚,约在 $10\Delta T$。随着二级射流的出现,头激波顶点将会再次前移,如图 5.33 中 $8\Delta T \sim 12\Delta T$ 时刻结果所示,但前移的距离要小于一次射流作用时。随后头激波顶点继续回移,经过多次往复后,头激波最终恢复到基态,控制作用结束。

5.3.2　参数影响规律研究

1. 流场和能量特性分析

本小节选取半球形头锥作为控制对象,头锥与激励器的结构布局如图 5.34 所示。头锥分为前缘与主体两部分,采用立体光固化成形技术加工。为了避免烧蚀,激励器壳体仍采用六方氮化硼材料进行加工。头锥主体为中空结构并开有凹槽,可以嵌套于激励器壳体外。头锥前缘同时作为激励器的射流出口盖板,中央开有圆形射流出口。为了方便与圆柱导轨连接,激励器壳体后固定有导轨连接座。所有零件之间均采用硅橡胶进行装配。需要特别注意的是,由于在超声速流场中头锥下游存在一个低压回流区,相比于压强较高的激励器腔体,此处气体更加容易被击穿,因此为避免漏电,在图 5.34(a) 中所示电极-导线连接端需要采用环氧树脂胶进行绝缘处理。

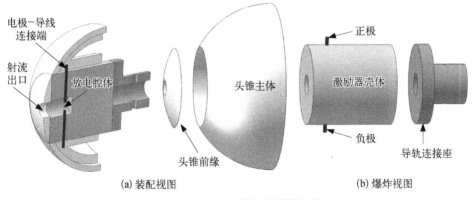

(a) 装配视图　　　　　　　　　　　(b) 爆炸视图

图 5.34　实验头锥与激励器结构

实验中设计了如图 5.35 所示的支撑和导轨系统,将头锥安装于风洞实验段中央,并对头锥所受的流向动态气动阻力进行测量。为了测量流向气动力,采用两个并联直线轴承与两个相互平行固定的光滑圆柱导轨连接头锥与 PCB 动态力传感器,使得头锥只能沿流向平移。直线轴承与动态力传感器固定在一个中心平板上,中心平板通过两个支架与风洞底板连接固定。

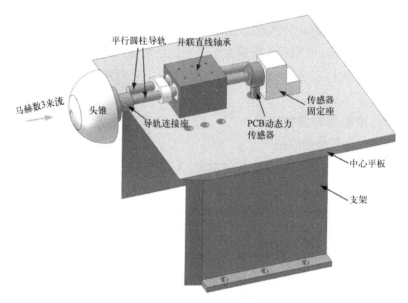

图 5.35　头部喷流实验支撑与导轨系统结构示意图

图 5.36 所示为等离子体合成射流激励器不工作时的头锥基态流场,马赫数 3 来流方向从左至右,头锥直径 $D_h = 50$ mm。由图可知,在激励器未工作条件下,环绕头锥会形成一道较稳定的弓形激波,激波的脱体距离(即弓形激波顶点与

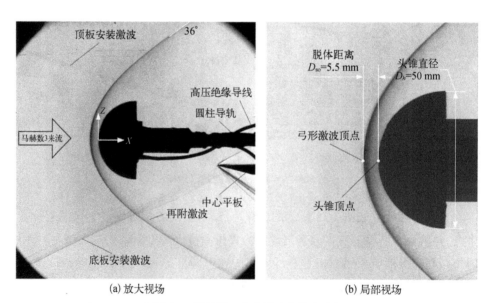

(a) 放大视场　　　　　　　　　　(b) 局部视场

图 5.36　马赫数 3 来流钝头体基态流场

半球顶点的距离)D_{so} = 5.5 mm,激波顶点处角度为 90°,之后沿流向激波角度逐渐减小,在观测区域内,激波尾部角度约为 36°,紧靠弓形激波下游,由于分离流场的再附会形成一道很弱的再附激波。此外在流场中存在两道明显的安装激波,这是由于顶板及底板在安装时无法与风洞主体框架严格平滑过渡造成的,但是因为钝头体位于测试段的中央,所以两道安装激波和弓形激波的交点远离本实验中最为关注的核心区,即弓形激波顶点及周围部分区域。对比可知,相比于顶板,底板在安装时与风洞主体框架贴合性较差,形成的安装激波较强。图 5.36 中也显示了实验系统的坐标系设置,其中坐标系原点位于钝头体半球的顶点,X 轴正向为来流的方向(流向),Z 轴正向为垂直于水平面向上的方向(法向)。

图 5.37 所示为等离子体合成射流激励作用下钝头体流场演化过程,放电电容为 320 nF,射流出口直径为 9 mm。在放电触发后 20 μs,射流和前驱激波射出放电腔体,但其影响还没有达到头部激波。在喷射初期,射流和前驱激波的速度几乎相同(等于当地声速),因此射流前部和激波接近。40 μs 时刻,在激励作用下,头部激波的顶端被推向上游并形成一个凸起。在 60 μs 和 80 μs 时刻,头部激波进一步向上游推动。高温低密度射流在头部激波和钝头体之间扩散,并有部分开始沿钝头体表面向下游流动。由于空气从放电腔体喷出,等离子体电弧被拉长并被射流吹出腔体。同时前驱激波在到达头部激波后反射并向下游传播,与静止状态或超声速横向等离子体合成射流情况类似,前驱激波的扩散速度要远高于射流,因此可以产生更宽更快的激励,使得激励的范围也在横向扩展。在 100 μs 时刻,等离子体合成射流的强度达到峰值,头部激波的前移距离达到最大。在 160 μs 和 200 μs 时刻,射流变得越来越弱,空气开始重新填充放电腔体。由于头部激波顶点处的压力最高,因此气体回填首先在射流出口的中心开始,在射流中间出现一个凹陷。在 280 μs 时刻,射流基本喷射完成,在头部流场中几乎已观察不到高温气体的存在。

与静止状态或超声速横向等离子体合成射流特性显著不同的是,对于反向等离子体合成射流而言,在一次放电后会产生明显的多次喷射过程。如图 5.37 所示,第二个射流在 360 μs 开始出现,约在 520 μs 结束,然后第三个射流在 600 μs 开始出现,依次类推,在本工况条件下,可以观察到 13 次喷射过程,随着次数的增加,射流的强度递减。逆向等离子体合成射流激励器多级射流的产生可能是由于其特殊的腔体回填特性引起的。对于静止状态或横向等离子体合成射流激励器,在喷射后,当腔体内空气冷却后,在腔体内形成负压,然后外部流场的空气开始重新填充放电腔体,腔体的回填主要是对静止气体或超声速横向主流的抽吸

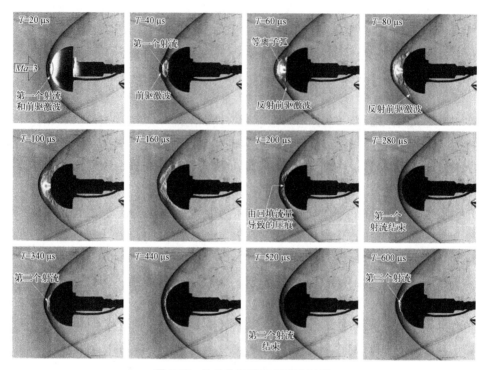

图 5.37　钝头体受控流场演化过程

完成的,与喷射过程相比,回填的气流速度很低、质量流量很小,放电腔体的压力慢慢恢复到外部流场压力,在这种情况下,通常只能生成一个等离子体合成射流。然而对于反向等离子体合成射流激励器,腔体的回填是由高速主流的冲击和腔体的负压两部分驱动的,因此腔体回填的速度较高、质量流量较大,由于回填气流的惯性,在回填完成后腔体内的压力会比外部流场高,所以会产生第二次喷流。随着这一过程的重复,多次射流不断形成,腔体内的压力将出现周期性振荡,并且振幅不断减小。如图 5.38 所示,由于多次喷射,头部激波顶点的位置也将随时间而振荡。图 5.38 中还标出了每次射流的开始时刻,结果表明,头部激波顶点的振荡与每次喷射是相对应的,头部激波顶点的振荡周期约为 260 μs,与多次射流的喷射周期相近。由于等离子体合成射流的强度随着喷射次数的增加下降,激波顶点的振荡幅度也随着时间的推移而减小,激波顶点的最大前移距离约为 14.7 mm,发生在第一次喷射后约 100 μs。

　　图 5.39 所示为等离子体合成射流激励器不工作时钝头体在一次风洞测试中所受流向气动阻力变化曲线。由图可知,风洞在 −200 ms 开始工作,大约在

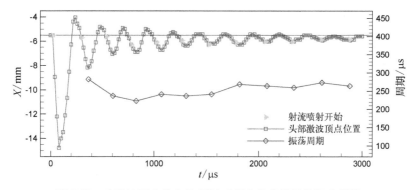

图 5.38　头激波顶点流向位置随时间变化曲线及其振荡周期

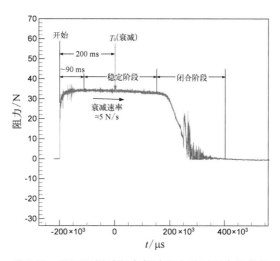

图 5.39　风洞开闭过程中气动阻力随时间变化曲线

160 ms 开始关闭(仅在这次测试中)。气动阻力时间曲线可以分为三个阶段:过渡阶段、稳定阶段和闭合阶段。在风洞开始工作后,阻力从零上升到 34.1 N,达到稳定阶段,一直持续到风洞开始关闭。在稳定阶段,由于压电式传感器的特性,虽然实际阻力保持不变,但传感器的输出信号会出现衰减,信号衰减的速率大约是 5 N/s。因此,为了使在不同实验中测量的阻力曲线具有可比性,在后面的实验中,风洞开启与放电开始时刻之间的时间间隔被固定为 200 ms。

　　图 5.40 所示为施加等离子体合成射流激励的典型动态气动阻力变化曲线,空气击穿发生在 0 μs。由图 5.40 可知,在击穿后不久(0~160 μs),气动阻力变化不大,虽然此时等离子体合成射流已经喷出腔体并对弓形激波产生了干扰,如图 5.37 所示。这可能是因为虽然钝头体流场的改变可以降低钝头体表面的压

力并减少阻力,但是腔体内压力的显著增加和等离子体合成射流的高速喷射同时会增加钝头体的阻力,所以阻力基本上保持在基准值附近(34.1 N)。从160 μs开始,阻力开始降低。由于多级等离子体合成射流的产生和放电腔体压力的振荡,阻力变化曲线有两个主要峰值(即"W"型曲线)。减阻持续时间($\Delta T_r = T_2 - T_1$)约为600 μs。最小阻力约为23.3 N,最大阻力减少百分比($1 - F_{min}/F_0$)约为34.67%。为了分析减阻的整体效果并与消耗的电能进行比较,减阻的收益(即推力系统所做功的减少)计算如下[3]:

$$\Delta E_r = \int_{T_1}^{T_2} [F_0 - F(t)] \cdot U_\infty \, \mathrm{d}t \qquad (5.18)$$

其中,F_0为基态阻力;$F(t)$是瞬态阻力;U_∞是风洞实验段主流的速度(约622.5 m/s,也可以看作是飞行器的巡航速度);T_1、T_2分别为阻力下降的开始时刻和结束时刻,如图5.40中所示。利用图5.40所示压力变化曲线和式(5.18)计算可得本工况的减阻收益约为1.97 J。

典型放电电压和电流波形如图5.41所示。电容如前所述为320 nF,导线电阻为220 mΩ。逆向等离子体合成射流激励器的放电波形与横向或静止流场等离子体合成射流激励器的放电波形相同(欠阻尼振荡曲线)。在0 μs时刻,电压达到击穿值(约2.6 kV),电弧放电开始,击穿放电后,电压迅速下降到几百伏,然后开始周期性振荡,振幅不断减小。电流在击穿后0.5 μs到达峰值(约1.1 kA),随后也开始振荡。根据放电波形和测量得到的电路参数可以计算电容能量、电弧能量和放电效率。单次放电的能量消耗(即电容能量)为

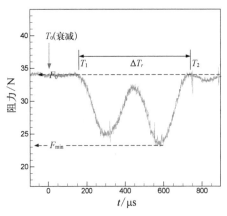

图5.40 典型控制工况动态气动阻力变化曲线

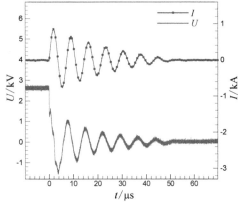

图5.41 放电电压和电流的典型波形

$$E_\mathrm{c} = 0.5 \cdot C_\mathrm{d} \cdot V_\mathrm{b}^2 \tag{5.19}$$

其中，E_c 是电容能量；V_b 是击穿电压。电弧能量表达式为

$$E_\mathrm{a} = E_\mathrm{c} - E_\mathrm{w} = E_\mathrm{c} - \int_0^{T_\mathrm{d}} i^2 R_\mathrm{w} \mathrm{d}t \tag{5.20}$$

其中，E_a 是电弧能量；E_w 是在电线上耗散的能量；T_d 是放电的周期；i 是放电电流；R_w 是导线电阻。放电效率 η_d 计算如下：

$$\eta_\mathrm{d} = E_\mathrm{a}/E_\mathrm{c} = 1 - E_\mathrm{w}/E_\mathrm{c} \tag{5.21}$$

利用上式计算可得单次放电的能量消耗为 1.08 J，电弧能量为 0.62 J，放电效率约等于 57%。如前所述本工况的减阻收益约为 1.97 J，因此能量消耗占减阻收益的 54.8%。

2. 出口直径的影响

为了获得逆向射流激励器工作特性及减阻效果随参数的变化规律，开展了表 5.3 所列实验工况，分析了射流出口直径、钝头体尺寸和放电能量三个关键参数的影响，其中放电能量的改变通过替换不同容量电容并保持击穿电压不变实现。

表 5.3　钝头体实验工况

工　况	出口直径/mm	放电电容/nF	钝头体直径/mm
5 – 10	1.5	320	50
5 – 11	5.0	320	50
5 – 12	9.0	320	50
5 – 13	5.0	80	50
5 – 14	5.0	160	50
5 – 15	5.0	640	50
5 – 16	5.0	640	30
5 – 17	5.0	640	70

图 5.42 所示为不同出口直径的等离子体合成射流激励的流场。如 40 μs 流场所示，较大出口直径的激励器可以产生更宽更快的射流，因此激励作用更快，激励范围更广泛。随着出口直径的变化，等离子体合成射流与钝头体头部激波的相互作用可分为两种相互作用模式。如图 5.42(a) 所示，1.5 mm 出口的等离子体合成射流倾向于穿透头部激波，并在头部激波的弯曲表面造成局部突出，局部突起激波与原头部激波相互干扰形成圆形的激波/激波干涉结构，此相互作用

模式可以定义为"局部突起激励模式"。如图 5.42(b) 和(c)所示,对于 5.0 mm 和 9.0 mm 出口直径的等离子体合成射流激励器,在 40 μs 及 100 μs 时刻激励刚开始时,射流喷出较少,因此相互作用模式为局部突起激励。然而,随着激励范围的扩展,局部突起激波尺寸逐渐扩大,最后与原头部激波相切,圆形激波/激波干涉结构随之消失,头部激波被完全推向上游。这是因为热射流迅速扩散到整个钝头体表面,并覆盖前钝头体形成光滑的虚拟气动外形,因此第二种相关作用模式可以定义为"全局覆盖激励模式"。

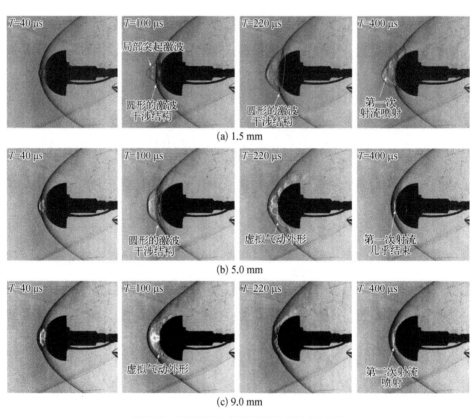

图 5.42　不同出口直径受控流场演化过程

出口直径的另一个关键影响是多射流喷射周期的改变。如图 5.42 所示,对于 1.5 mm 出口直径的激励器,第一个射流在 100 μs 时刻仍然很弱并在不断增强。在 220 μs 和 400 μs 时刻,一次射流仍保持较强。然而,对于 5.0 mm 出口直径的激励器,一次射流在 400 μs 时刻已经基本完成。对于 9.0 mm 出口直径的激励器,在 400 μs 时刻一次射流已经完成,二次射流开始射出。图 5.43 所示为不同激励器出口直径受控流场多级射流出现时间。随着孔径的减小,射流的数量会减少,这可能是由于回填流速的降低造成的。除此之外,随着孔径的减小,射流的平均周期增加。当孔口直径从 9.0 mm 下降到 5.0 mm 时,平均周期从 260 μs 增加到了 375 μs。对于 1.5 mm 出口的等离子体合成射流激励器,只观察到三个射流,其中第一个射流持续了很长时间,并且第一个射流非常不稳定,这导致了头部激波位置的剧烈变化。图 5.44 显示了不同孔径条件下头部激波顶点横向位置的变化曲线。对于 5.0 mm 和 9.0 mm 出口直径的等离子体合成射流激励器,在激励开始时,头部激波位置有很大的变化。当第一个射流喷射完毕后,头部激波顶点的位置基本稳定。然而,对于 1.5 mm 出口直径的等离子体合成射流激励器,头部激波的位置持续大范围移动,并且其最大位移要比其余两工况大很多。这可能是因为 1.5 mm 出口直径激励器产生的射流较细,更容易发生偏转,并且第一个射流能够持续很长时间。

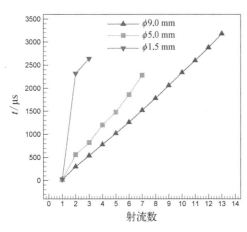

图 5.43　不同激励器出口直径受控　　　　图 5.44　不同激励器出口直径受控流场头激
流场多级射流出现时间　　　　　　　波顶点法向位置随时间变化曲线

　　图 5.45 所示不同出口直径条件下动态气动阻力随时间变化曲线,图 5.46 显示了三种情况下的最大减阻百分比、减阻持续时间和减阻收益对比。可见,随着孔径的减小,减阻时间也随之增加,此外阻力减小的幅度也增加了。因此如图 5.46 所示,随着孔径的减小,整体减阻收益也随之增加。为了定性地分析减阻的变化,减阻收益 ΔE_r 可以简单地描述如下:

$$\Delta E_r = U_\infty \int_{T_1}^{T_2} (\Delta F_b - F_j)\, \mathrm{d}t \tag{5.22}$$

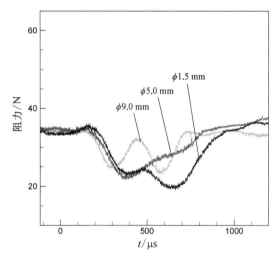

图 5.45 不同出口直径条件下动态气动阻力随时间变化曲线

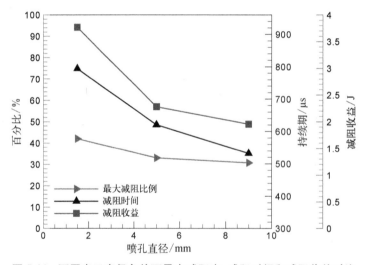

图 5.46 不同出口直径条件下最大减阻率、减阻时间和减阻收益对比

其中，ΔF_b 表示因钝头体表面压力减小导致的阻力降低绝对值；F_j 是等离子体合成射流的反作用力，可描述如下：

$$F_j = A_o(p_j - p_o + \rho_j u_j^2) \tag{5.23}$$

其中，A_o 是射流出口截面的面积；p_j 是等离子体合成射流的压力；p_o 是外流场的压力；ρ_j 是等离子体合成射流的密度；u_j 是等离子体合成射流的速度。

由于本文实验中所用的钝头体尺寸较小,整体阻力很小,因此等离子体合成射流的反作用力(约为牛量级[4])对整体阻力的影响不容忽视。对于较小出口的激励器,等离子体合成射流的反作用力较小,因此阻力减小幅度($\Delta F_b - F_j$)较大。更重要的是,由于第一次射流的持续时间较长,减阻的持续时间也增加了。因此,在实验条件下,较小孔的激励器能够产生更大的减阻收益。

3. 钝头体直径的影响

图 5.47 所示为不同直径钝头体受控流场演化过程。图中 0 μs 时刻为放电前的流场,随着钝头体直径的增大,头部激波脱体距离 D_s 增大,头部激波以及再附激波变得更强。对于直径 30 mm、50 mm 和 70 mm 的钝头体,脱体距离分别为 3.6 mm、5.5 mm 和 7.5 mm。通过流场演化的比较可以看出,随着钝头体直径的增加,第一个射流的持续时间变得更长。对于直径 30 mm 的钝头体,在 100 μs 左右,激波脱体距离迅速达到最大,在 400 μs 时刻,激波脱体距离几乎回到基础位置,第一个射流结束。然而,对于直径 70 mm 的钝头体,激波脱体距离的增加速度要慢得多,在 60~200 μs 的时间内持续增长,在 400 μs 时刻,第一个射流仍在喷射。分析认为原因可能是对于较小的钝头体,热射流在喷射出放电腔体后

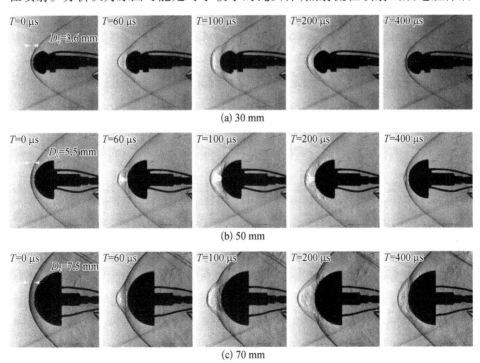

图 5.47 不同直径钝头体受控流场演化过程

会随着主流迅速向下游发展,然而对于较大的钝头体,在钝头体前存在一个较大的低速区,热射流的驻留时间延长,不会被迅速吹向下游,在大尺寸钝头体的保护下,更多热射流可以聚集在钝头体前。

图 5.48 所示为不同直径钝头体受控流场头部激波顶点流向位置随时间的变化曲线,图 5.49 所示为 1 300 μs 之前钝头体受控流场多级射流出现的时间。由图可知,不仅基态条件下的激波脱体距离 D_v 随钝头体直径的增大而增大,而且 D_v 的最大变化量也随钝头体直径的增大而增大。对于直径 30 mm、50 mm 和 70 mm 的钝头体,D_v 最大变化量分别为 9.6 mm、10.6 mm 和 16.3 mm。随着钝头体直径的减小,等离子体合成射流在头部的驻留时间而减小,因此腔体回填过程更早开始。这意味着尽管射流出口直径相同,但对于较小的钝头体来说,来流更容易填充激励器腔体。所以随着钝头体直径的减小,多级喷流的喷射周期缩短。对于直径 30 mm 的钝头体,相邻多级射流的作用时间甚至发生重叠。此外由图 5.48 可见,随着钝头体直径的增大,等离子体合成射流对头部激波的作用过程变得相对缓慢,因此头部激波顶点随时间的变化曲线变得更加平滑。

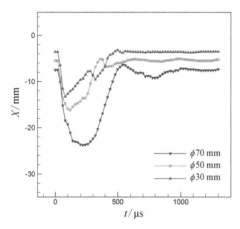

图 5.48 不同直径钝头体受控流场头激波
顶点流向位置随时间变化曲线

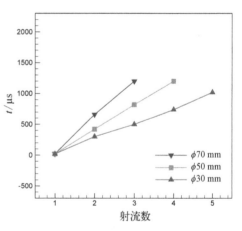

图 5.49 不同直径钝头体受控流场多级
射流出现时间(1 300 μs 前)

图 5.50 显示了在三种钝头体条件下瞬态气动阻力的变化曲线,通过对图中瞬态气动阻力的分析,得到了三种条件下的最大减阻百分比、减阻持续时间和减阻收益,汇总结果如图 5.51 所示。由图 5.50、图 5.51 可知,对于 30 mm、50 mm 和 70 mm 的钝头体,基态时的阻力分别为 16.3 N、34.1 N 和 76.8 N。随着钝头体直径的增加,最大阻力降幅增大(分别为 11.3 N、12.7 N 和 21.1 N),但最大减

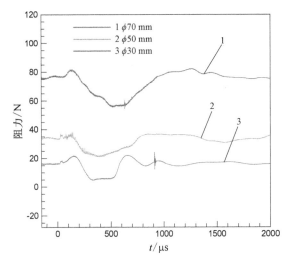

图 5.50　不同直径钝头体条件下动态气动力随时间变化曲线

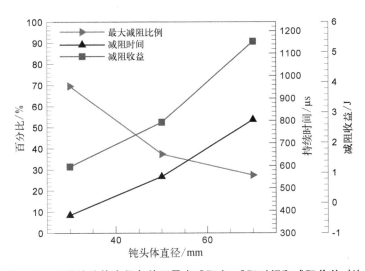

图 5.51　不同钝头体直径条件下最大减阻率、减阻时间和减阻收益对比

阻百分比不断下降(分别为 69.6%、37.4% 和 27.4%)。根据对整体阻力的定性分析认为,阻力降幅的变化可能是由于三种条件下 F_j 变化基本相同,但由于受到更强的干扰,ΔF_b 会随着钝头体直径增加而增大。从瞬态气动阻力的变化曲线可以看出,随着钝头体直径的增加,阻力降低的时间也会增加,这可能是射流驻留时间的延长造成的。由于随着钝头体直径的增加,阻力降幅和阻力降低的时间均增大,因此减阻收益显著增加,如图 5.51 所示,三种工况下的减阻收益分别为 1.2 J、2.67 J 和 5.35 J,而三种工况所消耗的电能均为 2.16 J,计算可得减阻的

收益-成本比分别为 0.56、1.24 和 2.48。值得注意的是,对于直径 30 mm 的钝头体,其收益-成本比远低于 1,在此工况下等离子体合成射流激励器的存在实际上产生了更大的负面作用。

4. 放电电容的影响

图 5.52 所示为不同放电电容条件下放电开始后 100 μs 钝头体受控流场,由图可知,随着放电电容的增大,等离子体合成射流的控制作用更快显现,控制效果增强,这是因为随着放电电容的增大,单次放电的输入能量增加,这意味着更多电能转化为气体内能,因此气体的温升和压升增大,等离子体合成射流的速度提高。四种放电电容条件下的电容能量、电弧能量、放电效率、减阻收益和收益-成本比如图 5.53 所示。由图可知,随着放电电容的增加,由于击穿电压保持恒定,因此单次放电能量消耗(即电容能量)线性增加。随着放电电容的增加,减阻收益也不断增大,但增大幅度相比电容能量要小,而且增加速率不断下降。因此,随着放电电容的增加,减阻的收益-成本比下降。分析认为这由两方面原因造成。首先,当电容能量线性增加时,电弧能量的增加幅度逐渐下降,这意味着放电效率在下降。这可能是由于随着电容能量的增加,等离子体电弧的温度会更高,电弧的电阻减小,在导线电阻不变的情况下,耗散在导线中的总输入能量的比例将会增加,因此放电效率下降。其次,随着电容能量的增加,放电腔体内气体的温升和压升增加,因此等离子体合成射流的强度增大,这会对钝头体流场产生更大的影响(图 5.52),导致 ΔF_b 增加;另一方面,F_j 也会增加,因此总体而言减阻收益增幅较小。由于电源的限制,本实验所测试的最大电容只有 640 nF,推测随着放电电容的进一步增加到达一定临界值后,图 5.53 所示放电能量和减阻收益两个曲线将最终相交,超过临界值后,等离子体合成射流激励器的工作将变得有害。

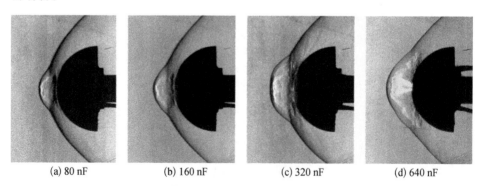

(a) 80 nF   (b) 160 nF   (c) 320 nF   (d) 640 nF

图 5.52　不同放电电容条件下放电开始后 100 μs 钝头体受控流场

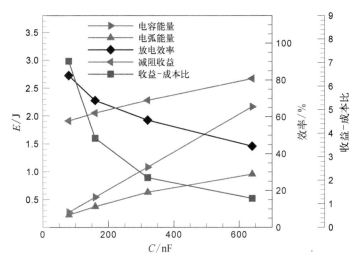

图 5.53　不同放电电容条件下电容能量、电弧能量、放电效率、减阻收益和收益-成本比

5.4　小结

采用自持式合成射流、等离子体高能合成射流对高超声速流场中压缩拐角流场、钝头体流场进行了控制。对于压缩拐角流场，斜激波近壁面部分被基本消除，壁面压力降低约 30%。对于钝头体激波，激波脱体距离增大、角度减小、强度减弱，因此波后压力减小、阻力降低。

参考文献

[1] Deng X, Xia Z X, Luo Z B, et al. Vector-adjusting characteristic of dual-synthetic-jet actuator. AIAA Journal, 2015, 53(3)：794 – 797.

[2] Wang L, Xia Z X, Luo Z B, et al. Three-electrode plasma synthetic jet actuator for high-speed flow control. AIAA Journal, 2014, 52(4)：879 – 882.

[3] Kuo S P, Bivolaru D. The similarity of shock waves generated by a cone-shaped plasma and by a solid cone in a supersonic airflow. Physics of Plasmas, 2007, 14：023503.

[4] 张宇, 罗振兵, 李海鹏, 等.激励器结构对三电极等离子体高能合成射流流场及其冲量特性的影响.空气动力学学报,2016,34(6)：783 – 789.

第6章

高超声速飞行器快响应直接力控制

6.1 引言

高超声速飞行器面临的主要挑战之一是快响应直接力控制。等离子体高能合成射流激励器是目前流动控制激励器中有望实现高超声速飞行器快响应直接力控制实际工程应用的流体控制装置。本章对等离子体高能合成射流激励器直接力控制进行理论分析,并对其直接力特性进行实验测量,最后利用数值模拟的方法对等离子体高能合成射流激励器飞行器直接力控制进行模拟仿真。

6.2 等离子体高能合成射流激励器直接力控制理论分析

6.2.1 等离子体高能合成射流直接力物理模型

等离子体高能合成射流激励器能量沉积在等离子体射流激励器的凹腔内,射流通过一个收敛出口进入到静态环境中。激励器空腔的示意图如图 6.1 所示,空腔内初始压力为环境压力 p_∞,初始温度为环境温度 T_∞。本节无量纲参数如表 6.1 所示。

表 6.1 无量纲参数

符　号	定　义	描　述
ε	$\dfrac{Q}{p_\infty V}$	能量沉积
ϑ	$\dfrac{I}{\sqrt{\rho_\infty VQ}}$	冲量

（续表）

符 号	定 义	描 述
δ	$\dfrac{d}{D}$	几何参数
λ	$\dfrac{L}{D}$	几何参数
β	β	几何参数
γ	$\dfrac{c_p}{c_v}$	绝热指数

假定空腔内压力瞬间提升至 p_{t_0} 温度变为 T_{t_0}，密度保持不变（$\rho_{t_0} = \rho_\infty$），空腔内的能量沉积为 Q。

1. 控制方程,边界条件和初始条件

1）控制方程

控制方程为理想气体、非稳态,可压缩欧拉方程组为

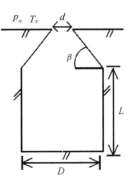

图 6.1　等离子体射流激励器空腔示意图

$$\frac{\partial \rho}{\partial t} + \frac{\partial \rho v_j}{\partial x_j} = 0 \qquad (6.1)$$

$$\frac{\partial \rho v_i}{\partial t} + \frac{\partial \rho v_i v_j}{\partial x_j} = -\frac{\partial p}{\partial x_i} \qquad (6.2)$$

$$\frac{\partial \rho e}{\partial t} + \frac{\partial (\rho e + p) v_j}{\partial x_j} = 0 \qquad (6.3)$$

式中, ρ 为密度; p 为压力; v_i 为笛卡儿坐标 x_i 方向上的速度; e 为单位质量能量; 本书采用 Einstein 求和法。

2）边界条件

边界条件如图 6.2 所示,假定气体为非黏性流体,边界为自由表面,静态流域的外边界设为大气压力。外边界离喉部应保持足够远的距离,以免模拟计算时,影响到空腔内气流的持续时间。

图 6.2　边界条件

3）初始条件

初始条件如图 6.3 所示,空腔内流体初始状态为环境压力与环境温度下的静止状态。空腔内气体视为非稳态,均匀加热。

如果知道空腔内的能量沉积 Q，就可以得到空腔内的初始状态。假定能量沉积过程中空腔内气体密度保持不变 $\rho_{t_0} = \rho_\infty$，能量 Q 全部用于加热气体。通常情况下，Q 只是实际放电的一部分，因为有一部分能量进入了非平衡效应。因此，假定能量在定容条件下增加，通过公式 $Q = mC_v \Delta T$ 得到空腔内的初始温度，其中，m 为质量，ΔT 指空腔内的温度变化。插入理想气体方程：

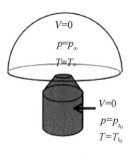

图 6.3　初始条件

$$T_{t_0} = T_\infty \left[1 + \left(\frac{Q}{p_\infty V} \right) (\gamma - 1) \right] \tag{6.4}$$

公式(6.4)为空腔内初始温度与环境温度之间的关系。同理，假定空腔内，能量沉积过程中气体密度保持不变，通过理想气体方程还可得到初始压力，如下：

$$\frac{p_{t_0}}{p_\infty} = \frac{T_{t_0}}{T_\infty} = \left[1 + \left(\frac{Q}{p_\infty V} \right) (\gamma - 1) \right] \tag{6.5}$$

式(6.5)为空腔内初始压力与环境压力之间的关系。

2. 冲量

冲量代表的是力对时间积累效应的物理量，计算如下：

$$I = \int_0^{t_f} \int_A (p - p_\infty + \rho v^2) \, \mathrm{d}A \mathrm{d}t \tag{6.6}$$

式中，t_f 指激励器的放电时间；A 为空腔出口区域。

为了理解为什么冲量是需要关注的参数，如图 6.4 所示，等离子体射流至距离物体重心 R 的距离，根据角动量守恒，得到如下公式：

$$M \frac{\mathrm{d}^2 \theta}{\mathrm{d}t^2} = \mathcal{T} \tag{6.7}$$

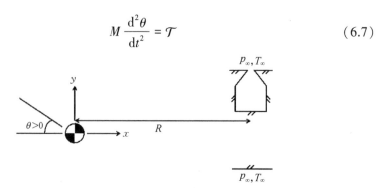

图 6.4　等离子体射流飞行控制分析

式中,M 指的是关于物体重心的转动惯量;θ 为旋转角;τ 为重力中心的力矩。等离子体射流在 y 方向上的瞬时力由如下公式给出:

$$F = \int_A (p - p_\infty + \rho v^2) \, \mathrm{d}A \tag{6.8}$$

式中,A 为空腔的出口区域。等离子体射流关于重心的瞬时力矩如下公式所示:

$$\mathcal{T} = R \int_A (p - p_\infty + \rho v^2) \, \mathrm{d}A \tag{6.9}$$

假定空腔尺寸比 R 小,则有

$$M \frac{\mathrm{d}^2 \theta}{\mathrm{d}t^2} = R \int_A (p - p_\infty + \rho v^2) \, \mathrm{d}A \tag{6.10}$$

关于飞行器机动,旋转速度是关键参数。假定 $t = 0$ 时,旋转速度为零。结合式(6.10),可以得

$$\frac{M}{R} \frac{\mathrm{d}\theta}{\mathrm{d}t} = \int_0^{t_f} \int_A (p - p_\infty + \rho v^2) \, \mathrm{d}A \mathrm{d}t \tag{6.11}$$

式中,t_f 指一个脉冲周期内等离子体射流的总放电时间,式(6.11)的右边为式(6.6)中所定义的冲量。

3. 量纲分析

为了确定单脉冲等离子射流的冲量,需要知道 8 个维度量和 1 个角度量,如图 6.1 所示。

$$I = f(p_\infty, \rho_\infty, L, d, \beta, D, Q, c_p, c_v) \tag{6.12}$$

式(6.12)中包括冲量,总共为 10 个参量,其中,所有的维度量均能由 4 个基本变量表示:质量、长度、时间和温度。因此,可以用 6 个无量纲参数来定义此问题,如图 6.1 所示。

无量纲能量沉积参数 ε,表示为空腔内能量沉积 Q 与能量沉积前空腔内流体内能的比值:

$$\varepsilon = \frac{Q}{p_\infty V} = \frac{Q}{\rho_\infty R T_\infty V} = \frac{1}{(\gamma - 1)} \frac{Q}{m_\infty e_{i\infty}}$$

式中,$m_\infty = \rho_\infty V$,为空腔内流体的初始质量;$e_{i\infty} = C_v T_\infty$,为能量沉积前空腔内单位质量流体的内能。因此 ε 是衡量能量沉积大小的参数。

质量为 m_∞ 的 A 刚体的初始能量为 Q 与静止的 B 刚体产生共线弹性碰撞

从而产生瞬时冲量。无量纲冲量参数 ϑ 与该瞬时冲量成正比。这可以视为：在 $t < 0$ 时，A 刚体初始速度为 v_A，B 刚体初始速度为 0，假设当 $t = 0$ 时刻，A、B 刚体发生瞬时共线碰撞，碰撞后 B 刚体的动量为：$m_\infty v_B = I$，I 为刚体 B 的动量。由动量守恒定律，得到：$m_\infty v_B = m_\infty v_A$，由能量守恒定律，得到：$\frac{1}{2} m_\infty v_B^2 = \frac{1}{2} m_\infty v_A^2 = Q$，因此，$I = \sqrt{2 \, m_\infty Q}$。

在本文分析中，假定传热比为：$\gamma = 1.4$。

4. 解析法

1）无量纲冲量

本小节对一维准稳态的空腔放电进行分析，冲量定义为流体的力对时间的累积效应，由式（6.6）计算得到。

假定空腔出口区域在常物性条件下，空腔放电过程的时间可以分为两部分。

$$I = \int_0^{t_1} (p - p_\infty + \rho v^2) A \mathrm{d}t + \int_{t_1}^{t_f} (p - p_\infty + \rho v^2) A \mathrm{d}t \qquad (6.13)$$

式中，$0 < t < t_1$ 时间段内，出口喉部的流动为声速（如果此情况正好发生）。$t_1 < t < t_f$ 时间段为亚声速流，结束时空腔内总压力为环境压力。

（1）声速流最小能量增量。假定从空腔到喉部的流动为等熵过程，公式（6.13）的积分极限取决于能量增量是否足够满足喉部初始声速流动。

$$p_{\mathrm{th}} = p_t \left[1 + \frac{(\gamma - 1)}{2} Ma_{\mathrm{th}}^2 \right]^{-\gamma/(\gamma-1)} \qquad (6.14)$$

喉部初始压力为

$$p_{\mathrm{th_o}} = p_{t_o} \left[1 + \frac{(\gamma - 1)}{2} Ma_{\mathrm{th_o}}^2 \right]^{-\gamma/(\gamma-1)} \qquad (6.15)$$

对于喉部初始状态下的声速流，$p_{\mathrm{th_o}} > p_\infty$，$Ma_{\mathrm{th}} = 1$，因此，初始喉部处为声速的条件为

$$\frac{p_{t_o}}{p_\infty} > \left(\frac{\gamma + 1}{2} \right)^{\gamma/(\gamma-1)} \qquad (6.16)$$

空腔内初始压力与环境压力的比值由公式（6.5）给出，因此，初始声速在喉部的条件为

$$\frac{Q}{p_\infty V} > \frac{1}{\gamma - 1} \left[\left(\frac{\gamma + 1}{2} \right)^{\gamma/(\gamma-1)} - 1 \right] \cong 2.23 \qquad (6.17)$$

其中，$\gamma = 1.4$。

（2）亚声速喉部积分。对于亚声速放电过程，出口压力为 p_{th} 等于环境压力 p_∞，公式（6.6）变为

$$I_2 = A \int_{t_1}^{t_2} \rho_{\text{th}} v_{\text{th}}^2 \mathrm{d}t \qquad (6.18)$$

式中，去掉了 $p - p_\infty$ 项，用总压强来表示。下面给出了常量 κ 与变量 ξ：

$$\kappa = \left(\frac{p_{t_o}}{p_\infty} \right)^{(\gamma-1)/\gamma} \qquad (6.19)$$

$$\xi = \left(\frac{p_t}{p_{t_o}} \right)^{(\gamma-1)/\gamma} \qquad (6.20)$$

式中，p_{t_o} 为空腔初始总压力；p_∞ 为环境压力；p_t 为空腔瞬时总压力。

流动为准稳态，喉部静态温度和速度与空腔内总温度有关：

$$c_p T_{\text{th}} + \frac{1}{2} v_{\text{th}}^2 = c_p T_t \qquad (6.21)$$

式中，T_t 为空腔内瞬时临界温度。由于空腔内为等熵流动，则有

$$
\begin{aligned}
\rho_{\text{th}} v_{\text{th}}^2 &= \frac{p_{\text{th}}}{R T_{\text{th}}} 2 c_p (T_t - T_{\text{th}}) = \frac{2 c_p}{R} p_{\text{th}} \left(\frac{T_t}{T_{\text{th}}} - 1 \right) \\
&= \frac{2\gamma}{\gamma - 1} p_{\text{th}} \left[\left(\frac{p_t}{p_\infty} \right)^{(\gamma-1)/\gamma} - 1 \right] \\
&= \frac{2\gamma}{\gamma - 1} p_{\text{th}} \left[\left(\frac{p_t}{p_{t_o}} \frac{p_{t_o}}{p_\infty} \right)^{(\gamma-1)/\gamma} - 1 \right] \\
&= \frac{2\gamma}{\gamma - 1} p_\infty (\kappa \xi - 1)
\end{aligned}
\qquad (6.22)
$$

空腔内质量变化率 $\dot{m}(t)$ 为

$$\frac{\mathrm{d}m}{\mathrm{d}t} = -\dot{m}_{\text{th}} \qquad (6.23)$$

因此,

$$dt = -\frac{dm}{\rho_{th}v_{th}A} \tag{6.24}$$

$$m = \rho_t V = \rho_{t_o}\left(\frac{\rho_t}{\rho_{t_o}}\right) V = \rho_{t_o} V \left(\frac{p_t}{p_{t_o}}\right)^{1/\gamma} = \xi^{1/(\gamma-1)}\rho_{t_o} V \tag{6.25}$$

得到 dm:

$$dm = \frac{\rho_{t_o} V}{\gamma - 1}\xi^{(2-\gamma)/(\gamma-1)}d\xi \tag{6.26}$$

此外,由公式(6.21)能量守恒可以得到

$$v_{th} = \sqrt{\frac{2c_p T_{t_o}}{\kappa}(\kappa\xi - 1)} \tag{6.27}$$

因此,有

$$\rho_{th}v_{th} = \frac{\rho_{th}v_{th}^2}{v_{th}} = p_\infty \frac{2\gamma}{\gamma - 1}\sqrt{\frac{\kappa}{2c_p T_{t_o}}}\sqrt{\kappa\xi - 1} \tag{6.28}$$

$$dt = -\frac{\rho_{t_o} V}{2\gamma p_\infty A}\sqrt{\frac{2c_p T_{t_o}}{\kappa}}\frac{\xi^{(2-\gamma)/(\gamma-1)}}{\sqrt{\kappa\xi - 1}}d\xi \tag{6.29}$$

结合式(6.18)、式(6.22)、式(6.29),得

$$I_2 = -\sqrt{\frac{2c_p T_{t_o}}{\kappa}}\frac{\rho_{t_o} V}{(\gamma - 1)}\int_{\xi_1}^{\xi_f}\sqrt{\kappa\xi - 1}\,\xi^{(2-\gamma)/(\gamma-1)}d\xi \tag{6.30}$$

对于 $\gamma = 1.4$:

$$I_2 = -\sqrt{\frac{2c_p T_{t_o}}{\kappa}}\frac{\rho_{t_o} V}{0.4}\int_{\xi_1}^{\xi_f}\sqrt{\kappa\xi - 1}\,\xi^{3/2}d\xi \tag{6.31}$$

引入一个新变量 $\alpha^2 = \kappa\xi$,

$$I_2 = -\sqrt{2c_p T_{t_o}}\frac{5\rho_{t_o} V}{\kappa^3}\int_{\alpha_1}^{\alpha_f}\sqrt{\alpha^2 - 1}\,\alpha^4 d\alpha \tag{6.32}$$

综上,

$$I_2 = -\sqrt{2c_p T_{t_o}} \, \frac{5\rho_{t_o} V}{\kappa^3} \frac{1}{48} \big[\, \alpha\sqrt{\alpha^2 - 1}\,(8\alpha^4 - 2\alpha^2 - 3) - 3\lg(\sqrt{\alpha^2 - 1} + \alpha)\,\big]\, \Big|_{\alpha_1}^{\alpha_f}$$

$$(6.33)$$

积分极限可以从 α 的定义中确定:

$$\alpha = \sqrt{\kappa\xi} = \sqrt{\left(\frac{p_t}{p_{\text{th}}}\right)^{\frac{\gamma-1}{\gamma}}} = \sqrt{1 + \frac{\gamma - 1}{2} Ma_{\text{th}}^2}$$

因为 $p_{\text{th}} = p_\infty$, 所以, 当 $t = t_f$ (结束时刻), $Ma_{\text{th}} = 0$, $\alpha_f = 1$, 如果喉部最初是声速, 那么 t_1 为 Ma_{th} 跌至 1 的时刻, 那么 $\alpha = \sqrt{1.2}$。 如果最初喉部为亚声速, 那么有: $t_1 = 0$。

$$\alpha_1 = \left(\frac{T_{t_o}}{T_\infty}\right)^{\frac{\gamma-1}{2\gamma}} = \left[1 + (\gamma - 1)\frac{Q}{p_\infty V}\right]^{(\gamma-1)/2\gamma}$$

$$(6.34)$$

因此, 式(6.33)变成

$$I_2 = \frac{5\sqrt{2}}{48}\sqrt{c_p T_{t_o}}\, \frac{\rho_{t_o} V}{\kappa^3}\big[\alpha_1\sqrt{\alpha_1^2 - 1}\,(8\alpha_1^4 - 2\alpha_1^2 - 3) - 3\lg(\sqrt{\alpha_1^2 - 1} + \alpha_1)\big]$$

$$(6.35)$$

无量纲冲量 ϑ 可由无量纲能量沉积 ε (详见表 6.1)来表示:

$$\vartheta_2 = \frac{I_2}{\sqrt{\rho_\infty V Q}} = \frac{5\sqrt{7}}{48}(\varepsilon)^{-1/2}\left(1 + \frac{2}{5}\varepsilon\right)^{-5/14}\big[\alpha_1\sqrt{\alpha_1^2 - 1}\,(8\alpha_1^4 - 2\alpha_1^2 - 3)$$

$$- 3\lg(\sqrt{\alpha_1^2 - 1} + \alpha_1)\big]$$

$$(6.36)$$

式中,

$$\alpha_1 = \begin{cases} \left(1 + \dfrac{2}{5}\varepsilon\right)^{1/7}, & \varepsilon < 2.23 \\[2mm] \sqrt{1.2}, & \varepsilon \geq 2.23 \end{cases}$$

$$(6.37)$$

(3) 声速喉部积分。同理, 可以得到第一个积分, 值得注意的是喉部马赫数恒定 ($Ma_{\text{th}} = 1$)。

$$I_1 = A\int_0^{t_1}\big[\,(p_{\text{th}} - p_\infty) + \rho_{\text{th}} v_{\text{th}}^2\,\big]\mathrm{d}t$$

$$(6.38)$$

$$= A \int_0^{t_1} p_{\text{th}} \left(1 - \frac{p_\infty}{p_{\text{th}}} + \gamma Ma_{\text{th}}^2 \right) \mathrm{d}t \tag{6.39}$$

定义：

$$\eta = \frac{p_t}{p_{t_o}} \tag{6.40}$$

则有

$$p_{\text{th}} = p_{t_o} \left(\frac{p_t}{p_{t_o}} \right) \left(\frac{p_{\text{th}}}{p_t} \right) = p_{t_o} \eta \left(1 + \frac{\gamma - 1}{2} Ma_{\text{th}}^2 \right)^{-\gamma/(\gamma-1)} = \frac{p_{t_o}}{\sigma} \eta \tag{6.41}$$

式中，

$$\sigma = \left(\frac{\gamma + 1}{2} \right)^{\gamma/(\gamma-1)} \tag{6.42}$$

因此，

$$\frac{p_\infty}{p_{\text{th}}} = \frac{p_\infty}{p_{t_o}} \frac{\sigma}{\eta} \tag{6.43}$$

因此，

$$I_1 = \frac{p_{t_o} A}{\sigma} \int_0^{t_1} \left[\eta(1+\gamma) - \frac{p_\infty}{p_{t_o}} \sigma \right] \mathrm{d}t \tag{6.44}$$

与亚声速积分相似，上式中时间差可以由质量守恒公式得

$$\mathrm{d}t = -\frac{V}{aA\gamma} \left(\frac{\gamma + 1}{2} \right)^{\frac{\gamma+1}{2(\gamma-1)}} \eta^{\frac{1-3\gamma}{2\gamma}} \mathrm{d}\eta \tag{6.45}$$

因此，

$$I_1 = -\frac{V p_{t_o}}{a_{t_o} \gamma \sigma} \left(\frac{\gamma + 1}{2} \right)^{\frac{\gamma+1}{2(\gamma-1)}} \int_{\eta_0}^{\eta_1} \left[(1+\gamma)\eta^{\frac{1-\gamma}{2\gamma}} - \frac{p_\infty}{p_{t_o}} \sigma \eta^{\frac{1-3\gamma}{2\gamma}} \right] \mathrm{d}\eta$$

$$I_1 = -\frac{V p_{t_o}}{a_{t_o} \gamma} \sigma^{\frac{1-\gamma}{2\gamma}} \left(2\gamma \eta^{\frac{1+\gamma}{2\gamma}} + \frac{p_\infty}{p_{t_o}} \sigma \frac{2\gamma}{\gamma - 1} \eta^{\frac{1-\gamma}{2\gamma}} \right) \Bigg|_{\eta_0}^{\eta_1}$$

式中，当 $t = 0$，$p_t = p_{t_o} \rightarrow \eta_0 = 1$，当 $t = t_1$，$p_t/p_{t_o} = (p_t/p_{\text{th}})(p_{\text{th}}/p_{t_o}) = (p_\infty/p_{t_o})\sigma \rightarrow \eta_1 = (p_\infty/p_{t_o})\sigma$，最后，

$$I_1 = \frac{Vp_{t_o}}{a_{t_o}} \sqrt{\frac{8}{\gamma + 1}} \left[1 + \frac{\sigma}{(\gamma - 1)} \frac{p_\infty}{p_{t_o}} - \frac{\gamma}{\gamma - 1} \left(\frac{p_\infty}{p_{t_o}} \sigma \right)^{\frac{\gamma+1}{2\gamma}} \right]$$

根据无量纲能量沉积 ε 得到无量纲冲量 ϑ：

$$\vartheta = \sqrt{\frac{8}{\gamma(\gamma + 1)} \left(\frac{1}{\varepsilon} + (\gamma - 1) \right)} \left[1 + \frac{\sigma}{\gamma - 1} \frac{p_\infty}{p_{t_o}} - \frac{\gamma}{\gamma - 1} \left(\frac{\sigma p_\infty}{p_{t_o}} \right)^{\frac{\gamma+1}{2\gamma}} \right] \tag{6.46}$$

式中，$p_{t_o}/p_\infty = 1 + \varepsilon(\gamma - 1)$。

如果能量沉积足够满足喉部初始为声速。则 $1 + \varepsilon(\gamma - 1) = \sigma$，且声冲量为零。

声速与亚声速对无量纲冲量的影响与不同维度能量沉积参数的关系如图 6.5 所示。

（4）无量纲冲量极限。对于无量纲冲量极限 ϑ 的选取，本小节采用无量纲能量沉积，ε 为

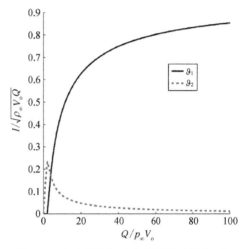

图 6.5　声速冲量(ϑ_1)和亚声速冲量(ϑ_2)与无量纲能量沉积的关系

$$\lim_{\varepsilon \to \infty} \vartheta = \lim_{\varepsilon \to \infty} \vartheta_1 + \lim_{\varepsilon \to \infty} \vartheta_2 \tag{6.47}$$

式（6.47）中第一项为音冲量，可根据公式（6.46）得到，第二项与第三项的极限为零，因此得

$$\lim_{\varepsilon \to \infty} \vartheta_1 = \sqrt{\frac{8(\gamma - 1)}{\gamma(\gamma + 1)}} \tag{6.48}$$

对于 $\gamma = 1.4$，该极限等于 0.976。

式（6.47）中第二项为亚声速冲量，根据式（6.36），可得

$$\lim_{\varepsilon \to \infty} \vartheta_2 = \frac{5\sqrt{7}}{48} \frac{1}{\sqrt{\varepsilon}} \frac{1}{\left(1 + \frac{2}{5}\varepsilon \right)^{5/14}} \sqrt{1.2} = 0 \tag{6.49}$$

因此，冲量极限为

$$\lim_{\varepsilon \to \infty} \vartheta = \sqrt{\frac{8(\gamma - 1)}{\gamma(\gamma + 1)}} \tag{6.50}$$

2）空腔内质量

此外,在任何给定的时间内,空腔内的质量都可以用腔内的总压强来表示:

$$m = \rho_t V = \rho_{t_o} \frac{\rho_t}{\rho_{t_o}} V = \rho_{t_o} V \left(\frac{p_t}{p_{t_o}} \right)^{1/\gamma} \tag{6.51}$$

因此,在放电循环结束时,空腔内的质量与初始空腔内质量的比值为

$$\frac{m \mid_{\eta = p_\infty / p_{t_o}}}{m \mid_{\eta = 1}} = \left(\frac{p_\infty}{p_{t_o}} \right)^{1/\gamma} = \left(\frac{T_\infty}{T_{t_o}} \right)^{1/\gamma} \Rightarrow \frac{m \mid_{t = t_2}}{m \mid_{t = 0}} = \left[\frac{1}{1 + \varepsilon(\gamma - 1)} \right]^{1/\gamma} \tag{6.52}$$

3）放电时间

与上节的冲量分析相同,我们可以通过无量纲能量沉积参数 ε 来求得放电时间。假定传热系数为 $\gamma = 1.4$,便可求得被积函数。通过简化式(6.29),亚声速积分为

$$t_f - t_1 = - \frac{V \kappa^{\frac{\gamma+1}{2(\gamma-1)}}}{2 A a_{t_o}} \sqrt{\frac{2}{\gamma - 1}} \int_{\xi_1}^{\xi_f} \frac{\xi^{\frac{2-\gamma}{\gamma-1}}}{\sqrt{\kappa \xi - 1}} \mathrm{d}\xi \tag{6.53}$$

引入 $\mu^2 = \kappa \xi - 1$:

$$t_f - t_1 = - \frac{V}{A a_{t_o}} \sqrt{\frac{2\kappa}{\gamma - 1}} \int_{\mu_1}^{\mu_f} (\mu^2 + 1)^{\frac{2-\gamma}{\gamma-1}} \mathrm{d}\mu \tag{6.54}$$

对于 $\varepsilon < 2.23$,流体流动最初为亚声速,积分下限为 ε,$\mu_1 = \sqrt{\kappa - 1}$。对于 $\varepsilon \geqslant 2.23$,喉部的流动最初为声速流。积分下限为常数,$\mu_1 = \sqrt{(\gamma - 1)/2}$。对于这两种情况,当 $p_t = p_\infty$,$\mu_f = 0$ 时,喉部流动结束。因此,对于 $\varepsilon < 2.23$,亚声速流积分为

$$t_f - t_1 = \left(\frac{V}{a_{t_o} A} \right) \frac{\sqrt{5}}{8} \left(\frac{p_{t_o}}{p_\infty} \right)^{1/7} \left\{ \sqrt{\left(\frac{p_{t_o}}{p_\infty} \right)^{2/7} - 1} \left[2 \left(\frac{p_{t_o}}{p_\infty} \right)^{3/7} + 3 \left(\frac{p_{t_o}}{p_\infty} \right)^{1/7} \right] \right.$$

$$\left. + 3 \lg \left[\left(\frac{p_{t_o}}{p_\infty} \right)^{1/7} + \sqrt{\left(\frac{p_{t_o}}{p_\infty} \right)^{2/7} - 1} \right] \right\} \tag{6.55}$$

对于 $\varepsilon \geqslant 2.23$,有

$$t_f - t_1 = 1.1029 \left(\frac{V}{a_{t_o} A} \right) \left(\frac{p_{t_o}}{p_\infty} \right)^{1/7} \tag{6.56}$$

在空腔内最初声速流动的声波积分 ($\varepsilon > 2.23$) 可由式 (6.45) 得

$$t_1 = -\frac{V}{a_{t_o}A\gamma}\left(\frac{\gamma+1}{2}\right)^{\frac{\gamma+1}{2(\gamma-1)}}\int_1^{\frac{p_\infty}{p_{t_o}}}\left(\frac{\gamma+1}{2\gamma}\right)^{\frac{\gamma}{\gamma-1}}\eta^{\frac{1-3\gamma}{2\gamma}}\mathrm{d}\eta \tag{6.57}$$

对于 $\gamma = 1.4$, 有

$$t_1 = \frac{V}{a_{t_o}A}8.640\left[0.912\,9\left(\frac{p_{t_o}}{p_\infty}\right)^{1/7} - 1\right] \tag{6.58}$$

式中, t_1 为喉部声波流动时间。

引入无量纲时间:

$$\tau = ta_{t_o}A/V \tag{6.59}$$

$\varepsilon \geqslant 2.23$, 最初声波流的总放电时间为

$$t_f = 8.99\,(1 + 0.4\varepsilon)^{1/7} - 8.64 \tag{6.60}$$

对于 $\varepsilon < 2.23$, 有

$$\tau_f = \frac{\sqrt{5}}{8}\left(\frac{p_{t_o}}{p_\infty}\right)^{1/7}\left\{\sqrt{\left(\frac{p_{t_o}}{p_\infty}\right)^{2/7} - 1}\left[2\left(\frac{p_{t_o}}{p_\infty}\right)^{3/7} + 3\left(\frac{p_{t_o}}{p_\infty}\right)^{1/7}\right]\right.$$
$$\left. + 3\lg\left[\left(\frac{p_{t_o}}{p_\infty}\right)^{1/7} + \sqrt{\left(\frac{p_{t_o}}{p_\infty}\right)^{2/7} - 1}\right]\right\} \tag{6.61}$$

式中,

$$\frac{p_{t_o}}{p_\infty} = 1 + (\gamma - 1)\varepsilon \tag{6.62}$$

对于 $\gamma = 1.4$ 时, 无量纲放电时间与无量纲能量沉积参数的对比分析如图 6.6 所示。

通过式 (6.60) 可以明显得出: 当无量纲能量沉积趋近于无穷时, 放电时间无理论极限。但在物理上受到最大可行能量密度, $Q = V$ 的限制。

4) 空腔内总压力

结合式 (6.29) 和式 (6.45), 从放电

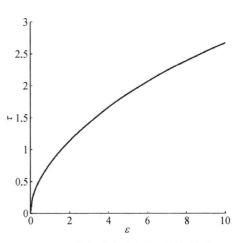

图 6.6　无量纲放电时间与无量纲能量沉积参数的关系 ($\gamma=1.4$)

时间的分析结果中可以得到空腔内的总压力。

对于 $\varepsilon < 2.23$，下面给出的隐式方程可通过数值求解的方法来求解总压力。

对于 $\tau < \tau_f$：

$$\mu\sqrt{\mu^2 + 1}(2\mu^2 + 5) + 3\lg(\mu + \sqrt{\mu^2 + 1}) - \mu_0\sqrt{\mu_0^2 + 1}(2\mu_0^2 + 5)$$
$$- 3\lg(\mu_0 + \sqrt{\mu_0^2 + 1}) + \frac{8}{\sqrt{5}}\frac{\tau}{\sqrt{\mu_0^2 + 1}} = 0 \tag{6.63}$$

式中，

$$\mu = \sqrt{\left(\frac{p_t}{p_\infty}\right)^{(\gamma-1)/\gamma} - 1} \tag{6.64}$$

$$\mu_0 = \sqrt{\left(\frac{p_{t_0}}{p_\infty}\right)^{(\gamma-1)/\gamma} - 1} \tag{6.65}$$

$$\frac{p_{t_0}}{p_\infty} = 1 + 0.4\varepsilon \tag{6.66}$$

对于 $\varepsilon \geqslant 2.23$，$\tau \leqslant \tau_f$：

$$\frac{p_t}{p_\infty} = \frac{1 + 0.4\varepsilon}{\left(\dfrac{\tau}{8.64} + 1\right)^7} \tag{6.67}$$

对于 $\tau > \tau_f$，下面给出的隐式方程可通过数值求解的方法求得每个 τ 值下的 p_t/p_∞：

$$\mu\sqrt{\mu^2 + 1}(2\mu^2 + 5) + 3\lg(\mu + \sqrt{\mu^2 + 1}) - 3.946 + \frac{8}{\sqrt{5}}\frac{\tau - \tau_1}{(1 + 0.4\varepsilon)^{1/7}} = 0 \tag{6.68}$$

式中，τ_1 为声波放电时间，根据公式（6.58），得

$$\tau_1 = 8.64[0.912\,9\,(1 + 0.4\varepsilon)^{1/7} - 1] \tag{6.69}$$

5) 空腔内总温度和密度

通过总压强与时间的函数，可以得到总温度和密度：

$$\frac{T_t}{T_\infty} = \frac{T_t}{T_{t_0}}\frac{T_{t_0}}{T_\infty} \tag{6.70}$$

$$= \left(\frac{p_t}{p_{t_0}}\right)^{(\gamma-1)/\gamma}\left[1+(\gamma-1)\varepsilon\right] \tag{6.71}$$

$$= \left(\frac{p_t}{p_\infty}\frac{p_\infty}{p_{t_0}}\right)^{(\gamma-1)/\gamma}\left[1+(\gamma-1)\varepsilon\right] \tag{6.72}$$

$$= (1+0.4\varepsilon)^{5/7}\left(\frac{p_t}{p_\infty}\right)^{2/7} \tag{6.73}$$

$$\frac{\rho_t}{\rho_\infty} = \frac{\rho_t}{\rho_{t_0}} = \left(\frac{p_t}{p_{t_0}}\right)^{1/\gamma} = \left(\frac{p_t}{p_\infty}\frac{p_\infty}{p_{t_0}}\right)^{1/\gamma} = \left(\frac{p_t/p_\infty}{1+0.4\varepsilon}\right)^{5/7} \tag{6.74}$$

因此,只要得到 p_t/p_∞ 关于时间的函数,就可得到各个时间的总温度和密度。

5. 计算方法

该问题可以通过商业软件 ANSYS CFX 来求解[29]。求解域(图 6.1)可以通过 ANSYS ICEM CFD 划分网格进行离散化。ANSYS CFX 采用一个耦合的隐式有限体积求解法应用于欧拉方程。方程的广义形式被线性化并组合成一个解矩阵,线性化系统利用一个不完整的下上因数分解方法求解,采用代数多网格法进行加速收敛。

6. 边界条件

每个边的边界条件如图 6.2 所示。墙面边界被建模为自由滑移边界,垂直于墙体方向的速度为 0,平行于墙体方向的速度作为矢量解的一部分计算。

流场外流域的边界被建模为恒压出口,边界速度的正常分量均采用零梯度边界条件。

7. 时间步长

在 CFX 中进行了时间精确的模拟,选择了一个恒定的时间步长,该时间步长为非维度的,$\Delta t a_{t_0}A/V$,式中 a_{t_0} 为空腔内初始声速;A 为射流出口面积;V 为等离子体射流空腔的体积;为计算结果和射流轮廓,本小节设定的无量纲时间步长为 $10^{-3}\sim10^{-4}$,为增强可视化,轮廓计算的时间步长更小。

为了确定时间步长对冲量的影响是否大,本文对不同数量级的两个时间步长进行了计算。得出,在 $\varepsilon=8.5$ 时,无量纲瞬时冲量在时间步长为 10^{-3} 与 10^{-4} 的差值为 0.3%,详见表 6.2。

表 6.2 不同时间步长下的无量纲瞬时冲量($\tau=0.01$)

结果网格	外形网格	差 值
$\Delta t = 1 \times 10^{-3}$	$\Delta t = 1 \times 10^{-4}$	——
13.997	13.951	0.3%

8. 能量沉积模型

本小节计算中,分别选取无量纲能量沉积参数 ε 为 1、5、10,假定空腔中气体密度恒定,空腔内的初始压强可由理想气体方程计算得到。

9. 网格

网格统计信息如表 6.3 所示,用于计算的典型网格如图 6.7、图 6.8 所示。

表 6.3 网格统计(无量纲长度)

	空 腔	外流域
网格单元	822 751	603 211
平均长度/宽度	0.02	0.15

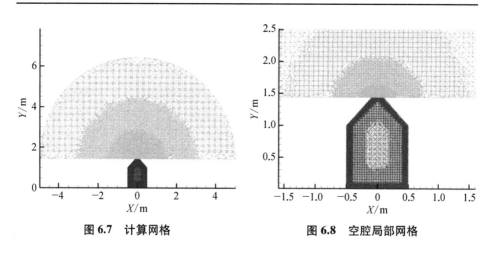

图 6.7 计算网格　　　　　　　　图 6.8 空腔局部网格

为了确定无量纲冲量参数的敏感性,对网格进行了细化研究。设定 $\varepsilon = 10$,网格数量增加至上面的两倍。计算结果显示细化网格计算得到的无量纲冲量与粗糙网格下的计算冲量相差 4.8%。因此,计算冲量的过程中的不确定性小于 5%。

10. 计算参数

1) 线性方程求解

线性方程组可表示为如下一般形式:

$$[A]\phi = b$$

（1）首先确定近似解：ϕ^n；

（2）计算残差：$r^n = b - \phi^n$；

（3）修正：$\phi' = A^{-1}r^n$；

（4）找到下一个解向量：$\phi^{n+1} = \phi^n + \phi'$；

（5）迭代计算 ϕ^{n+1}，直至满足收敛标准；

在上述求解过程中，ϕ 为质量和动量方程的解向量：

$$\phi = \left\{ \begin{matrix} u \\ v \\ w \\ p \end{matrix} \right\}$$

2）代数多重网格法

CFX 使用代数多网格法来加速线性方程解的收敛性。迭代求解器能够快速地根据网格单元长度的顺序收敛误差。然而，较大的误差需要更多迭代次数来实现收敛。通过求解针对聚合网格单元的同一组方程，可以更快地衰减较大的误差。在 CFX 中使用的代数多网格方法首先通过添加给定网格的控制单元来生成一系列较粗糙的网格系统，首先通过粗糙的网格求解，然后通过连续的迭代来得到方程的更精确的解。最好的网格求解方法是使用者通过 CFX 输入网格求解方案。

3）高速数学

该模型激活了高速数学选项。此选项激活了两种可以用于高速流的数值技术；第一个数值效应是耗散冲击附近的横向不稳定性，以减轻痛效应；第二个效应是激活高分辨率 Rhie－Chow 选项。

4）可压缩性

本文计算模型中流动为可压缩的，在 CFX 中，压缩系数选项激活理想气体。密度不是求解向量中的一部分，因此在求解时处理不同，密度的离散化是按压力线性化的。

$$(\rho U)^{n+1} \cong \rho^{n+1}U^n + \rho^n U^{n+1} - \rho^n U^n \rho^{n+1}$$

$$\cong \rho^n + \left.\frac{\partial \rho}{\partial p}\right|_T (p^{n+1} - p^n)$$

6.2.2　等离子体高能合成射流直接力计算结果

本文研究结果可分为几个部分。前面两个分析主要研究了固定空腔几何尺寸下的变量 ε 以及固定参数 ε 下的可变几何参数。第一个结果显示了 ϑ 对 ε 的依赖性,第二个结论表明了 ϑ 对几何参数的依赖性。然后,本文建立了一维模型来计算喉部声波流动的最小能量和产生的冲量。本章最后的解析评价了无黏性流体分析和绝热假设的计算分析。

1. 计算与分析对比

1）计算与解析对比

本文通过计算三个不同的能量沉积参数值, $Q/p_\infty V$,来量化解析法与 CFD 计算之间的关系。计算方法与解析方法均假设流体为无黏性流动和层流。但解析计算假定流体为一维的和准稳定流动,而 CFD 计算方法考虑了形状的影响（轴对称、二维）和非定常效应(时间依赖性)。因此,相比于解析法,CFD 计算结果量化了形状和时间的影响。无量纲能量沉积参数的 3 个取值及其对应的几何参数值如表 6.4 所示。

表 6.4　无量纲能量沉积参数的 3 个取值

$Q/(p_\infty V)$	L/D	d/D	β
1			
5	1	0.2	47.7°
10			

在放电循环结束时,无量纲冲量与质量分数的计算值与解析值的比较分别如图 6.9 和图 6.10 所示。如图 6.9 所示,无量纲冲量的解析解与计算值保持高

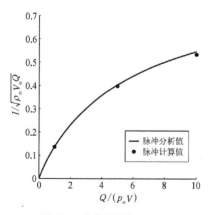

图 6.9　冲量结果($\gamma=1.4$)

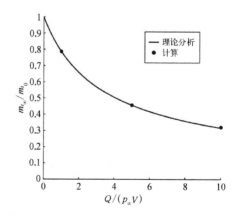

图 6.10　放电结束空腔内质量分数($\gamma=1.4$)

度一致,对于 $Q/(p_\infty V) = 1$、5、10,解析解与计算值的差值分别为 0.4%、1.3% 和 2.3%。计算结果与解析解均在计算不确定性的误差范围内。如图 6.10 所示 为空腔放电结束时的无量纲质量分数,在放电结束时,腔内无量纲的质量的解析 值和计算结果之间的差异也在计算的不确定性误差范围内。

2)空腔内总压力

如图 6.11 所示,一维分析合理地预测了空腔内的总压强,最大瞬时误差为 14%,如表 6.5 所示。

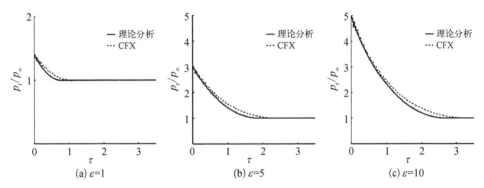

图 6.11　空腔内压力随时间变化(理论分析与计算的结果)

表 6.5　空腔总压力一维解析预测结果与计算预估结果的差值

ε	最大差值	最大差值时 τ 值
1	6.5%	0.3
5	12.2%	1.3
10	14%	2.1

2. 蒙特卡罗分析法分析几何敏感度

分析和计算结果之间的紧密一致性表明,在放电循环结束时,无量纲的冲量 与质量在本质上是独立于空腔的无量纲几何参数的。本小节的分析研究是一维 的,大体上,假定几何模型有一个气动喉部,不考虑其他的几何参数。但是,考虑 几何模型的计算结果与分析研究的结果紧密一致表明:无量纲冲量对几何参数 是不敏感的,几何模型参数对无量纲冲量影响较小(本研究假定能量沉积分布 均匀)。为了验证这一理论,本节进行了计算几何灵敏性的研究,评估了冲量对 几何参数的灵敏度。空腔的几何形状由 3 个无量纲参数来描述: L/D、d/D 和 β。本节并没有把这 3 个参数与其他参数的无限组合都进行计算,而是进行了蒙特卡罗研究,对 3 个无量纲几何参数的随机生成值进行 10 次分析。每个参数的随机值都利用 MATLAB 软件的随机数生成器得到,并限制在以下范围内:

$$0.1 \leqslant \frac{d}{D} \leqslant 0.5 \tag{6.75}$$

$$1 \leqslant \frac{L}{D} \leqslant 10 \tag{6.76}$$

$$30° \leqslant \beta \leqslant 60° \tag{6.77}$$

1）无量纲冲量

冲量对能量沉积参数的灵敏度是已知的,本文选取一个固定值 $\varepsilon = 5$,外流域在各个方向上扩展到 $10D$,以获取更长的放电时间,并减少由空腔产生的反射声波对冲量的影响。

参数随机值如表 6.6 所示,无量纲冲量的值如表 6.7 所示,图 6.12 给出了表中参数与无量纲冲量的对应关系。结果表明,无量纲冲量对无量纲几何参数不敏感。

表 6.6　敏感性研究的随机值

Case	d/D	L/D	$\beta/(°)$
1	0.30	9.1	36
2	0.46	7.3	33
3	0.22	8.2	45
4	0.42	7.3	60
5	0.26	4.6	39
6	0.34	7.3	48
7	0.14	2.8	36
8	0.14	7.3	54
9	0.30	1.0	39
10	0.42	3.7	45

表 6.7　敏感性研究的无量纲冲量值

Case	$\dfrac{I}{\sqrt{\rho_\infty VQ}}$
1	0.416 6
2	0.411 8
3	0.414 8

（续表）

Case	$\dfrac{I}{\sqrt{\rho_\infty VQ}}$
4	0.411 8
5	0.405 2
6	0.410 0
7	0.409 9
8	0.392 4
9	0.418 8
10	0.418 0
解析解	0.402 9
标准差	0.006
最大误差	4%

2）无量纲放电时间

本小节进行计算几何灵敏性的研究，评估无量纲放电时间对几何参数的灵敏度。无量纲放电时间为空腔出口速度为零的时间 $\left(\text{当}\int_A v\mathrm{d}A=0\text{ 时，无量纲时间 }tAa_{t_o}/V\right)$。

无量纲放电时间在一定程度上受几何参数的影响。如图 6.13 所示，为各种几何参数组合下的放电时间。解析和计算所得的无量纲放电时间的最大差值为 24%，而无量纲的标准差为 0.2。图 6.14 给出了蒙特卡罗算例 8 中

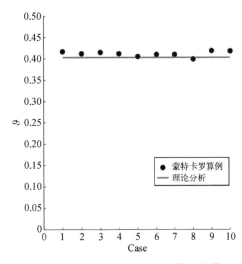

图 6.12　不同几何参数下的无量纲冲量

空腔出口区域的速度与无量纲放电时间的关系。根据初始的滞止温度，声波穿越空腔长度所需的无量纲时间的两个峰值之间的差值为 0.040 8，可明显看出，空腔出口速度受到空腔内膨胀波的影响，这是一维分析研究中的没有纳入模型的瞬时现象，因此，一维解析方法不能很好地预测无量纲放电时间。

3. 流场等值线

在整个放电循环中流场等值线和参数图如图 6.15～图 6.19 所示。等值线之间的无量纲时间为：$\Theta=(t_f/10)(a_{t_o}A/V)$，式中，$t_f$ 为总计算时间，a_{t_o} 为初始

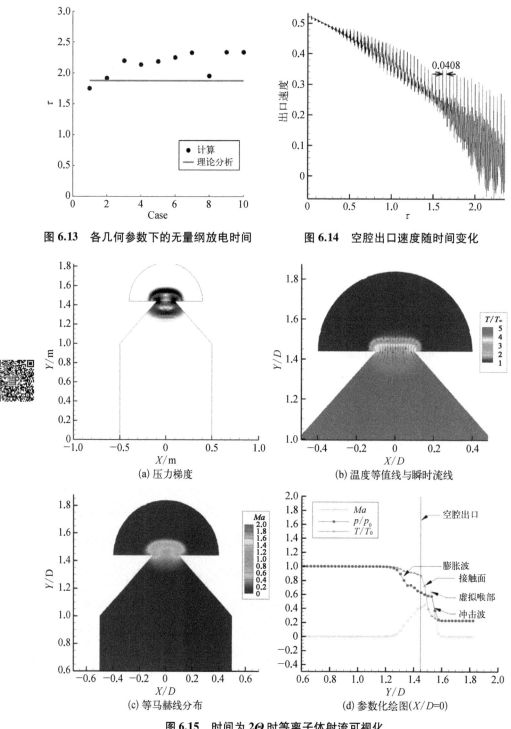

图 6.13 各几何参数下的无量纲放电时间

图 6.14 空腔出口速度随时间变化

(a) 压力梯度

(b) 温度等值线与瞬时流线

(c) 等马赫线分布

(d) 参数化绘图($X/D=0$)

图 6.15 时间为 $2\varTheta$ 时等离子体射流可视化

空腔声速,A 为空腔出口面积,V 为空腔体积,这些图像是用不同的网格生成的,而不是用于可视化目的的冲量计算。在冲量计算中外边界离空腔出口平面较远。在模拟能量沉积瞬时冲量时,初始条件设定为:$t = 0$ 时,$\varepsilon = 8.5$。冲击波从空腔出口到低压区(进入外围流体),膨胀扇区流体向高压方向移动(进入空腔)。这类似于黎曼激波管[30],冲击波后面在接触面会有温度跳跃式上升(图6.15),喉部外的流线继续向喉部的中心线靠拢,因此,在空腔出口上方形成了气动喉部,这就是图 6.15 中参数曲线上标注的虚拟喉部。

在 3Θ 瞬间(图 6.16),膨胀扇区的流体与冲击波都分别进一步深入高压区与低压区。接触面跟随着空腔出口平面上方的冲击波,由图可见,气动喉部在瞬时流线中非常明显,在空腔出口的边缘处的气流加速以适应流向的方向,因此,

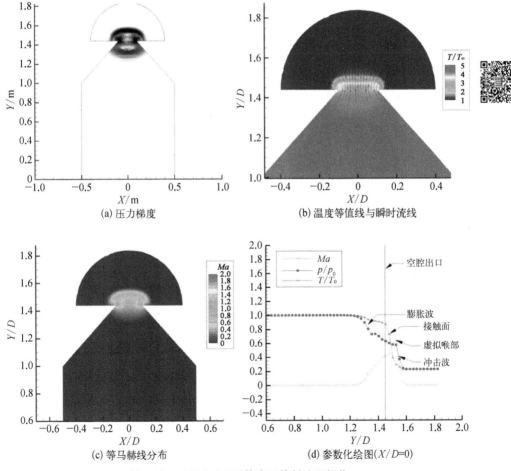

(a) 压力梯度　　　　　　　　　　(b) 温度等值线与瞬时流线

(c) 等马赫线分布　　　　　　　　(d) 参数化绘图($X/D=0$)

图 6.16　时间为 3Θ 时等离子体射流可视化

靠近出口边缘的马赫数要比中心线马赫数高得多。气动喉部在空腔出口平面上方移动。

如图 6.17 所示时间为 4Θ 时,在空腔出口的边缘形成了一个涡流环。这是典型的喷嘴流,因为射流速度的不连续性,在射流与射流边缘的空气之间会产生环流。

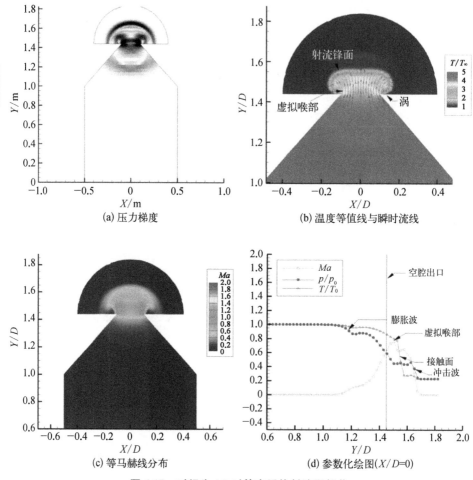

(a) 压力梯度

(b) 温度等值线与瞬时流线

(c) 等马赫线分布

(d) 参数化绘图($X/D=0$)

图 6.17　时间为 4Θ 时等离子体射流可视化

如图 6.18 所示时间为 6Θ 时,涡流环已经离开喷射出口。瞬时流线图显示一个收敛段,直到气动喉部,然后是分流段,该段流动继续加速。因此,流线显示物理收敛喷嘴出口上方的气动喷嘴。气动喷嘴分流段的压力降到接触面后的压力之下,因此,形成桶形激波。如图 6.18(c) 所示,在等马赫线分布图中可以明显地看出桶形激波。

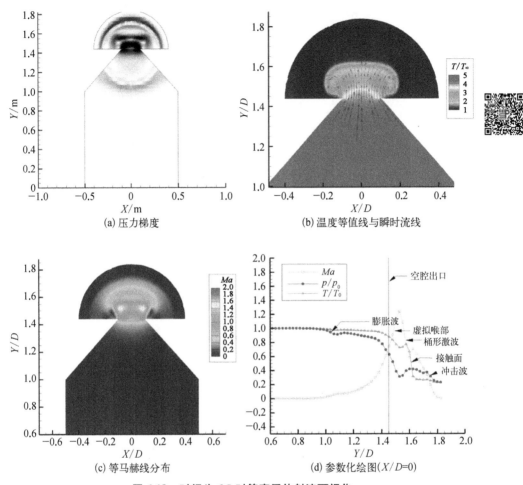

(a) 压力梯度　　　　(b) 温度等值线与瞬时流线

(c) 等马赫线分布　　　　(d) 参数化绘图($X/D=0$)

图 6.18　时间为 6Θ 时等离子体射流可视化

如图 6.19 所示时间为 9Θ 时,涡流环已经远离喷射出口,涡流环围绕其中心膨胀,不再为射流提供气动喉部。射流出口喉部上方的流动扩展并加速。最大的马赫数出现在桶形激波之前,它与接触面和从远边界反射回来的激波相接触。

4. 尺寸实例

前面的分析采用了许多可以应用于多个不同维度场景的无量纲参数。例如,在大气环境下,将该分析应用于实验,尽管该模型的应用没有大气条件的限制。假定一个通用的空腔结构,其大小与已发表的实验相似。空腔参数和大气条件见表 6.8。

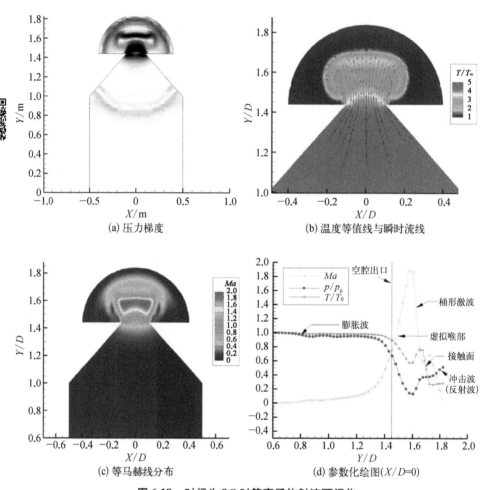

图 6.19　时间为 9Θ 时等离子体射流可视化

表 6.8　空腔与环境参数示例

空腔参数	数　值	环境状态
体积	1.0×10^{-7} m^3	$p_\infty = 101\ 325$ Pa
空腔直径	1 cm	$T_\infty = 293$ K
压缩喷嘴直径	1 mm	—
空腔高度	1 cm	—

空腔喉部声速流动的最小能量由式 (6.17) 计算得到, 对于空气, 有

$$Q > 2.23 p_\infty V = 22.6 \tag{6.78}$$

设定传热效率为 25%,则放电能量为

$$放电能量 > \frac{22.6}{0.25} = 90.5 \tag{6.79}$$

为获得 $\varepsilon = 5$, 所需能量为 $Q = 5p_\infty V = 50.7$ mJ, 再假定为 25% 的传热效率, 则至少需要 202.6 mJ 的放电能量。冲量可通过式(6.13)、式(6.36)和式(6.46)得到

$$I = \sqrt{\rho_\infty V Q} \left\{ \sqrt{\frac{8}{\gamma(\gamma+1)}\left(\frac{1}{\varepsilon}+(\gamma-1)\right)} \left[1 + \frac{\sigma}{\gamma-1}\frac{p_\infty}{p_{t_o}} - \frac{\gamma}{\gamma-1}\left(\frac{\sigma p_\infty}{p_{t_o}}\right)^{\frac{\gamma+1}{2\gamma}} \right] \right.$$

$$+ \frac{5\sqrt{7}}{48}(\varepsilon)^{-1/2}\left(1+\frac{2}{5}\varepsilon\right)^{-5/14} \times \left[\sqrt{1.2}\sqrt{0.2}(8\times1.2^2-2\times1.2-3)\right.$$

$$\left.\left. - 3\lg(\sqrt{0.2}+\sqrt{1.2})\right]\right\}$$

$$I = \sqrt{\rho_\infty V Q} \left\{ \sqrt{\frac{8}{\gamma(\gamma+1)}\left(\frac{1}{\varepsilon}+(\gamma-1)\right)} \left[1 + \frac{\sigma}{\gamma-1}\frac{p_\infty}{p_{t_o}} - \frac{\gamma}{\gamma-1}\left(\frac{\sigma p_\infty}{p_{t_o}}\right)^{\frac{\gamma+1}{2\gamma}} \right] \right.$$

$$+ \frac{5\sqrt{7}}{48}\varepsilon^{-1/2}\left(1+\frac{2}{5}\varepsilon\right)^{-5/14} \times \left[\sqrt{1.2}\sqrt{0.2}(8\times1.2^2-2\times1.2-3)\right.$$

$$\left.\left. - 3\lg(\sqrt{0.2}+\sqrt{1.2})\right]\right\} \tag{6.80}$$

经计算,冲量为 3.2×10^{-5} N·s。放电时间可通过式(6.59)、式(6.60)求得,为 0.4 ms。

5. 黏性效应评估

本小节分析和计算分析假设为非黏性流动,为了量化黏度对无量纲脉冲的影响,通过斯托克斯方程得到了冲量计算公式。对于计算而言,无量纲能量沉积 $\varepsilon = 5$,无量纲几何参数由表 6.4 中给出。采用 Sutherland 黏性准则计算黏度[32],Sutherland 常数设定为: 110 K。其中温度和 Sutherland 常数由 $T_1 = 293$ K 进行无量纲化,同时,空腔壁面假定为绝热和无滑移。根据空腔直径和空腔内初始条件求得雷诺数为 $Re_d = d a_{t_o}\rho_{t_o}/\mu(T_{t_o}) = 2\times10^4$。空腔内无量纲初始温度为: $T_{t_o}/T_\infty = 3$,与无黏分析相同,对于 $\varepsilon = 5$,黏性计算的无量纲脉冲与解析计算的

冲量差值为 1.2%。黏性计算无量纲冲量与非黏性计算无量纲冲量的差值为 2.5%。在 CFD 计算中,黏性与非黏性情况下的无量纲冲量的差值在计算精度内,因此,黏性对无量纲冲量的影响可忽略不计。

6. 热传递

本文分析中假定空腔壁面为绝热。为了评估空腔壁面的传热效应,本文采用集总电容模型对其进行了简单分析。假定空腔壁面热分布均匀,热传递的集总电容模型可以用来估算放电过程中空腔壁的热量损失,如式(6.81)所示:

$$Q_{\text{lost}} = (m_c c)(T_{t_o} - T_\infty)(1 - e^{-t_f/\iota}) \tag{6.81}$$

式中,m_c 为空腔壁面质量;c 为壁面材料的比热容;t_f 为放电时间;ι 为集总电容中的时间常数,可通过以下公式取得:

$$\iota = \frac{m_c c}{h A_s} \tag{6.82}$$

式中,h 为空气对流换热系数;A_s 为空腔壁面面积;热损失与系统吸收热量的比值为

$$\frac{Q_{\text{lost}}}{Q_{\text{added}}} = \frac{(m_c c)(T_{t_o} - T_\infty)(1 - e^{-t_f/\iota})}{\varepsilon p_\infty V} \tag{6.83}$$

结合式(6.5),得到

$$\frac{Q_{\text{lost}}}{Q_{\text{added}}} = \left(\frac{m_c}{\rho_\infty V}\right)\left(\frac{c}{R_{\text{air}}}\right)(\gamma - 1)(1 - e^{-t_f/\iota}) \tag{6.84}$$

采用第 4 部分的维度量的参数值,假定空腔材料为不锈钢 304,壁厚为空腔大直径的 1/10,热损失与吸收热量的比为 4%,假定空腔壁为绝热,因此,不会对冲量结果产生显著影响。

7. 声波流时间

分析模型中假定喉部为瞬时声速,不考虑几何参数的影响。计算研究中显示在空腔出口的上部有一个气动喉部。在研究中对气动喉部流动达到声速的无量纲时间与无量纲冲量和放电时间进行了对比分析。在蒙特卡罗研究的前 5 个示例中,气动喉部达到声速的无量纲时间是如表 6.9 所示。表 6.9 还给出了无量纲声速与总放电时间的分析。气动喉部流动变为声波流动的无量纲时间比无量纲声波时间少一个数量级,比无量纲总放电时间少两个数量级。因此,假设喉部为瞬时声波不会造成显著误差。

表 6.9　气动喉部变为声波流的无量纲时间与
无量纲声波时间及总放电时间对比

示　　例	$Ma=1$ 时 τ 值
1	0.004
2	0.016
3	0.002
4	0.014
5	0.006
声波放电无量纲持续时间	0.588
无量纲放电时间	1.878

6.2.3　等离子体高能合成射流激励器飞行器直接力控制可行性分析

本小节的分析确定了使用等离子体射流来控制飞机俯仰力矩的可行性,首先,做如下假设:

（1）除了等离子体射流孔处,控制面上的表面压力是对称的;

（2）等离子体射流轴线垂直于力矩臂;

（3）流动是无黏性的,传热是可以忽略不计的;

（4）从飞行器重心到等离子体射流的距离比等离子体射流的直径大得多;

（5）根据等离子体射流的顺序,比较了等离子体射流和气动控制表面的时间尺度(从襟翼完全偏转的力是无法计算的)。

图 6.20 为等离子体射流和飞行器的重心之间的空间关系考虑在同一位置的气动控制表面。

本小节同时考虑了与等离子体射流至重力中心的位置相同的空气动力控制表面,如图 6.21 所示。

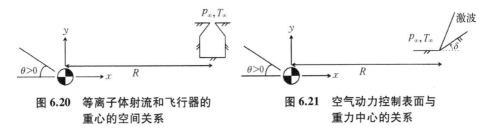

图 6.20　等离子体射流和飞行器的
　　　　　重心的空间关系

图 6.21　空气动力控制表面与
　　　　　重力中心的关系

为了确定与空气动力控制面相比,使用一组等离子射流作俯仰力矩控制的有效性,并将有效性参数定义为每个控制机制的俯仰率之比:

$$\eta = \frac{\dfrac{\mathrm{d}\theta}{\mathrm{d}t}\bigg|_{\mathrm{PJ}}}{\dfrac{\mathrm{d}\theta}{\mathrm{d}t}\bigg|_{\mathrm{aero.surface}}} \tag{6.85}$$

1. 等离子体喷射率

通过飞行器重力中心角动量守恒,可以得到等离子体喷射率为

$$M\frac{\mathrm{d}^2\theta}{\mathrm{d}t^2} = \tau \tag{6.86}$$

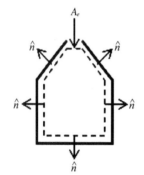

图 6.22 等离子体射流控制体积

式中,M 为关于飞行器重心的转动惯量;θ 为旋转角度(图6.20);τ 为重力中心的转矩。

由控制表面的压力分布而产生的瞬时扭矩是

$$\tau = -R\int_A (p - p_\infty) n_y \mathrm{d}A \tag{6.87}$$

式中,A 为空腔内部面积,其中不包括空腔出口区域面积 A_e,如图 6.22 所示。

空腔垂直 y 方向上动量守恒:

$$\frac{\partial}{\partial t}\int_V \rho v \mathrm{d}V + \int_A \rho v v \cdot \hat{n}\mathrm{d}A = -\int_A p n_y \mathrm{d}A = -\int_A (p - p_\infty) n_y \mathrm{d}A \tag{6.88}$$

式中,A 为图 6.22 所示的虚线面积的控制面积,因此,

$$\frac{\partial}{\partial t}\int_V \rho v \mathrm{d}V + \int_{A_e} \rho v^2 \mathrm{d}A = -\int_{A_i}(p - p_\infty) n_y \mathrm{d}A - \int_{A_e}(p - p_\infty) n_y \mathrm{d}A \tag{6.89}$$

式中 $A = A_i + A_e$,得出结论:

$$\int_{A_i}(p - p_\infty) n_y \mathrm{d}A = -\frac{\partial}{\partial t}\int_V \rho v \mathrm{d}V - \int_{A_e}(p - p_\infty + \rho v^2)\mathrm{d}A \tag{6.90}$$

$$M\frac{\mathrm{d}^2\theta}{\mathrm{d}t^2} = R\left[\frac{\partial}{\partial t}\int_V \rho v \mathrm{d}V + \int_{A_e}(p - p_\infty + \rho v^2)\mathrm{d}A\right] \tag{6.91}$$

将从 $t = 0(\mathrm{d}\theta/\mathrm{d}t\big|_{t=0})$ 到 t:

$$\frac{\mathrm{d}\theta}{\mathrm{d}t}\bigg|_{\mathrm{plasmajet}} = \frac{R}{M}I \tag{6.92}$$

式中, I 为无量纲冲量, 假定简化如下:

$$\int_V \rho v \mathrm{d}A \,\big|_t = \int_V \rho v \mathrm{d}A \,\big|_{t=0} \tag{6.93}$$

对于一个位于远离重心距离为 r 的等离子体射流阵列:

$$\frac{\mathrm{d}\theta}{\mathrm{d}t}\,\bigg|_{\mathrm{PJ}} = \frac{NR}{M}I \tag{6.94}$$

从无量纲脉冲和无量纲能量沉积(表 6.1)的定义中, 脉冲可以表示为

$$I = \frac{p_\infty V}{a_\infty}\sqrt{\gamma \varepsilon}\,\vartheta \tag{6.95}$$

因此, 等离子体射流阵列的俯仰速率可由以下公式得到

$$\frac{\mathrm{d}\theta}{\mathrm{d}t}\,\bigg|_{\mathrm{PJ}} = \frac{NR}{M}\frac{p_\infty V}{a_\infty}\sqrt{\gamma \varepsilon}\,\vartheta \tag{6.96}$$

2. 空气动力控制表面率

考虑图 6.21 所示的偏转气动控制面。角动量守恒定律为

$$M\frac{\mathrm{d}^2\theta}{\mathrm{d}t^2} = R[\,p(t) - p_\infty\,]A_f \tag{6.97}$$

式中, A_f 为气动控制襟翼表面积。因此有

$$M\frac{\mathrm{d}\theta}{\mathrm{d}t} = RA_f\int_0^t[\,p(t) - p_\infty\,]\mathrm{d}t \tag{6.98}$$

假设空气动力表面的压力分布为

$$p(t) - p_\infty = \Delta p\tanh(\zeta t) \tag{6.99}$$

式中, ζ 为驱动控制表面的特征时间尺度; Δp 为最大压力增量(当表面完全偏转时)。因此如下为是空气动力表面的俯仰率。

$$\frac{\mathrm{d}\theta}{\mathrm{d}t}\,\bigg|_{\mathrm{aero.surface}} = \frac{RA_f \Delta p}{M\zeta}\log\cosh(\zeta t) \tag{6.100}$$

3. 有效性参数

由式(6.85)定义的有效性参数为

$$\eta = \frac{NI}{\frac{A_f \Delta p}{\zeta} \lg \cosh(\zeta t)} \tag{6.101}$$

引入:

$$\varpi = \frac{V\zeta}{a_\infty A_e} \tag{6.102}$$

式中,A_e 为空腔出口区域面积。有效性参数为

$$\eta = \varpi \frac{A_e}{A_c} \frac{NA_c}{A_f} \sqrt{\gamma \varepsilon} \vartheta(\varepsilon) \left\{ \frac{\Delta p}{p_\infty} \lg[\cosh(\hat{\varpi}\tau_2)] \right\}^{-1} \tag{6.103}$$

$$\hat{\varpi} = \varpi \left[1 + (\gamma - 1)\varepsilon \right]^{-\frac{1}{2}} \tag{6.104}$$

式中,A_c 为空腔内最大的横截面面积。NA_c/A_f 为能量沉积合成射流阵列的填充率。填充率的最大值是具有空气动力学控制面的等效表面的等离子射流阵列的最大值。射流的放电持续时间为公式(6.60)中的 t_2。

$$t_2 = \frac{V}{a_{t_0} A_e} \tau_2, \quad \tau_2 = \left[8.99(1 + 0.4\varepsilon)^{\frac{1}{7}} - 8.64 \right] \tag{6.105}$$

式中,假定 $\gamma = 1.4$,$\Delta p/p_\infty$ 项为通过偏转控制面产生的斜激波所造成的压力跳跃,它是关于马赫数、控制面偏转角和绝热系数 γ 的函数[33]。

等离子体高能合成射流激励器飞行器有效参数 η、马赫数及能量沉积比 ε 的关系如图 6.23 所示。空腔尺寸为直径 5 mm,高 10 mm,出口直径为 1 mm,空腔出口为环境温度和环境压力。流动控制表面的偏差率为 $\zeta^{-1} = 0.1$ s,$\varpi = 7.2 \times 10^{-3}$,填充率为 0.9。有效参数为 10 阶,这表明,等离子体射流在给定时间内能达到 10 倍的等效表面面积的空气动力翼襟的仰俯率。

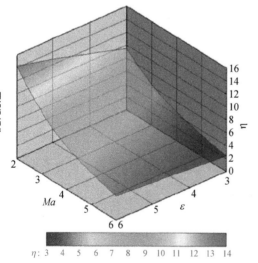

图 6.23　有效性参数、马赫数与
无量纲能量沉积关系

6.3　等离子体高能合成射流激励器直接力特性实验测量

6.3.1　单丝扭摆测量系统设计、验证及精度分析

1. 单丝扭摆式微冲量测量系统设计

单丝扭摆式微冲量测量系统组成如图 6.24 所示,该系统由单丝扭摆装置、角位移测量系统、低压维持系统以及动态标定系统组成。系统各部分组成结构如图 6.25 所示。下面具体介绍各个系统的设计、工作原理及测量方法。

图 6.24　单丝扭摆式微冲量测量系统组成

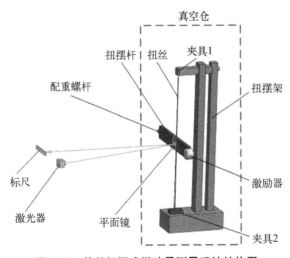

图 6.25　单丝扭摆式微冲量测量系统结构图

1) 单丝扭摆装置

单丝扭摆装置结构如图 6.26 所示,由扭摆架、夹具、扭丝、扭摆杆以及配重螺杆等组成。扭摆杆主体由铝合金材加工制作而成。激励器外壁面粘于扭摆杆圆弧

凹面,扭摆杆中部盖板用于固定扭摆杆与扭丝的位置,扭丝两端分别由夹具 1 和夹具 2 固定连接于扭摆架。配重螺杆可依据激励器的质量旋进或旋出,以调节扭摆平衡,扭摆杆上各部分装配如图 6.27 所示。扭丝材料选用直径为 0.2 mm 的高强度、高弹性 65 Mn 弹簧钢。扭摆架由不锈钢材加工制作而成。

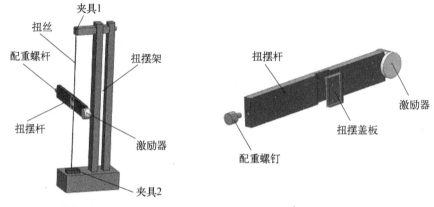

图 6.26　单丝扭摆装置结构图　　　　　图 6.27　扭摆杆装配图

单丝扭摆装置的组装可分为以下几个步骤:① 将激励器外表面粘于扭摆杆一端圆弧凹面;② 通过扭摆中部盖板将扭丝固定于扭摆杆正中部;③ 扭丝一端固定于夹具 1,另一端悬空;④ 通过调节配重螺杆使扭摆杆水平,即扭摆杆上表面垂直于扭丝;⑤ 固定扭丝另一端于夹具 2。安装过程中可以通过拉伸扭丝来改变扭丝的扭转弹性系数,从而控制单丝扭摆的抗干扰性及其测量精度。扭丝拉伸越大,其扭转弹性系数越大,单丝扭摆系统受其他振动的影响越小,系统抗干扰性越强,但测量精度越低。故系统测量精度与抗干扰性是相互矛盾的,需依据具体实验要求对其进行调节。

2) 角位移测量系统

角位移测量系统由激光器、平面镜、标尺、高速相机等组成。单丝扭摆装配完成后,将平面镜贴于扭摆杆正中部。调节激光器和标尺高度,使激光器出光孔、平面镜、标尺在同一平面上,即激光器发射光线与平面镜反射光线在同一平面内,如图 6.28 所示。激励器工作产生喷流反作用力直接作用于扭摆杆一端,致使扭摆杆绕扭丝发生偏转,同时贴于扭摆杆中部的平面镜随之偏转,激光器发射光线经平面镜反射后在标尺上的光斑产生位移,该位移变化由高速相机记录。其中激光器选用半导体激光器,激光波长 532 nm,最大输出功率 100 mW,光斑直径约为 1 mm。平面镜为镀铝膜高反射镜,对 532 nm 波长的绿光反射率高达

99%。系统中采用的高速相机为 Photron Fastcam SA-1.1 高速彩色数字摄影仪，拍摄帧频为 1 000/T，即两幅光斑图像时间间隔为千分之一扭摆振动周期。

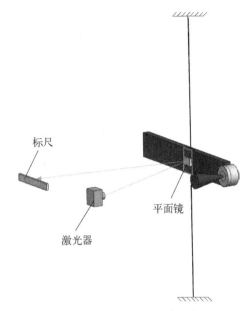

图 6.28　角位移测量系统示意图　　　　　图 6.29　低压维持系统

3）低压维持系统

为开展不同气压环境下等离子体合成射流激励器的工作特性及其直接力特性研究，以及研究空气阻力对等离子体合成射流激励器射流冲量测量的影响，本书设计制作了低压维持系统，如图 6.29 所示。低压维持系统由低压仓、真空泵、真空表等组成。

为避免等离子体合成射流激励器工作过程中在低压仓内形成回流，影响激励器射流流场结构及其力学特性，低压仓结构尺寸应远大于射流流场空间尺寸，故设计低压仓结构尺寸为 320 mm×320 mm×640 mm。低压仓两侧壁面分别开有 200 mm×400 mm 的观察窗，用于观测激励器射流流场结构和透射激光光斑，观察窗选用透光度高、光线畸变少的光学玻璃。连接激励器的电源导线和电参数测量系统连接线通过低压仓底部小孔进入，为增强低压仓的密封性，所有孔缝连接处采用 704RTV 硅胶密封。

低压仓的不同压力环境由油封式旋片真空泵获得，该真空泵抽气速率 4 L/s，可以快速获得低压仓内各低压环境。同时利用分辨率为 0.01 kPa 的数字真空表实时监测低压仓内环境压力。实验结果表明，低压维持系统能够模拟低压仓内最低环境压力为 5 kPa,并且维持效果较好,满足本文对模拟低压环境的要求。

4) 动态标定系统

单丝扭摆式微冲量测量系统的动态标定是通过力锤垂直敲击激励器喷口位置,模拟激励器射流反作用力实现的。力锤撞击激励器后,其内部力传感器输出电荷信号至电荷放大器,电荷放大器将电荷信号转化为电压信号并放大输出至示波器,获得力锤撞击激励器所得力随时间的变化曲线。力锤为 LC-1 型高精度力锤,如图 6.30 所示。其中力锤的碰撞锤头为高刚性材料,与激励器碰撞时间短,约为 1 ms。力锤测量精度高、线性度好。根据动量守恒及冲量计算公式:

$$I = \int F(t) \, dt \tag{6.106}$$

获得力锤撞击激励器的冲量,从而标定单丝扭摆式微冲量测量系统。典型的力锤撞击激励器获得力随时间的变化曲线如图 6.31 所示。

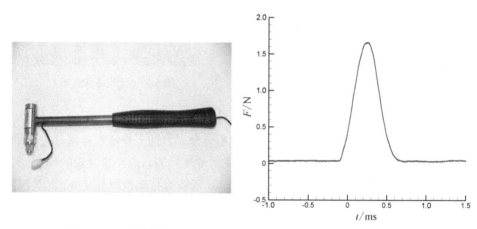

图 6.30　力锤实物图　　　　　图 6.31　力锤作用曲线

2. 单丝扭摆式微冲量测量系统实验验证

为验证单丝扭摆式微冲量测量系统对等离子体合成射流激励器射流冲量的测量效果,本书利用单丝扭摆式微冲量测量系统对两电极等离子体合成射流激励器不同电极间距、不同放电频率下的激励器冲量特性进行实验研究。其中激励器结构参数如下:激励器出口直径 3 mm,腔体直径和深度均为 9.6 mm(腔体体积 700 mm³)。实验获得两电极等离子体合成射流激励器单脉冲射流冲量随电极间距的变化曲线,如图 6.32 所示。两电极等离子体合成射流激励器单脉冲射流冲量随激励器电极间距 l 几乎按线性增加,这是由于激励器电极间距增加,根据气体击穿的巴申定律 $V_s = f(Pl)$（其中 V_s 为两电极间的击穿电压），相同气压环境条件下激励器电极间距增加,导致电极间气体击穿电压升高,激励器放电电弧能量增加,射流冲量随之增加。

本小节还对激励器放电频率对射流冲量的影响进行了实验研究。实验测得射流总冲量随放电频率($0~50$ Hz)的变化,如图 6.33 所示。两电极等离子体合成射流激励器总冲量随放电频率呈线性增加,表明在低频状态下,激励器工作稳定,射流流场持续时间短,相邻放电脉冲间射流流场影响微弱,不会造成射流冲量的损失。

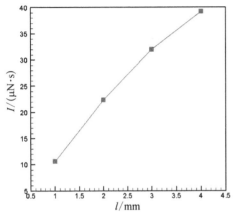 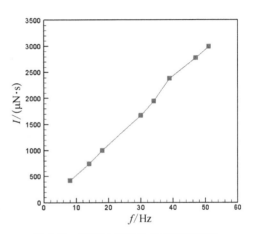

图 6.32　射流冲量随电极间距的变化　　　　图 6.33　射流冲量随放电频率的变化

6.3.2　等离子体高能合成射流直接力特性及影响因素研究

流动控制技术是流体力学研究的前沿和热点。高效的流动控制方式对于保证飞行器飞行安全性、改善飞行器可操作性和提高飞行器推进效率具有重要意义,是实现主动流动控制高效应用的关键[34]。等离子体高能合成射流激励器作为一种新型的流动控制方式,以其结构简单、响应迅速、工作频带宽、适应多工况等优点正受到越来越多的关注,极有可能成为主动流动控制技术的新突破[35]。等离子体高能合成射流激励器可以产生速度高达数百米每秒的高速射流,同时射流流场中伴随较强的压缩波系,可以兼具有受控流场动量/能量注入的涡控效果和前驱激波压力梯度产生的波控效果,对于实现超声速/高超声速流主动流动控制具有重要意义。

等离子体合成射流激励器已经经历了十年的发展,但目前仍处于基础研究阶段,距离工程实际应用仍存在诸多亟待解决的问题。典型的两电极等离子体合成射流激励器仍存在以下不足:一是激励器工作击穿电压高,会增大激励器电源的质量和体积,不利于工程应用的小型化;二是激励器能量利用效率低,电容能量的大部分没有转化成激励器电极间的电弧能量,进而转化激励器腔内气体的热能和压能,而是通过不同形式耗散;三是两电极等离子体合成射流激励器产生的射流冲量较小,且受环境气压影响显著,在低气压环境下射流冲量明显降低。最后,鉴于等离子体合成射流激励器对流场的控制能力正比于激励器所产生射流的动量通量,为提高激励器高速流场主动流动控制能力,实现更宽飞行包络范围内飞行器流场的可调可控,需进一步优化激励器结构及工作方式,提高激励器射流冲量,提高激励器能量利用效率。

三电极等离子体高能合成射流激励器对比两电极等离子体合成射流激励器具有以下优势:一是降低激励器工作击穿电压,提高激励器电极间放电电流,从而减小激励器工作电源质量和体积的同时增大激励器放电电弧能量;二是提高激励器能量利用效率,如图 6.34 所示为相同腔体体积、阴/阳电极间距的两电极和三电极电弧结构示意图,三电极激励器工作中电弧形状呈三角状,可以显著增大电弧长度和加热气体体积,增强激励器电弧能量向腔内气体热能和压能的转化,从而增大激励器能量利用率,增大激励器射流冲量。实验结果表明,相同电容能量注入条件下,三电极等离子体高能合成射流激励器射流冲量对比两电极等离子体合成射流激励器冲量提高近 6 倍。

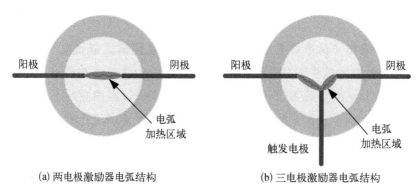

(a) 两电极激励器电弧结构　　　　(b) 三电极激励器电弧结构

图 6.34　两电极/三电极等离子体激励器放电电弧结构示意图

本章将采用数值模拟结合实验的方法对三电极等离子体高能合成射流激励器工作特性及其直接力特性进行研究,利用直接力测量系统研究各工作参数对三电极等离子体高能合成射流激励器直接力特性的影响,在低压仓内模拟低气压环境,研究三电极等离子体高能合成射流激励器随环境气压、密度的变化关系,最后对比数值仿真结果,获得三电极等离子体高能合成射流激励器的能量利用效率,为开展三电极等离子体高能合成射流激励器应用研究奠定基础。

1. 三电极等离子体高能合成射流激励器工作特性数值模拟研究

1) 数值计算模型及气体加热效率分析

建立三电极等离子体高能合成射流激励器数值仿真模型,模型几何尺寸和边界条件与两电极等离子体合成射流激励器一致。为获得三电极激励器工作过程中的腔内气体加热效率,分别对气体加热效率为 2.5%、4%、6%、9% 和 11% 时激励器工作特性进行数值模拟,计算结果如图 6.35 所示。随着激励器腔内气体加热效率的提高,激励器单脉冲射流冲量不断增大。实验测得相同工况下激励器单脉冲射流冲量为 295.31 μN·s,与激励器腔内气体加热效率为 6% 时的仿真结果最为接近,表明三电极等离子体高能合成射流激励器气体加热效率约为 6%。为进一步验证三电极等离子体高能合成射流激励器气体加热效率,在相同工况参数下,对比气体加热效率为 6% 时的数值仿真射流流场与阴影实验流场,如图 6.36 所示。激励器放电开始后 20 μs 在射流出口平面形成明显的压缩波和射流流场结构,仿真结果中压缩波距离射流出口平面的距离与实验结果十分接近,射流锋面位置也相差不大,表明本书的数值仿真模型能够较好地模拟三电极等离子体高能合成射流激励器的工作过程及其射流的流场结构。

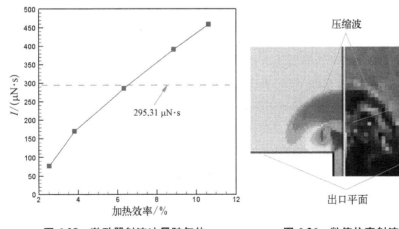

图 6.35　激励器射流冲量随气体
加热效率的变化

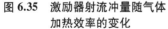

图 6.36　数值仿真射流流场与
阴影实验流场对比

为研究三电极等离子体高能合成射流激励器的直接力特性,分析射流反作用力影响因素,利用射流反作用力计算绘得激励器单脉冲反作用力随时间变化

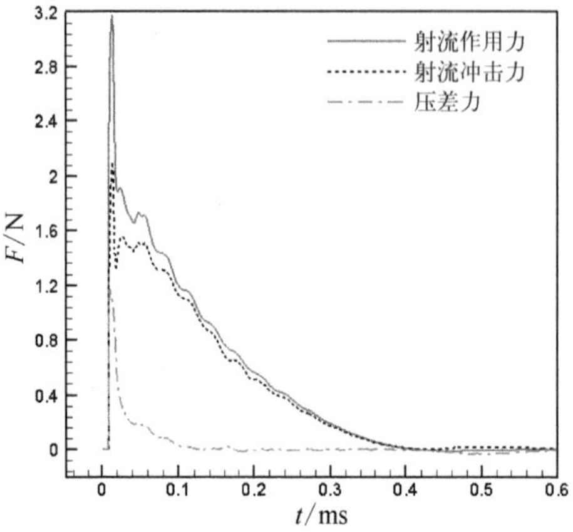

图 6.37 激励器反作用力随时间的变化

曲线,如图 6.37 所示。激励器射流反作用力由腔内气体与外界环境压差和射流自身动能两部分组成,图 6.37 表明激励器射流反作用力主要由射流自身动能引起,而激励器腔体内外压差形成的射流反作用力存在时间极短,对激励器射流总作用力贡献远小于由射流动能形成的反作用力,计算可得由激励器腔体内外压差形成的反作用力不到激励器总作用力的 10%。由此可得要想增大等离子体合成射流反作用力,应该从射流自身入手,射流流场中的压缩波对射流反作用力影响微弱。

2) 三电极等离子体高能合成射流激励器工作过程分析

为研究三电极等离子体高能合成射流激励器工作特性,建立三电极等离子体高能合成射流激励器数值仿真模型,放电电弧能量 7.9 J。

图 6.38 为三电极等离子体高能合成射流激励器出口温度、速度、压强、密度随时间的变化曲线。对比两电极激励器出口温度、速度、压强、密度随时间的变化曲线可知,三电极等离子体高能合成激励器能量效率高,对腔内气体加热更充分,形成射流温度、速度明显高于两电极激励器。由图 6.38(c)可知三电极激励器腔内气体压强释放过程非常快,形成以很高速度向下游移动的压缩波,大约 20 μs 时间内激励器出口处静压从 1 atm 跃升至 2.6 atm。强压缩波作用使射流出口处压力、温度、密度急剧增加,表现为图 6.38 中曲线的尖峰。而后随射流进一步发展,激励器腔内高温气体从射流出口喷出,射流出口处温度继续增加、射流速度增加、密度降低。由图 6.38(a)可知激励器能量沉积结束后约为 50 μs,出口射流温度达到最高,同时此处射流速度达到最大,压强降为环境压强,气体密度达到最低。由图 6.38(d)可知射流喷射过程中激励器出口处密度约为 0.5 kg/mm³,而两电极激励器射流喷出过程中激励器出口密度约为 0.9 kg/mm³,表明相同激励器体积工况下,三电极激励器喷出气体质量远大于两电极激励器。从图 6.38(b)中还可看出虽然三电极激励器射流喷射速度远大于两电极激励器,但其吸气速率与两电极激励器相差不大。

三电极等离子体高能合成射流激励器工作过程中,腔内气体压强释放快,压缩波形成速度快,传播速度快。激励器工作过程中,腔内气体升温增压,射流从

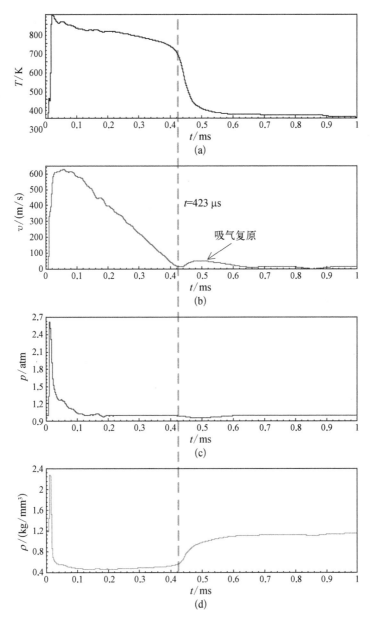

图 6.38　三电极激励器出口

激励器出口喷出,射流出口速度曲线表明射流喷射时间约为 423 μs。由于射流
的引射作用导致腔内气体压强降低,同时腔内气体温度降低,环境气体回填激励
器腔体,开始自循环二次射流。开始进入激励器工作第三阶段——吸气复原阶
段,射流速度再次增加,腔内气体压强恢复为环境压强,同时腔内气体密度恢

复到激励器工作初始状态,三电极等离子体高能合成射流激励器准备进入下一工作周期。

2. 三电极等离子体高能合成射流直接力影响因素研究

三电极等离子体高能合成射流激励器直接力影响因素主要包括结构参数、驱动参数和环境参数。本小节首先简要介绍了三电极等离子体高能合成射流激励器结构及其工作原理,然后对三电极激励器结构参数(腔体体积、电极间距、射流孔径和腔体深径比)、驱动参数(放电电容)和环境参数(气压、密度)对激励器直接力特性的影响规律进行研究,为等离子体高能合成射流激励器结构优化设计和流动控制实际应用提供参考和指导。不同三电极等离子体高能合成射流激励器工况参数如表 6.10 所示。

表 6.10 三电极等离子体高能合成射流激励器工况参数

三电极工况	腔体体积 L/mm³	电极间距 l/mm	放电电容 C/μF	射流孔径 d/mm	深径比 R	环境压强 p/atm	环境密度 ρ/(kg/mm³)	电弧能量 Q/J	初始能量 E/J
不同腔体体积	400 700 1 000 2 000 3 500 6 300	4	1.6	3	1	1	1.18	7.9	0.11 0.18 0.25 0.53 0.92 1.66
不同电极间距	700	2 3 4 5	1.6	3	1	1	1.18	1.9 4.8 7.9 10.1	0.18
不同射流孔径	700	4	1.6	1.5 3 5 10	1	1	1.18	7.9	0.18
不同深径比	700	4	1.6	3	0.5 1 2	1	1.18	7.9	0.18
不同放电电容	700	4	0.64 1.6 3	3	1	1	1.18	3.5 7.9 13.5	0.18

（续表）

三电极工况	腔体体积 $L/$ mm³	电极间距 $l/$ mm	放电电容 $C/$ μF	射流孔径 $d/$ mm	深径比 R	环境压强 $p/$ atm	环境密度 $\rho/$ （kg/mm³）	电弧能量 $Q/$ J	初始能量 $E/$ J
						0.1	0.12	1.4	0.018
						0.2	0.24	2.5	0.036
						0.3	0.35	3.9	0.053
不同环境压强/密度	700	4	1.6	3	1	0.4	0.47	4.6	0.071
						0.5	0.59	5.3	0.089
						0.6	0.71	5.8	0.110
						0.7	0.82	6.3	0.124
						0.8	0.94	6.5	0.142
						0.9	1.06	7.2	0.161
						1	1.18	7.9	0.18

1）三电极等离子体高能合成射流激励器结构设计及其工作原理

三电极等离子高能合成射流激励器结构如图 6.39 所示。相对于两电极结构激励器的组成增加了一个点火正极,用于腔体内火花放电的触发,以实现降低激励器工作电压,减小激励器电源系统功率和体积。激励器工作过程中点火正极与阴极之间的距离需要小于点火正极和阳极之间的距离,以保证点火是在点火正极和阴极之间产生。

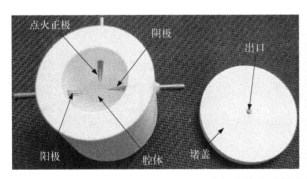

图 6.39　三电极高能合成射流激励器

如图 6.40 所示为相机帧频 100 kHz 获得的放电电容 1.6 μF 时三电极等离子体高能合成射流激励器不同放电阶段图像。由图可知,三电极激励器的放电过程可分为四个阶段:点火触发、放电增强、放电衰减和电弧熄灭。在激励器负极和触发电极间加高压脉冲电源,建立强度较弱的放电通道,实现点火触发。随后储能电容两端的高电压在激励器主放电电极和负极之间释放,建立并维持大功率的电弧放电,实现激励器腔内的能量注入,进入放电增强阶段,此时激励器腔体内呈亮白色。随着储能电容内能量的释放,放电强度逐渐减弱,激励器腔内放电也逐渐变为黄白色。最后进入电弧熄灭阶段,储能电容内的能量完全释放,激励器腔体内已经没有明显的电弧结构存在,电弧熄灭,一次放电过程结束。

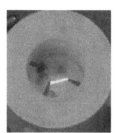　　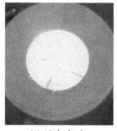　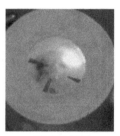

(a) 点火触发　　　　(b) 放电增强　　　　(c) 放电衰减　　　　(d) 电弧熄灭

图 6.40　三电极激励器放电发展过程

三电极等离子体高能合成射流激励器电源系统如图 6.41 所示。电源系统主要包括一个高压直流电源,一个高压脉冲电源和大小可置换的电容。其中高压直流电源提供激励器工作过程中的能量沉积,高压脉冲电源可以产生一个电压高达 20 kV 的瞬时脉冲,用于在激励器腔体内建立放电通道,触发大能量的火花放电。通过高压脉冲电源的频率变化可以实现电源系统工作频率的调节。

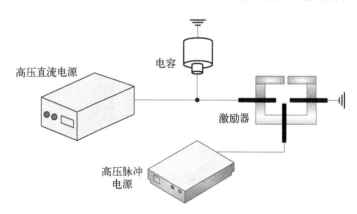

图 6.41　三电极激励器电源系统

2）激励器腔体体积的影响

激励器腔体体积是影响等离子体高能合成射流激励器直接力特性的重要结构参数,它反映了激励器腔体内气体的初始能量,直接影响激励器射流冲量。实验测得不同腔体体积三电极等离子体高能合成射流激励器单脉冲射流冲量,为避免实验操作误差,单工况重复实验测量五次,对于无较大偏差的实验结果取平均值作为该工况下的三电极等离子体高能合成射流激励器单脉冲射流冲量值。

图 6.42 为三电极等离子体高能合成射流喷射持续时间 t_f 激励器总能量 W 随腔体体积的变化。腔内气体初始能量 E 随激励器腔体体积线性增加,对于相同气压、电极间距条件下三电极等离子体高能合成射流激励器工况,由公式可知放电电弧能量 Q 保持不变,则激励器总能量 W 随腔体体积线性增加。相同放电电弧能量条件下,激励器腔体体积增加,激励器腔内峰值温度 T_{t_o}、峰值压强 p_{t_o} 降低,激励器射流速度降低,同时电极间放电电弧加热气体质量增加,激励器射流出口喷出气体质量增加,故射流喷射时间 t_f 随激励器腔体体积增加。由图 6.42 可知,射流喷射时间 t_f 随激励器腔体体积几乎按线性增加。

图 6.43 为三电极等离子体高能合成射流激励器单脉冲射流冲量 I/无量纲射流冲量 ε 随腔体体积的变化。由图可知,激励器腔体体积 $L \leqslant 3\,500$ mm³ 时,激励器单脉冲射流冲量 I 随腔体体积近似按线性增加。腔体体积增加,激励器腔内峰值压强 p_{t_o} 降低,在环境压强不变的条件下,激励器腔体内外压差降低,同时射流速度降低,由射流冲量计算式可知射流冲量降低,该部分作用导致射流冲量减少。另一方面,激励器腔体体积增加,电极间放电电弧加热气体质量增加,从而激励器喷出气体质量增加,射流喷射持续时间 t_f 增加,由公式可知射流冲量增大,该部分作用使得射流冲量增加。激励器射流冲量受激励器腔体内外压差作用影响很小,增大激励器腔体体积,射流速度降低,但射流喷出质量和射流喷

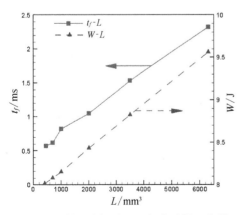

图 6.42　射流喷射时间 t_f 与激励器总能量 W 随腔体体积 L 变化

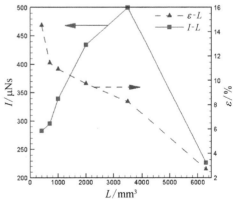

图 6.43　激励器冲量 I 与无量纲冲量 ε 随腔体体积 L 变化

射持续时间同时增加,综合两方面作用因素,随腔体体积增加,激励器射流冲量增加量大于射流冲量减少量,故射流冲量随腔体体积增加,如图 6.43 所示。但随激励器腔体体积增加,射流冲量增加量逐渐降低,射流冲量减少量逐渐增加,故射流冲量增长速率降低。

激励器腔体体积进一步增加,当腔体体积 $L > 3\,500\ \text{mm}^3$ 时,射流喷射持续时间 t_f、激励器总能量 W 随腔体体积继续增加,如图 6.42 所示。但激励器腔内峰值温度 T_{t_0}、峰值压强 p_{t_0} 下降较多,射流速度明显降低,射流冲量增加量小于射流冲量减少量,故射流冲量在腔体体积 $L = 6\,300\ \text{mm}^3$ 时明显降低,如图 6.43 所示。表激励器能量利用效率的无量纲射流冲量 ε 随腔体体积增加而减小,即给定三电极等离子体高能合成射流激励器工况参数条件下,小腔体体积激励器能量利用效率更高。虽然在 $0 \sim 3\,500\ \text{mm}^3$ 腔体体积段,射流冲量随腔体体积增加,但无量纲射流冲量 ε 随腔体体积增加而减小;而当激励器腔体体积大于 $3\,500\ \text{mm}^3$ 时,射流冲量随腔体体积增加而降低,同时无量纲射流冲量随腔体体积降低速率明显加大。

3)激励器电极间距的影响

采用相同实验手段测量不同电极间距的三电极等离子体高能合成射流激励器单脉冲射流冲量,得到三电极等离子体高能合成射流激励器单脉冲射流冲量

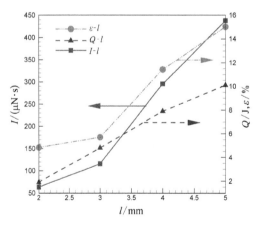

图 6.44 射流冲量随电极间距的变化

I、电弧放电能量 Q、无量纲射流冲量 ε 随电极间距的变化曲线,如图 6.44 所示。根据气体击穿的巴申定律,相同环境气压条件下,激励器电极间距增加,电极间击穿电压升高,激励器放电电弧能量 Q 增加,从而激励器射流冲量 I 增加。从图 6.44 还可以看出,激励器无量纲射流冲量 ε 随电极间距增加,且曲线变化与射流冲量随电极间距的变化曲线一致。

4)激励器射流孔径的影响

图 6.45 为三电极等离子体高能合成射流激励器放电开始后 $100\ \mu\text{s}$ 不同射流孔径激励器射流流场。由图可知随激励器射流孔径增加,射流前驱激波强度增加,且射流宽度明显增加。射流速度在 $d = 1.5\ \text{mm}$ 与 $d = 3\ \text{mm}$ 时相差不大,但

当射流孔径 d = 5 mm 时射流速度明显增加,故推测射流冲量在射流孔径 d = 5 mm 时达到最大。

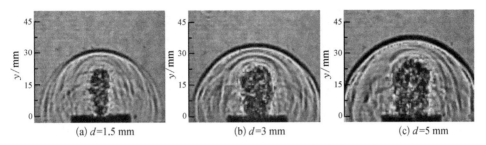

(a) d=1.5 mm　　　　　(b) d=3 mm　　　　　(c) d=5 mm

图 6.45　放电开始后 100 μs 不同射流孔径激励器射流流场

　　图 6.46 为三电极等离子体高能合成射流激励器单脉冲射流冲量及其射流喷射持续时间随激励器射流孔径的变化曲线。由图 6.42 可知激励器单脉冲射流冲量随射流孔径增加而增加,而射流喷射持续时间随射流孔径的变化与其相反,随射流孔径增加,激励器射流喷射持续时间减少。在相同实验工况条件下,激励器电极间电弧加热气体质量相同,增大激励器射流孔径,则射流喷射持续时间降低。同时随着激励器

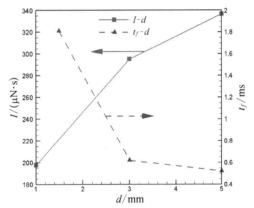

图 6.46　射流冲量 I 与喷射持续时间 t_f
随射流孔径的变化

射流孔径增加,射流宽度增加,在激励器射流出口处的堵塞作用减小,射流对静止环境气体的反作用力增强,激励器射流冲量随射流孔径增加,但射流冲量增长速率降低,在射流孔径 d = 5 mm 时射流冲量达到最大,约为 335 μN·s,而两电极激励器峰值射流冲量对应的射流孔径 d = 3 mm,这是由于三电极激励器电弧能量转化效率和激励器腔内气体加热效率明显高于两电极激励器,相同电容能量注入条件下,能量沉积阶段完成时刻三电极激励器腔内气体的峰值温度 T_{t_0}、峰值压强 p_{t_0} 明显高于两电极激励器,射流更容易在出口处发生堵塞,因而需要更大射流孔径。

　　由图 6.47 可知,随激励器射流孔径进一步增加到 d = 9.6 mm,射流冲量大大降低。这是由于射流孔径增大到一定值($d \approx$ 5 mm)后,射流在出口处的阻塞作

用消失,随射流孔径的进一步增大,射流速度和射流喷射持续时间将大大降低,导致射流冲量明显降低。

5) 激励器腔体深径比的影响

三电极等离子体高能合成射流激励器单脉冲射流冲量 I 随激励器腔体深径比 R 的变化曲线如图 6.48 所示。三电极激励器射流冲量随激励器腔体深径比的变化关系与两电极激励器相同,随激励器腔体深径比增加,腔体内垂直方向距离增加,激励器工作,腔内气体沿垂直方向运动增加,从而增加腔体内喷出气体质量,增加射流冲量,故激励器单脉冲射流冲量随腔体深径比增加。

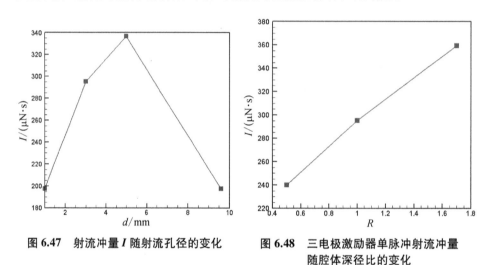

图 6.47 射流冲量 I 随射流孔径的变化　　图 6.48 三电极激励器单脉冲射流冲量随腔体深径比的变化

6) 激励器放电电容量的影响

图 6.49 为三电极等离子体高能合成射流喷射持续时间 t_f/电极间放电电弧能量 Q 随激励器放电电容量 C 的变化。由激励器放电电容能量计算式:

$$Q_0 = \frac{1}{2}CV_s^2 \tag{6.107}$$

可知相同环境气压、电极间距条件下,激励器电极间击穿电压 V_s 保持不变,随放电电容量 C 增加,激励器放电电容能量 Q_0 呈线性增加。假设激励器放电电容能量 Q_0 向激励器电极间放电电弧能量 Q 的能量转化效率在不同放电电容量条件下保持一致,则激励器电极间放电电弧能量 Q 随放电电容量线性增加,如图 6.49 所示。图 6.49 还表明,随激励器放电电容量 C 增加,电极间电弧能量 Q 增加,由公式可知激励器腔体内峰值温度 T_{t_0}、峰值压强 p_{t_0} 升高,加热腔体内气体质量增加,激励器喷出射流质量增加,从而射流喷射持续时间 t_f 增加。

图 6.50 为三电极等离子体高能合成射流冲量 I/无量纲射流冲量 ε 随激励器放电电容量 C 的变化。由图可知,激励器放电电容量从 0.64 μF 增长到 1.6 μF,射流冲量从 130 μN·s 增长到 300 μN·s。由式(6.107)可知激励器放电电容能量提高 2.5 倍,而射流冲量仅提高 2.3 倍,表明随激励器放电电容量增加,激励器腔体内电弧能量向射流动能的转化效率降低,射流冲量并不随放电电容量呈线性变化。激励器放电电容量从 1.6 μF 提高到 3 μF,射流冲量从 300 μN·s 增长到 350 μN·s。激励器放电电容量提高近 2 倍,而射流冲量仅提高近 1.2 倍,进一步验证随激励器放电电容量增加,激励器腔体内电弧能量向射流动能的转化效率降低这一结论。图 6.50 中激励器无量纲射流冲量 ε 随激励器放电电容量先升高再降低。小放电电容量条件下激励器电弧能量向射流动能的转化效率高,但电弧能量小,加热激励器腔体内气体质量小,不能对腔内气体充分加热而造成能量损失;大放电电容量条件下激励器放电电弧能量大,加热激励器腔体内气体质量增加,能够实现对腔内气体充分加热,但激励器电弧能量向射流动能的转化效率较低。

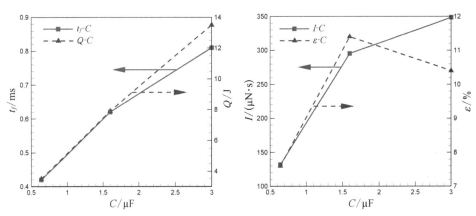

图 6.49　激励器电弧能量 Q 与射流喷射持续时间 t_f 随放电电容量 C 的变化

图 6.50　激励器射流冲量 I 与无量纲射流冲量 ε 随放电电容量 C 的变化

7)激励器环境压强的影响

随着飞行器飞行马赫数和飞行高度的增加,环境密度和静压均快速下降,如图 6.51 所示。本节利用自主设计的低压维持系统,在低压仓内对激励器不同环境压力、密度条件下的三电极等离子体高能合成射流冲量进行实验研究,并对比数值仿真结果,系统分析了三电极等离子体高能合成射流激励器的工作过程和直接力产生特性,为高超声速飞行器快响应直接力控制的实际应用提供指导。

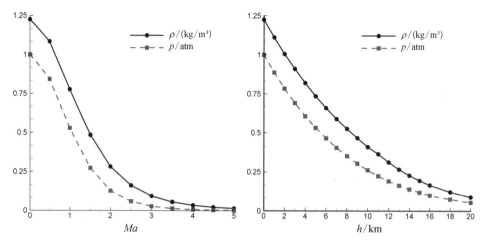

图 6.51 环境密度和压强随不同马赫数与飞行高度的变化

不同环境气压、密度条件下激励器工况参数如表 6.10 所示。表中电弧能量 Q 由实验测得激励器在不同环境气压条件下放电电压、电流随时间变化曲线计算得出,环境温度恒为 300 K。

图 6.52 为不同气压环境下等离子体合成射流激励器射流出口温度、速度随时间变化的数值仿真结果。由图 6.52(a)可知,随环境压力增加,激励器射流出口处最高温度增加。激励器环境气压从 0.1 atm 升到 0.9 atm,射流最高温度从

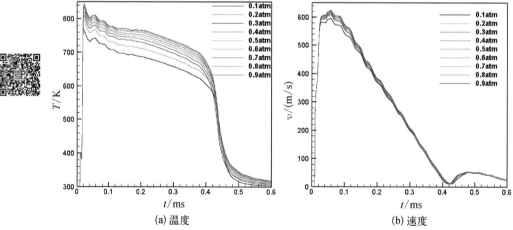

(a) 温度   (b) 速度

图 6.52 三电极等离子体高能合成射流激励器出口

770 K 升到 840 K。随激励器环境压力、密度增加,激励器腔体内峰值温度 T_{t_0}、峰值压强 p_{t_0} 升高,形成的射流温度、速度增加。与两电极等离子体合成射流激励器数值模拟结果不同,图 6.52(b)中随环境压强增加,三电极等离子体高能合成射流激励器射流出口处峰值速度升高,表明三电极等离子体高能合成射流激励器电极间电弧能量对腔内气体加热更充分,形成射流速度大,受静止空气的摩擦作用影响相对较小。

图 6.53 为三电极等离子体高能合成射流激励器射流冲量 I 和无量纲射流冲量 ε 随环境压强的变化曲线。由本章前面小节已知激励器射流冲量主要是射流自身动能的贡献,随环境压强增加,环境密度增加,激励器射流峰值速度增加,射流持续时间随环境压力几乎无变化。由图 6.53(a)可知,在较高环境压力(0.8～1.0 atm)条件下,三电极等离子体高能合成射流冲量实验结果数值仿真结果较为一致,而在低气压(0.1～0.8 atm)条件下射流冲量实验测量结果明显小于数值仿真结果,表明三电极等离子体高能合成射流激励器电弧能向热能的转化效率随环境压力变化,本小节数值模拟中的能量转化效率是在标准大气环境下通过对比激励器射流冲量、射流流场的数值仿真结果和实验结果给出的,故在较高环境压力条件下,数值仿真结果与实验结果较为吻合。图 6.53 还表明,在环境压力为 0.6 atm 时实验测量射流冲量与数值仿真结果相差最大,表明三电极等离子体高能合成射流激励器在环境压力为 0.6 atm 时电弧能量向热能的转化效率最低。

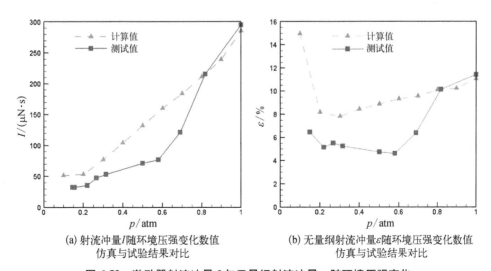

(a) 射流冲量I随环境压强变化数值
仿真与试验结果对比

(b) 无量纲射流冲量ε随环境压强变化数值
仿真与试验结果对比

图 6.53　激励器射流冲量 I 与无量纲射流冲量 ε 随环境压强变化

由图 6.53(b)可知,与两电极等离子体高能合成射流激励器无量纲射流冲量 ε 随环境压强的变化曲线不同,三电极等离子体高能合成射流激励器无量纲射流冲量 ε 随环境压强先降低再升高。数值模拟结果显示在环境气压为 0.3 atm 时激励器无量纲射流冲量最低,而实验结果表明在环境气压为 0.6 atm 时激励器无量纲射流冲量最低,两者的差异同样是激励器电弧能量向热能的转化效率随环境压力变化所致。

6.4 等离子体高能合成射流激励器飞行器直接力控制数值仿真

6.4.1 高超声速飞行器外流场仿真

随着高超声速由概念研发走向产品设计,高超声速技术得到迅猛发展,高超声速飞行器作为这一技术的结晶逐渐走向人们的视野,人类不断追求着速度的极致。目前,对于高超声速的研究方式主要包括理论分析、数值仿真、地面实验以及飞行实验。理论方面,Navier-Stokes 方程几乎可以用于求解任一流动问题,根据高超声速的流动特点,可以对方程进行简化得到激波、膨胀波关系式。然而对于外形复杂的飞行器,通过理论方法很难得到准确值。实验方面,主要包括两个方面,即地面缩比实验和实际飞行实验。地面实验由于高超声速风洞尺寸相对较小,风洞壁面会对缩比模型产生影响,同时地面情况下很难模拟高空实际情况来流条件,地面实验具有局限性。实际飞行实验采用样机进行真实实验,来流条件与当地的来流完全一致,飞行器不会受到其他影响,反映的是真实飞行时的实际情况,实验数据具有极高的指导意义。但飞行实验的成本太高,研究周期长。作为流动研究方法的后起之秀,数值仿真方法克服了理论和实验方法的缺点,可以得到复杂结构飞行器的流动参数,同时大大缩短研究周期,节省研究成本。数值方法的关键就是建立正确的仿真模型,本章正是基于此目的建立并优化仿真模型,为等离子体合成射流流场控制研究打好基础。

1. 飞行器仿真模型

从 20 世纪 60~70 年代到现在,已经研发出水平起降航天运载器、高超声速导弹、高超声速飞机和空天飞机等多种飞行器。飞行器的气动布局更是多种多样[36],包括升力体、翼身融合体、乘波体、典型锥形体。其中,乘波体是目前研究的热点,具有非常优良的气动性能,但其结构非常复杂,型面很难设计,仅有为数不多的研发机构拥有结构图纸。相比之下,典型锥形体从发展伊始就开始研究,积累了丰富的经验。同时其气动外形简单,在高超声速飞行时产生的波系结构简单易于分析。综合考虑,本节选用典型锥形体的高超声速导弹作为研究对象,其三维模型如图 6.54 所示。

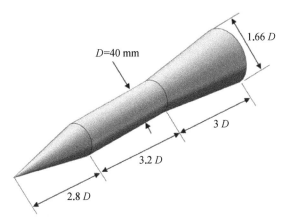

图 6.54　高超声速导弹三维模型

　　模型主要由三部分组成:头部圆锥体,中段为一圆柱体,尾部带有裙体。中间圆柱体的直径为 $D=40$ mm,其他尺寸如图 6.54 标注所示。模型结构具有典型研究价值,头部尖端产生斜激波,中段前缘产生膨胀波,中段后缘产生斜激波,尾裙后缘产生大膨胀波和尾流。这样整个导弹中,存在激波和膨胀波的前后缘,可以很好地研究不同射流位置对于激波膨胀波的作用机制。

　　高超声速的数值模拟一直以来都是研究的难点,存在湍流模型不完善、数值易发散、强相互干扰等诸多问题。精准模拟高超声速飞行器的外流场需要对时间空间进行高度地离散,所需数值模型的网格数非常大,需要几百万网格,计算所需的时间也过长。考虑到计算资源和研究周期有限,以及本节旨在验证等离子体合成射流对于高超声速飞行器流场控制的可行性,本节将上述三维模型简化为二维模型,将空间问题转化为平面问题进行求解。

　　2. 数值方法

　　对于本节研究的高超声速飞行器,飞行高度为 10 km,对应的平均分子自由程为 $\lambda = 2.14 \times 10^{-7}$ m。根据 Knudsen 的定义 $Kn = \lambda/L$,其中 L 为特征长度。对于本节研究的高超声速导弹,特征长度取为导弹总长,即 $L = 0.36$ m,则 $Kn = 5.94 \times 10^{-7}$,根据连续气体的判断依据 $Kn < 0.03$,气体满足连续性假设,其控制方程采用 Navier-Stokes 方程。

　　在高超声速流动中,气体是高度可压的,求解器类型选用基于密度求解器,它是将稳态问题转化为瞬态问题,利用所给的初场,时间推进到收敛的稳态场,理论上是绝对收敛的。湍流模型采用 SST k-Ω 模型,使计算更加精确,易于模型收敛。

边界条件包括三类边界:物面边界、压力远场边界和压力出口边界。物面边界与等离子体合成射流仿真模型相同,采用无滑移绝热边界。压力远场边界条件对于高超声速流动非常适用,只需要指定来流的马赫数和来流静压,在飞行器来流方向采用这一边界条件。由于出口处的温度未知,采用压力出口边界条件,设置回流温度,避免在出口处形成温度强间断。

一般将马赫数大于 5 的流动定义为高超声速流动,本文选择来流马赫数为 5。导弹的飞行高度为 10 km,根据压力关系式可以得到,来流静压为 $p = 26\ 494.88$ Pa。

考虑流动为湍流,需要定义边界处的湍流量。FLUENT 中提供多种描述湍流量的方法,本文选用 Intensity and Length Scale 方法,即湍流强度 I 和湍流尺寸 l。根据经验公式:

$$I \cong 0.16\ (Re)^{-1/8} = 2.023\ 39\% \tag{6.108}$$

$$l = 0.07L = 0.025\ 2\ \text{m} \tag{6.109}$$

时间和空间离散方式上,本章主要是研究高超声速的流场,是一定常问题,采用隐式格式迭代。流动和湍流计算中采用二阶迎风格式,提高计算精度。Flux Type 采用 AUSM 格式,相比 Roe 格式减少计算量,且不需要进行熵修正,对于本身存在熵变的高超声速流动,计算更加准确,不存在粉刺现象。由于高超声速流场数值易发散,Courant 数取为 0.5,提高计算的收敛性。

设定计算的参考值:参考面积取为导弹中部的截面积 0.001 256 6 m^2;参考长度取为导弹的总长 0.36 m;密度为来流密度 0.413 454 kg/m^3;压力为来流静压 26 494.88 Pa;温度为来流温度 223.252 1 K;黏性系数根据 Sutherland 公式计算可得 $1.457\ 673 \times 10^{-5}$ kg·s/m。

3. 网格优化

网格作为空间离散的方式,将流场分为一个个单独的区域,利用有限元的思想进行数值计算,其疏密程度对结果有很大的影响。网格的疏密并不仅仅指网格的数量,只有合理的网格分布才能得到较好的结果。网格数量在一定程度上影响的是计算结果的精确程度,根据不同的精度要求对于网格数量有一定的范围。

本章研究导弹的外流场特性,并为之后的气动分析打下基础。仿真模型以导弹头部为原点,考虑到斜激波的产生,下游边界的上下缘分别距中心轴线 15D,

与上游用抛物线连接。为了减少网格数量,节约计算资源,采用 C 型网格布局。

划分网格时,近壁面第一层网格的高度至关重要。在计算结束后会得到一个与壁面函数有关的值 y^+,对于 SST k-omega 模型要求这个值在 1 附近。采用 POINTWISE 网站提供的"Compute Grid Spacing for a Given y^+"小程序,计算得到底层网格的厚度为 0.6 μm。通过反复的迭代计算,最终确定第一层网格的厚度为 1 μm,对应的 y^+ 值在 1 附近。同时在网格参数变化的区域均采用过渡网格,使网格的尺寸均匀变化,减小空间计算误差。

为了验证网格无关性,选取两套网格,其计算域范围如图 6.55 和图 6.56 所示,图中阴影部分为网格的填充域。

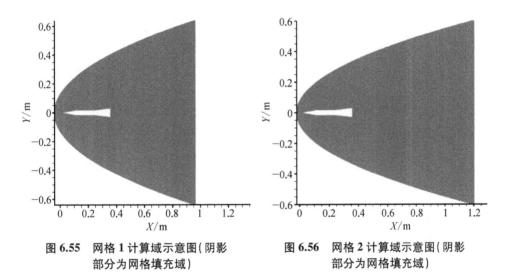

图 6.55　网格 1 计算域示意图(阴影　　　图 6.56　网格 2 计算域示意图(阴影
　　　部分为网格填充域)　　　　　　　　　部分为网格填充域)

网格 1 计算域上游边界取在离头部 0.5D 的位置,下游边界取在距离尾部 13D 的位置,网格节点总数为 570 600;网格 2 计算域上游边界取在离头部 0.5D 的位置,下游边界取在距离尾部 21D 的位置,网格节点总数为 670 750。

假定来流方向为水平方向,与飞行器之间不存在夹角。为了得到高超声速导弹稳定的外流场,在数值计算的同时检测导弹的阻力、升力和俯仰力矩系数,得到图 6.57。从图中可以看出,当计算步数达到 30 000 步时,导弹的气动参数都已收敛到一个定值。由于来流与导弹之间没有攻角,所以升力系数和俯仰力矩都为 0。

表 6.11 给出了两种网格得到的阻力系数,其相差不大,两者互相验证表明计算结果具有可靠性。同时考虑到高超声速尾部产生的尾流对于计算结果的影响,本文选用网格 2 作为最终的网格模型。

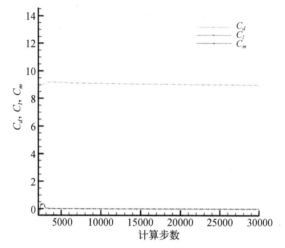

图 6.57　积分过程中导弹气动参数的变化

表 6.11　两种网格计算稳定时的阻力系数

网　格	网格 1	网格 2
阻力系数	9.064	9.010

4. 理论验证

本小节采用高超声速导弹的二维模型模拟导弹外流场,实际反映的是一个具有与导弹纵切面相同的无限长楔形体的外流场,并且其外形规整,产生的波系简单,易于理论分析。图 6.58 给出了二维导弹模型产生的波系结构示意图,分别在头部前缘和尾裙前缘产生斜激波,中部前缘和尾裙后缘产生膨胀波。

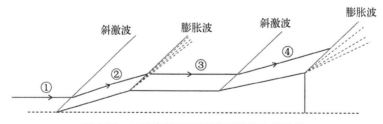

图 6.58　二维高超声速导弹模型的波系结构

斜激波是一种强压缩波,在激波前后流体的物性参数,如温度、压力、密度等,会发生跃变,具有很强的非线性效应。根据激波关系式,可以得到激波前后参数的关系式:

$$\frac{\rho_2}{\rho_1} = \frac{Ma_1^2}{1 + \dfrac{\gamma - 1}{\gamma + 1}(Ma_1^2 - 1)} \tag{6.110}$$

$$\frac{p_2}{p_1} = \frac{2\gamma}{\gamma + 1}Ma_1^2 - \frac{\gamma - 1}{\gamma + 1} \tag{6.111}$$

$$\frac{T_2}{T_1} = \frac{(2\gamma Ma_1^2 - \gamma + 1)[(\gamma - 1)Ma_1^2 + 2]}{(\gamma + 1)^2 Ma_1^2} \tag{6.112}$$

式中,下标 1、2 分别表示波前波后;γ 为比热比,对于理想气体为 1.4。上述激波关系式是由正激波推导得到的,对于斜激波,只需将正激波关系式中的 Ma_1 替换为 $Ma_1\sin\beta$,其中 β 为激波角,它与斜面转角 θ 的关系如下:

$$\tan\theta = 2\cot\beta\frac{Ma_1^2\sin^2\beta - 1}{Ma_1^2(\gamma + \cos\beta) + 2} \tag{6.113}$$

膨胀波是一种单向的等熵波,波前波后的物性参数不会出现强间断,可以利用等熵关系式求解。对于理想气体,等熵关系式为

$$\frac{p_2}{p_1} = \left(\frac{\rho_2}{\rho_1}\right)^{\gamma} = \left(\frac{T_2}{T_1}\right)^{\frac{\gamma}{\gamma-1}} \tag{6.114}$$

由能量守恒,可得

$$\frac{T_2}{T_1} = \frac{1 + \dfrac{\gamma - 1}{2}Ma_1^2}{1 + \dfrac{\gamma - 1}{2}Ma_2^2} \tag{6.115}$$

膨胀波前后的马赫数可由 Prandtl-Meyer(普朗特-迈耶尔)公式求得

$$\theta = \sqrt{\frac{\gamma + 1}{\gamma - 1}}\tan^{-1}\sqrt{\frac{\gamma - 1}{\gamma + 1}(Ma^2 - 1)} - \tan^{-1}\sqrt{(Ma^2 - 1)} \tag{6.116}$$

根据上述斜激波和膨胀波关系式可以求得图 6.58 所示区域的物性参数。表 6.12 给出了区域②的仿真值与理论值的误差,仿真值通过随机选取区域②中的十个位置点求平均得到。理论值与仿真值相比仅在压力项误差达到 3%,密度、温度和马赫数的误差在 1% 左右,考虑到气体黏性的影响,可以认为仿真结果符合实际情况,具有指导意义。

表 6.12 二维导弹外流场在区域②处理论值与仿真值比较

参 数	$\rho/(\text{kg/m}^3)$	p/Pa	T/K	Ma
理论值	0.887 3	8.162e4	320.5	3.987
仿真值	0.902 3	8.409e4	324.7	3.952
误 差	1.691%	3.026%	1.311%	0.877 9%

5. 高超声速导弹外流场

仿真模型采用基于密度的求解器进行计算,密度作为计算的初始量在流场分析中具有很重要的意义,图 6.59 给出了流场稳定后的密度、压力、温度及马赫数云图。从图中可以看出在头部斜激波处,密度、压力和温度迅速增加,形成强间断。随着与导弹壁面距离的增加,斜激波的强度逐渐减弱,各物理量参数变化

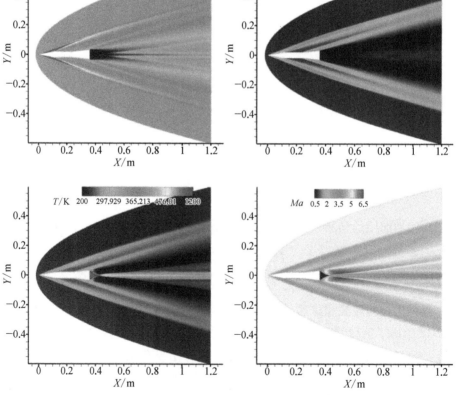

图 6.59 流场稳定时主要参数云图

的梯度也相应减小。在导弹中部前缘,由头部产生的超声速流动向壁面发生偏折形成膨胀波。从马赫数云图可以看出,由于膨胀波与边界层的相互作用,在弹身中段边界层变厚,形成虚拟壁面。这一流动形式进一步导致在中部与尾裙相交的斜劈处,产生的斜激波要偏上,而不在相交点处。

在尾裙后缘,由于导弹上下边缘同时产生膨胀波,在导弹的中轴线上相遇。在相遇点上游,为高超声速流动的死水区,在这里流体密度小、速度低、静温高,是引起计算脉动误差的主要原因。根据理论分析,由于两道膨胀波的相遇,在下游会形成滑移线。这一现象可以通过观察密度云图得到,实际由于黏性以及气体卷吸的原因,根据超超混合的理论在滑移上会形成 K-H 不稳定涡,但由于计算资源有限很难得到精确的流场图,本节得到是其时空平均的结果。

6.4.2　高超声速飞行器等离子体合成射流控制仿真

随着近几年对高超声速流动的研究越来越多,包括推进动力、热防护等在内的高超声速飞行问题也逐渐凸显,其中最主要的挑战就是气动控制问题,高超声速飞行器对高速流动控制装置的需要也越来越大。利用电弧加热方式产生的高速射流的新型等离子体合成射流激励器目前被认为最可能用于进行流动控制。等离子体合成射流的建立时间在 10 μs 量级,相比于传统机械激励器的反应时间要小几个数量级,"强劲"的射流可以达到数百米,具有很强的流场控制能力。本章建立并简化流场控制模型,研究不同激励器布置位置对于高超声速导弹外流场及其气动力的影响。

1. 流场控制仿真模型

1) 精确模型建立

等离子体合成射流激励器作为新型的射流发生装置,在结构上非常简单,仅由一个受限的腔体和两个电极组成,易于集成在飞行器上。由于激励器体积很小,可以将其布置飞行器的任一位置,实现不同的控制效果。根据 6.4.1 节中理论分析的结果,对于本小节研究的高超声速导弹而言,其在高超声速流动中产生的波系结构比较简单。在导弹上有三个特征区域,即②③④区域,可以安装等离子体合成射流激励器进行导弹外流场的流动控制。

在 6.4.1 节研究的基础上,图 6.60 为在区域③距离尾裙前缘 5 mm 处添加一等离子体合成射流激励器的流场控制模型。红色区域为能量源项注入的区域。为了更好的模拟射流与高超声速主流的相互作用,射流出口的网格适当加密,与两边的网格均匀过渡。

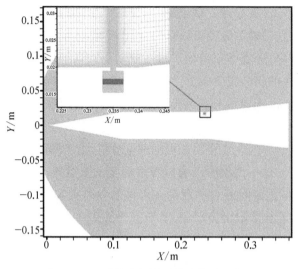

图 6.60　区域③流场控制精确模型示意图

由于激励器的引入,流场的网格节点总数达到 840 454,计算周期进一步增长。首先假定激励器不工作,仅有高超声速来流,与导弹之间攻角为 0°。采用 6.4.1 节中外流场的设置参数,激励器内部定义为无滑移壁面,16 个核并行计算,经过大约 18 个小时,迭代 45 000 步,图 6.61 给出了流场达到稳定后的密度云图。与图 6.59 中的密度云图比较可得,激励器的引入对高超声速导弹的外流场没有影响或影响很小。

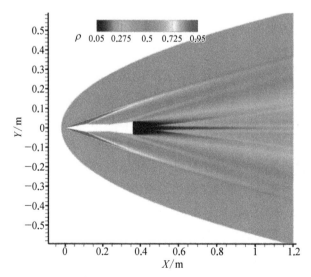

图 6.61　区域③流场控制精确模型无射流稳定时密度云图

图 6.62 给出了当流场达到稳定时,等离子体合成射流激励器附近的速度云图。从图中可以看出,由于高超声速边界层的作用,将高超声速主流与激励器内部隔离开,仅在激励器的右边缘有一定影响。但由于边界层内流动速度很低,等离子体合成射流激励器出口尺寸很小,仅为 1 mm。总的来说,主流的流动形式不会影响激励器内部的流场,可以认为激励器内部的环境与低气压环境下等离子体合成射流激励器的内部环境相同,可以按照 6.4.1 节中的数值方法给激励器放电区域添加能量源项,研究等离子体合成射流对主流的影响。同时由于激励器结构小,易于和弹体一体化设计,不会因为在弹体上形成小的突出,在高超声速来流情况下形成强激波而导致局部热流密度过大,对激励器和弹体造成损伤。

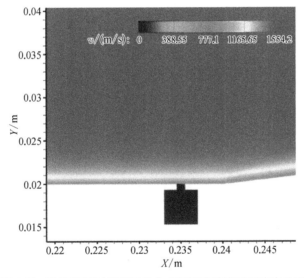

图 6.62　流场稳定时等离子体合成射流激励器附近速度云图

2) 干扰流场分析

图 6.63 为高超声速导弹等离子合成射流流场控制前期的流场变化情况。在 $t = 8\ \mu s$ 时,即能量注入结束时,在激励器出口已经形成射流。高超声速来流由于遇到射流,在射流上游产生一道弓形激波,在壁面上存在激波/边界层干扰,在弓形激波前缘形成分离激波;在射流下游,由于射流挡住高超声速来流,在壁面附近形成低压区,产生涡核。此时射流的影响区域较小,对区域④的激波没有影响。

当 $t = 12\ \mu s$ 时,射流继续向主流内部运动,弓形激波和分离激波增大,并向

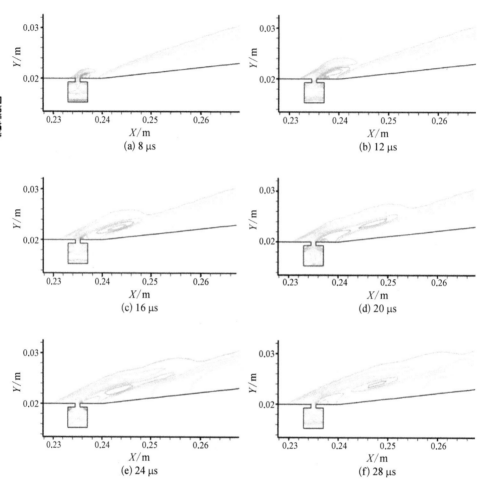

图 6.63 等离子体合成射流前期流场控制过程

主流下游发展；原先射流下游与壁面附近的涡核变大，高温高压的等离子体合成射流在这一低压区域发生迅速膨胀，发展为一低压圆盘结构，并对区域④斜激波头部产生影响。

在 $t = 16\ \mu s$ 和 $20\ \mu s$ 时，弓形激波继续向下游发展，与区域④的斜激波发生融合，并对斜激波产生影响。低压圆盘结构的大小不再变化，随着射流一起向主流的下游运动。随着时间的发展，射流进一步影响区域④的斜激波，并逐渐与斜激波一起形成一个新的斜激波，原来的斜激波逐渐变弱。低压圆盘结构依然存在于射流与原来的斜激波之间。随着射流的喷出，腔体内气体的质量迅速减小，腔体内的压力温度也急剧下降，在出口处不再有射流产生，在高超声速的来流作用下,导弹的外流场重新恢复到原先的稳定状态。

3) 模型改进

流场控制精确仿真模型可以很好地模拟等离子体合成射流与高超声来流之间的相互作用,对于流场控制研究具有重要的指导意义。然而对于不同激励器布置位置和不同激励器参数,需要重新划分模型网格、计算高超声速来流情况下的稳定流场,同时由于能量注入过程中激励器的内部流场环境非常复杂,流场与热力场之间存在很强的相互干扰,计算时间步长必须取得足够小,为纳秒级以保证等离子体合成射流的建立。同时,为了防止计算发散,每步的迭代次数不能过低,取为 20。这些都势必会导致数值计算的时间过长,对计算机提出了更高的要求。在现有研究条件的基础上,为了继续开展等离子体合成射流对高超声速飞行器流场控制机制性研究,缩短研究周期,需要对流场控制模型进行简化。

在对激励器本身在低气压环境下工作特性研究的基础上,结合上文分析,影响等离子体合成射流的主要因素是射流出口处的质量流量、压力和温度。将等离子体合成射流激励器简化为弹体表面的出口,分别选择距离头部锥体、中部圆柱及尾部尾裙三者后缘上游 5 mm 处作为激励器的出口,简化的流场控制模型如图 6.64 所示。为了能够清楚地描述射流与主流的作用,适当加密出口处的网格(图 6.64)。

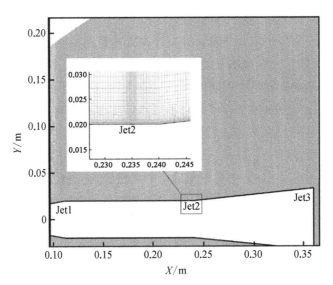

图 6.64　等离子体合成射流流场控制简化仿真模型

对于激励器出口的边界条件,通过给定出口处的质量流量、压力和温度等参数。由于激励器腔体内复杂的流场形式,出口处的物理参数常常会出现振荡,使得对于简化模型出口处参数的给定非常困难,需要对模型做进一步假设:认为出口处的物理参数变化为脉冲变化,在主射流明显时,选择质量入口边界条件,质量流量、压力、温度等参数采用定值;在主射流较弱或存在向腔体内回吸时,激励器出口定义为无滑移物面边界条件。一个激励器出口工作时,其他两个激励器出口定义为无滑移物面边界条件,视为高超声速导弹的一部分。这样就可以在同一个稳定的高超声速流动下,研究不同激励器位置对于导弹流场结构及气动力的影响,不需要再重新划分网格及计算初始稳定流场,节约了大量计算资源,从而大幅度缩短了研究周期。

根据前期研究给定,激励器工作周期取为 300 μs,其中射流时间为 100 μs,剩余时间为假定的激励器回流时间。当射流工作时,激励器出口取为质量流量速度边界条件:质量流量为 0.16 kg/s,压力为 60 677.4 Pa,温度为 1 923.46 K;在回流时,激励器出口定义为无滑移物面边界条件与弹身保持一致。

2. 射流与主流干扰流场结构

为了得到流场稳定情况下的射流与主流的干扰流场结构,选取第六个周期作为研究射流与主流之间相互干扰的对象。图 6.65、图 6.66 和图 6.67 展示了三种激励器布置位置在第六周期内的特征时刻时,射流与导弹外流场干扰的流场结构变化图。其中图像中的黑色实线为高超声速导弹的轮廓;黑色虚线是辅助线,用于判断导弹外流场波系结构的变化。

总体上,在一个周期,即 300 μs 内,导弹流场经初始状态,启动射流后对流场产生影响,关闭射流后流场可以恢复到原来的初始状况,说明等离子体合成射流对于导弹流场的控制具有周期性,这一周期与激励器的工作周期有密切关系。通过比较三种不同激励器布置位置对于导弹外流场的影响区域,可以看出无论是对于膨胀波还是斜激波,激励器只能影响到其下游的流场,对上游没有影响,这与高超声速理论相吻合。由于激励器产生的射流对超声速来流的阻挡作用,在射流前缘形成弓形激波,使得射流的影响区域扩大,激励器布置得越靠前,其影响的范围也越大。同时激励器对于导弹外流场的控制响应时间很短。射流没达到,就已经实现对于某一区域流场的控制,这是由于射流在高超声速流场中形成的弓形激波。从这一点说明,对于高超声速飞行器而言,激波控制是关键技术。

对于 Jet1 和 Jet3,射流控制的主要是膨胀波,Jet2 主要控制的是斜激波。相对于膨胀波而言,射流对于斜激波的控制更加明显。从图 6.66 中可以看出,射流显著改变了位于下游的斜激波,具有很好的控制效果。在图 6.65 和图 6.67 中很难观察到射流对于激波的影响,采用辅助线的方式,通过比较两幅图中,压力等值线与辅助线的相对位置,可以观察到流场变化情况。

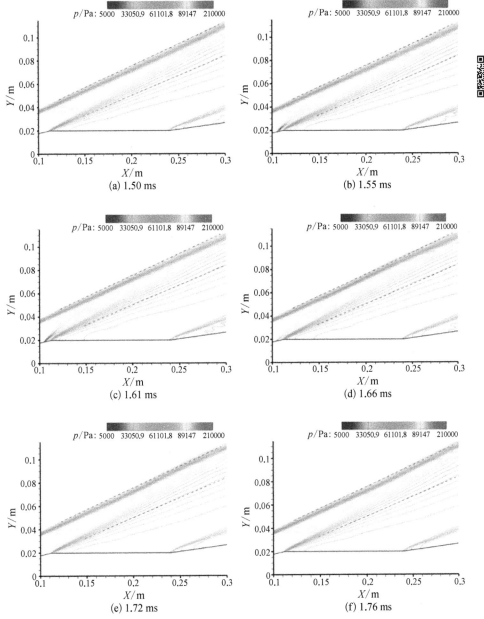

图 6.65　Jet1 激励器工作时第六周期内流场变化情况

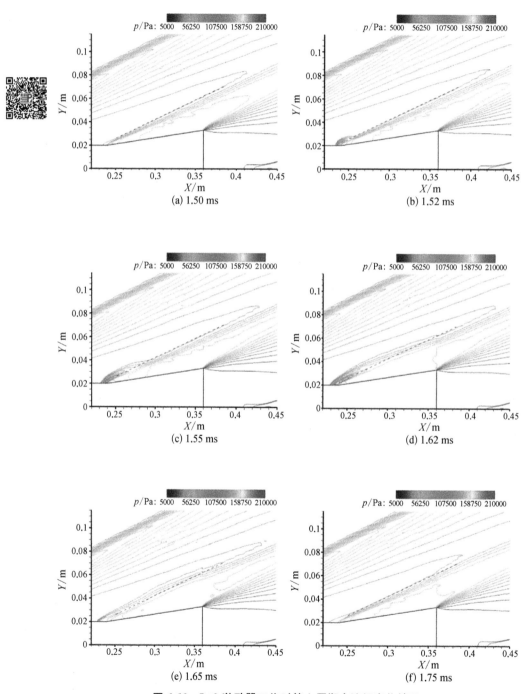

图 6.66　Jet2 激励器工作时第六周期内流场变化情况

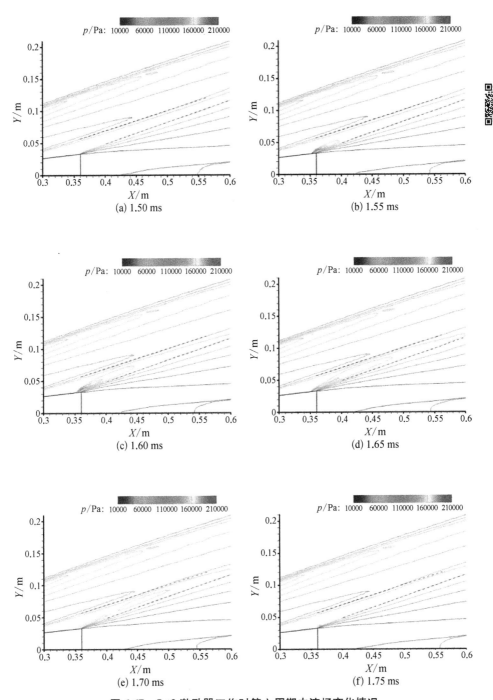

图 6.67 **Jet3** 激励器工作时第六周期内流场变化情况

6.4.3 高超声速飞行器升阻力及俯仰力矩特性分析

图 6.68、图 6.69 和图 6.70 给出了在稳定流场情况下,三种不同激励器布置位置对于导弹气动力的影响。与流场结构相同,气动参数也表现出很强的射流周期跟随性,变化周期都在 300 μs。与升力系数与俯仰力矩系数相比,阻力系数经过五个周期才相对稳定下来,响应时间相对较长。由于导弹与高超声速来流之间夹角为零,升力系数与俯仰力矩系数表现出相同的变化趋势,仅在数值上存在差别。

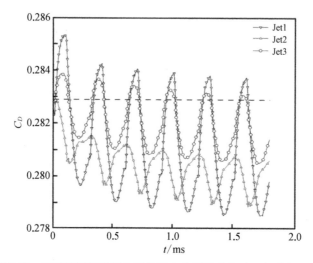

图 6.68 三种不同激励器布置位置六个周期内阻力系数变化曲线

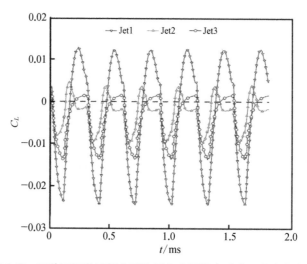

图 6.69 三种不同激励器布置位置六个周期内升力系数变化曲线

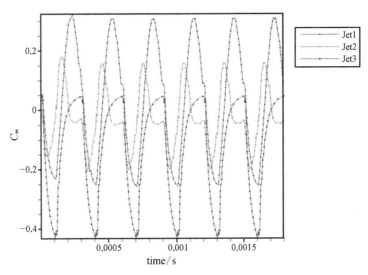

图 **6.70**　三种不同激励器布置位置六个周期内俯仰力矩系数变化曲线

从图 6.68 得到,三种激励器布置位置对于导弹都有减阻的作用,其中 Jet1 和 Jet2 的减阻效果最好。从高超声速飞行器阻力产生的主要途径分析,在高超声速来流情况下,阻力有 80% 左右来自激波阻力。对于本节研究的高超声速导弹,产生激波的区域为区域②和区域④,区域②的激波在弹身表面无法控制。根据上节得到的结论,激励器只能影响下游区域,Jet1 和 Jet2 都布置在区域④上游,对于区域④的激波具有很好的控制效果,减弱了激波强度,起到减阻的作用。而 Jet3 控制的是尾流的膨胀波,一方面射流对于膨胀波控制的效果不明显,另一方面这一部分阻力在总体阻力占比小,因而减阻效果不是很明显。

由于在零攻角情况下,升力系数与俯仰力矩系数具有相同的含义,可以只分析其中一个,以图 6.69 所示的升力系数曲线为例。与阻力系数三种激励器布置位置都呈现减阻效应不同,对于升力系数有不同的效果。

6.5　小结

等离子体高能合成射流激励器是目前流动控制激励器中有望实现高超声速飞行器快响应直接力控制实际工程应用的流体控制装置,本章通过实验和数值模拟的方法对其进行了直接力分析与计算;对等离子体射流的单脉冲进行了研究,一维分析研究与二维轴对称计算研究在预测空腔末端的无量纲冲量和质量方面吻合。用蒙特卡罗分析验证了无量纲空腔的几何参数对无量纲冲量影响较小。因此,无量纲冲量仅是空腔内无量纲能量沉积的函数。然而,无量纲放电持续时间受几何形状的影响较大,并且由于其高度的瞬态性质,一维和准稳定分析结果均不能很好地预测无量纲放电持续时间。此外,通过简化的分析表明,等离子体射流阵列能产生足够的力来代替气动表面进行飞行控制。同时,本章还对高超声速飞行器升阻力及仰俯力矩的特性进行了分析。

参考文献

[1] Schierman J D, Ward D G, Monaco J F, et al. A reconfigurable guidance approach for reusable launch vehicles. AIAA Journal, 2001.

[2] Marshall L A, Bahm C, Corpening G P, et al. Overview with results and lessons learned of the X-43A mach 10 flight. Capua: AIAA/CIRA 13th International Space Planes and Hypersonics Systems and Technologies Conference, AIAA Paper 2005 – 3336, 2005.

[3] DARPA concludes review of Falcon HTV-2 flight anomaly. Defense Advanced Research Projects Agency, Arlington, 2010, http://www.darpa.mil/NewsEvents/Releases/Releases_ 2010.aspx [2011 – 07].

[4] Defense Advanced Research Projects Agency. DARPA hypersonic vehicle advances technical knowledge. Arlington, 2011, http://www.darpa.mil/NewsEvents/Releases.aspx [2011 – 08].

[5] Fink D E, Lenorovitz J M. Agile Sukhoi Su-27 leads strong soviet presentation. Aviation Week and Space Technology, 1989, 130(25): 28 – 30.

[6] Horie K, Conway B. Optimization for fighter aircraft vertical plane maneuvering using poststall flight. Journal of Aircraft, 2000, 37(6): 1017 – 1021.

[7] Cummins R D, Miller FG. Failsafe Electro-Mechanical Actuator. 1995, USRE34870.

[8] Schutze A, Jeong J, Babayan S, et al. The atmospheric-pressure plasma jet: a review and comparison to other plasma sources. IEEE Transactions on Plasma Science, 1998, 26(6): 1685 – 1694.

[9] Knight D, Kuchinskiy V, Kuranov A, et al. Survey of aerodynamic flow control at high speed using energy addition. Reno: 41st Aerospace Sciences Meeting and Exhibit, AIAA Paper 2003 – 0525, 2003.

[10] Knight D. Survey of magneto-gasdynamic local flow control at high speeds. Reno: 42nd AIAA Aerospace Sciences Meeting and Exhibit, AIAA Paper, 2004 – 1191, 2004.

[11] Bletzinger P, Ganguly B, van Wie D, et al. Plasmas in high speed aerodynamics. Journal of Physics D: Applied Physics, 2005, 38(4): R33 – 57.

[12] Knight, D. Survey of aerodynamic drag reduction at high speed by energy deposition. Journal of Propulsion and Power, 2008, 24(6): 1153 – 1167.

[13] Wang J, Li Y, Cheng B, et al. Effects of plasma aerodynamic actuation on oblique shock

wave in a cold supersonic flow. Journal of Physics D: Applied Physics, 2009, 42(16): 165503 - 165511.

[14] Shin J, Narayanaswamy V, Raja L, et al. Characterization of a direct-current glow discharge plasma actuator in low pressure supersonic flow. AIAA Journal, 2007, 45(7): 1596 - 1605.

[15] Kalra C, Shneider M, Miles R. Numerical study of boundary layer separation control using magnetogasdynamic plasma actuators. Physics of Fluids, 2009, 21(10): 106101 - 106110.

[16] Grossman K, Bohdan C, Rigling M, et al. Sparkjet actuators for flow control. Reno: 41st Aerospace Sciences Meeting and Exhibit, AIAA Paper 2003 - 0057, 2003.

[17] Narayanaswamy V, Shin J, Clemens N, et al. Investigation of pulsed-plasma jet for shock/boundary layer control. Orlando: 48th AIAA Aerospace Sciences Meeting, AIAA Paper, 2010 - 1089, 2010.

[18] Caruana D, Barricau P, Hardy P, et al. The 'plasma synthetic jet' actuator. Aero-thermodynamic characterization and first flow control applications. Orlando: 47th AIAA Aerospace Sciences Meeting, AIAA Paper, 2009 - 1307, 2009.

[19] Grossman K, Cybyk B, Rigling M. Characterization of sparkjet actuators for flow control. Reno: 42nd AIAA Aerospace Sciences Meeting and Exhibit, AIAA Paper, 2004 - 0089, 2004.

[20] Haack S, Taylor T, Emhoif J, et al. Development of an analytical sparkjet model. Chicago: 5th Flow Control Conference, AIAA Paper, 2010 - 4979, 2010.

[21] Cybyk B, Grossman K, Wilkerson J, et al. Single pulse performance of the sparkjet flow control actuator. Reno: 43rd AIAA Fig. 23 Effectiveness parameter vs Mach number and dimensionless energy deposition. Anderson and Knight 1871Aerospace Sciences Meeting and Exhibit, AIAA Paper, 2005 - 0401, 2005.

[22] Cybyk B, Simon D, Land H, et al. Experimental characterization of a supersonic flow control actuator. Reno: 44th AIAA Aerospace Sciences Meeting and Exhibit, AIAA Paper, 2006 - 0478, 2006.

[23] Narayanaswamy V, Shin J, Clemens N, et al. Investigation of plasma-generated jets for supersonic flow control. Reno: 46th AIAA Aerospace Sciences Meeting and Exhibit, AIAA Paper, 2008 - 0285, 2008.

[24] Narayanaswamy V, Raja L, Clemens N. Characterization of a high-frequency pulsed-plasma jet actuator for supersonic flow control. AIAA Journal, 2010, 48(2): 297 - 305.

[25] Glezer A, Amitay M. Synthetic jets. Annual Review of Fluid Mechanics, 2002, 34: 503 - 529.

[26] Smith B, Glezer A. The formation and evolution of synthetic jets. Physics of Fluids, 1998, 10(9): 2281 - 2297.

[27] Stram M. Valveless pulse-jet engine with forward facing intake duct. U. S. Patent No. 6216446, 1999.

[28] Streeter R. Internal combustion engines, theory and design. New York: McGraw-Hill, 1915.

[29] ANSYSInc. ANSYSCFX 11.0 Reference Guide. 2007.

[30] Knight D. Elements of numerical methods for compressible flows. New York: Cambridge

University Press, 2006.

[31] Haack S, Taylor T, Cybyk B, et al. Experimental estimation of sparkjet efficiency. Honolulu: 42nd AIAA Plasmadynamics and Lasers Conference, AIAA Paper, 2011 – 3997, 2011.

[32] White F M. Viscous fluid flow. New York: McGraw-Hill, 1974.

[33] Liepmann H W, Roshko A. Elements of gasdynamics. New York: Dover, 2001.

[34] 王林,罗振兵,夏智勋.等离子体高能合成射流能量效率及工作特性研究.物理学报, 2013,62(12): 1 – 10.

[35] Wang L, Xia Z X, Luo Z B, et al. Three-electrode plasma synthetic jet actuator for high-speed flow control. AIAA Journal, 2014, 52(4): 879 – 882.

[36] Narayanaswamy V, Raja L, Clemens N T. Characterization of a high-frequency pulsed-plasma jet actuator for supersonic flow control. AIAA Journal, 2010, 48(2): 297 – 305.